KB036022

| 제 3 판 |

스마트매뉴팩처링을 위한

MES 요소기술

MES Technology
for Smart Manufacturing

| 제 3 판 |

스마트매뉴팩처링을 위한

MES 요소기술

정동곤 지음

한울
아카데미

개정판에 부쳐: 다시, 스마트팩토리

『MES 요소기술』이 출간된 해가 2013년 입니다. 탈고는 한 해 전에 했으니까 그때는 '스마트팩토리', '4차 산업혁명'이라는 용어가 생소했습니다. 리얼팩토리 자동화에 활용된 기초 기술을 다루기에 많은 내용이 바뀌지는 않았지만 숫자, 통계치 등 내용 일부를 수정하고 추가된 의견을 보충했습니다. 수정 및 추가된 내용은 다음과 같습니다.

- 산업용 네트워크 기술: 필드버스와 산업용 이더넷
- MES와 ERP 연계 시 고려 사항
- 최신 IT 트렌드: DevOps, 마이크로서비스, 컨테이너, 클라우드 등

최근 산업계에서 전 세계적으로 이슈가 되고 있는 키워드는 사물 인터넷, 인공지능, 스마트 팩토리, 인더스트리 4.0, 4차 산업혁명 등입니다. 그중에서도 핵심 키워드로 꼽히는 것은 단연 4차 산업혁명과 스마트팩토리입니다. 4차 산업혁명이 도래하면서 기존 공장의 스마트팩토리 전환은 불가피했기 때문입니다. 스마트팩토리는 생산 활동과 연관된 모든 자원(4M1E)들이 IT 기술로 연결되고, 데이터 분석 결과에 따라 스스로 제어가 가능한 공장으로 정의될 수 있습니다. 보통

정보 자동화, 생산 자동화, 제조 지능화 단계를 거치는데 초기 정보자동화 단계에서는 설비 온라인이나 제품/자재 데이터를 수집하기 위한 바코드, RFID, 센서, 모바일 등 연결을 위한 IT 기술을 필요로 합니다. 다음 단계인 생산 자동화에서는 데이터 기반 생산/분석 자동화를 위한 가시성 기술과 분석/예측을 위한 모니터링, 빅데이터, 머신 러닝 등이 필요합니다. 그리고 제조 지능화 단계에서는 스스로 제어를 통한 운영 최적화를 위해서 Fool Proof, 시뮬레이션, Analytics/AI, 클라우드/GPU 등을 필요로 합니다.

현재의 제조업은 품종 다변화, 짧은 제품 주기, 안전사고 지속 발생, 미세 품질관리 대두, 제품 개발 TAT 단축 등 수많은 요인으로 성장의 한계에 직면해 있습니다. 글로벌 선진 기업은 기존 제조방식에 ICT 기술 등을 접목해 제조업 경쟁력을 회복하고 미래 제조의 기반 기술을 선점하기 위해 다양한 노력을 경주하고 있습니다.

스마트팩토리는 적용 업종이나 자동화 수준 등 기업이 처한 상황에 따라 다양한 모습으로 구현될 수 있지만, 인더스트리 4.0에서 생산 설비는 제품과 상황에 따라 작업 방식을 능동적으로 결정하게 됩니다. 특히, 소비자들에게 최종 완제품을 공급하는 공장은 효율적인 대량 생산을 위한 무인 자동화 시스템 도입을 넘어서 시장 변화에 유연하게 대응하고 점점 더 개인화되는 요구를 충족시킬 수 있도록 새로운 유형의 생산체계(Mass Customizing)를 만드는 작업이 요구됩니다.

MES는 리얼팩토리에서 스마트팩토리로 전환하기 위한 가장 중추적인 인프라라고 할 수 있습니다.

추천사

집권 2기의 오바마 정부는 제조업의 디지털화를 앞당겨 3차 산업혁명을 선도하겠다고 공개적으로 선언했습니다. 이렇게 오바마 정부가 제조업 살리기에 적극 나서는 이유는 경제회생의 실마리를 제조업으로 판단하고 있기 때문입니다.

스마트매뉴팩처링은 제조에 첨단 IT 기술이 접목되는 것으로 SCM, ERP, MES, PLM을 통하여 완성됩니다. 그중에서도 MES는 생산활동을 최적화할 수 있는 정보관리 및 제어 솔루션으로 제조기업 경쟁력 향상을 위한 핵심 역할을 수행합니다.
MES는 생산현장의 자동화 수준에 따라서 구축 방법이 많이 달라지기 때문에 다양한 업종이 고려되어 어느 한쪽으로 치우치지 않은 저작물을 찾기가 쉽지 않습니다. 하지만 이 책은 저자가 20여 년 동안 반도체, 디스플레이, 화학장치, 조선, 신발, 가전 등 다양한 업종의 프로젝트 현장에서 쌓아온 실무경험을 바탕으로 설비로부터의 데이터 발생, 수집, 모델링, 활용에 이르기까지 MES 구축을 위한 핵심 기반기술을 빠짐없이 목록화하여 정리하고 있습니다.

저자의 열정과 노력에 박수를 보내며 이 책이 MES 관련 종사자에게 도움을 주어 우리나라 제조업 경쟁력 향상에 큰 역할을 할 것으로 기대합니다.

삼성SDS 사장

고순동

머리말

제1차 세계대전 후 미국은 영국으로부터 최대 제조업 자리를 물려받아 1929년 전 세계 제조업 생산의 43%를 차지하며 '제조업 왕국'으로 떠올랐고, 이는 제2차 세계대전과 냉전에서 승리한 원동력이 되었다. 영국은 전략산업으로 금융업을 택했고, 독일은 제조업을 택했다. 그 후 영국의 경제력은 크게 퇴색했으나 독일은 EU의 운명을 결정할 정도로 막강한 경제력을 자랑하고 있다. 우리나라도 이미 제조업 비중이 전체 GDP의 30.5%(383조 원)에 육박하여 혹자는 제조업 중심의 산업구조를 다변화시켜야 한다고 역설하지만 필자의 생각은 다르다. 제조기술과 생산능력을 바탕으로 제조업의 경쟁력을 더욱 높이고 수출시장을 확대해야 한다고 본다. 오늘도 현장에서 묵묵히 땀 흘리는 수많은 제조업 종사자에게 박수를 보낸다.

아직도 아내는 필자가 밖에서 무슨 일을 하는지 정확히 모른다. SI(System Integration)란 용어가 난해하기도 하지만 제조·금융·공공 분야의 SI에 몸담고 있는 사람들도 짧은 시간에 '시스템 통합'의 의미를 남에게 이해시키는 것은 대략 난감한 일이다. 제조SI는 업종지식을 바탕으로 프로그래밍 언어(JAVA, C/C++)를 활용하여 솔루션을 구축하는데, 특히 설비온라인을 포함한 통신기술, DB모델링, TA/SA/DA, 프로젝트 관리 등 요구되는 기술이 고도로 세분화되어 있다. 각 분야의 고수들은 자기 것이 가장 우선이라고 말하지만 처음 입문한 사람이 그 많은 것을 다 공부할 수도 없는 노릇이다. 따라서 자기의 필살기가 정해지기 전까지는 SI에 대한 기본적인 배경지식을 습득한 후, 나중에 자신의 분야가 확실하게 정해지면 그때 가서 필요한 것을 더 심도 있게 공부하는 것이 바람직하리라 생각된다. 입문서의 성격을 지닌 책들은 저자의 사고방식에 따라 어떤 항목은 자세하게 설명되지만 다른 부분은 '독자가 이 정도는 알겠지' 하면서 간단히 언급하고 넘어가는 부분이 있게 마련이다. 이것은 잘잘못의 문제가 아니라 저자가 어떤 항목에 중점을 두었느냐의 문제이기 때문에 '이 정도는 알겠지' 하면서 간단하게 넘어간 부분도 이해하기 힘든 내용이 있으면 수고를 아끼지 말고 다른 책을 적극적으로 찾아봐야 할 것이다. 꼭 필요한 내용을 담으려고 했지만 이 책이 제조SI의 모든 것을 체계적으로 심도 있게 다루지는 못했다. 그렇게 하기에는 필자의 역량이 크게 부족했다.

이 책은 모두 여섯 개의 장으로 구성되어 있다. 제1장에서는 다양한 제조업을 생산방식에 의해 구분해보고 제조공정을 효율적으로 운영하기 위한 생산계획 및 통제시스템을 소개했다. 그리고 여러 기관에서 정의하는 MES에 대한 소개와 주요 기능 및 표준화 동향에 대해 설명하고 있다. 제2장에서는 산업용 제어시스템과 PLC/DCS 등 프로세스 자동화 도구, 그리고 산업용 네트워크인 필드버스와 산업용 이더넷에 대해 다루고 있다. 제3장에서는 설비온라인 및 데이터 수집 방법과 관련된 인터페이스를 위한 통신 프로토콜, 그리고 산업현장에서 많이 쓰이는 시리얼통신, OPC, SECS 등의 내용을 다루고 있다. 반도체/디스플레이 산업의 자동화 표준인 SEMI 표준 소개와 함께 AIDC에 널리 쓰이고 있는 기술인 바코드/RFID에 대한 내용도 포함했다.

데이터베이스 분야도 모델링, SQL 활용, DB 튜닝 등 다양하지만 제4장에서는 좋은 모델의 조건과 정규화 방법 및 데이터베이스 설계와 튜닝에 대해 언급하고 있다. 데이터 모델링을 포함한 이유는 기능적으로 완벽한 시스템이라도 잘못된 설계에 의해 불필요하고 불합리한 작업을 많이 유발시켜 시스템 전체에 매우 큰 영향을 미치기 때문이다. 아울러 DB 튜닝에 대한 프로젝트 각 단계별 유의사항도 언급했다. 제5장에서는 생산시스템의 Level 2에 해당하는 설비제어 및 물류

제어에 대해 설명하고 있다. 플랜트 산업과 전자제조 산업에 각각 활용되고 있는 솔루션 소개와 함께 자동반송(AMHS)과 관련되는 물류제어 아키텍처에 대해 언급했다. 그리고 제6장에서는 MES, MCS와 함께 e-Manufacturing의 한 축을 이루는 EES(설비엔지니어링)에 대해 살펴보고 품질분석 시스템 및 데이터마이닝, 전략적 자산관리로 발전하고 있는 설비보전활동과 (설비)자산관리의 국제 표준화 동향에 대해 소개했다.

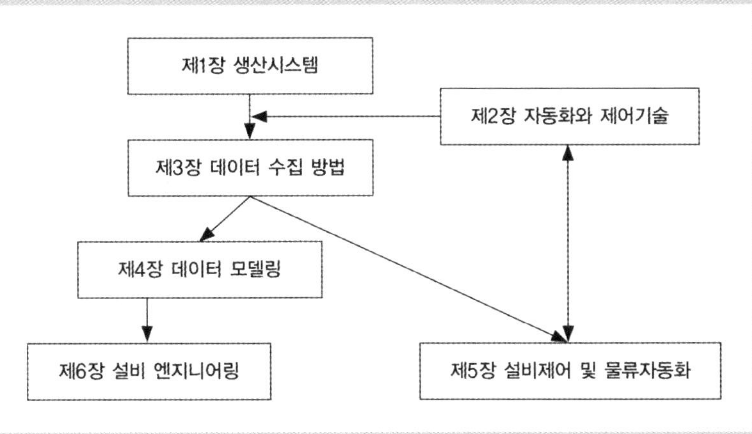

'글은 쉬워야 하지만 필요하다면 어려운 내용도 정확히 개진하라'는 명언에도 불구하고 내용을 온전히 장악하지 못한 데서 나온 어수선한 구성과 서술이 있었음을 자인하지 않을 수 없다. 부디 이 책이 제조SI에 입문하는 사람에게 이론서나 실용서로서 조그마한 도움이 되길 기원한다. 필자의 부족한 지식과 부주의로 잘못되거나 불필요해진 부분을 지적해주시면 추후 반영할 것을 약속드린다.
누구보다도 이 책을 쓰는 데 가장 큰 도움을 준 사람들은 책 말미에 정리되어 있는 여러 참고문헌을 쓴 연구자이다. 세상에는 정말 귀하고 소중한 책과 자료들이 너무 많다는 사실을 집필 과정에서 새삼 깨달았다. 가장 큰 빚은 먼저 연구하고 글을 쓴 그들에게 졌다.

이 책이 나오기까지 도와주신 도서출판 한울 관계자 여러분께 감사드리며, 마지막으로 부모님과 필자와 인고의 과정을 같이 보낸 필자의 가족에게 고마움을 보낸다.

정동곤

CONTENTS

Ⅱ_ 자동화와 제어기술

Ⅲ_ 데이터 수집 방법

VI_ 설비 엔지니어링

I

생산시스템

생산시스템(Production System)은 기업 내의 제조공정을 효율적으로 수행하기 위한 사람과 설비 및 일하는 방법인 업무 프로세스의 집합을 일컫는다. 투입물을 산출물로 바꾸는 변환 기능뿐만 아니라 피드백(feedback) 기능도 함께 지니고 있다. 이는 일종의 통제 기능으로서 결과를 측정하고 생산목표와 비교한 다음, 문제가 있는 경우에는 대책을 마련하는 역할을 하게 된다. 최근에는 생산관리를 '생산 및 운영관리(production and operation management)'라고 부르기도 하는데, 이는 현대의 생산관리 범위가 전통적인 제품생산의 영역으로부터 서비스의 창출을 대상으로 하는 운영관리적 차원으로 확대되었음을 의미한다.

1.1 생산시스템(Production System)

1.1.1 생산시스템의 개요, 특징

기업이 경영활동을 유지하기 위해서는 개발(R&D), 구매, 제조, 물류, 마케팅, 판매, 서비스, 경영관리의 다양한 기능을 수행해야 한다. 비즈니스 모델에 따라 특정 기능만을 수행하는 기업이 있을 수는 있지만, 전통적으로 최고의 이익을 얻기 위해 기업은 최소한 다음 4개의 목적을 가져야 한다.

- 최상의 고객 서비스 제공
- 가능한 적은 생산 비용
- 가능한 적은 재고 투자
- 가능한 적은 유통 비용

그러나 이러한 목적들은 종종 각 부서만을 위한 의사결정 때문에 충돌을 일으킨다.

판매의 목적은 수입을 관리하고 증가시키기 위해 가능한 한 최상의 고객 서비스를 제공해야 한다. 이 목적을 달성하기 위한 방법은 다음과 같다.

- 고객이 원하는 제품이 항상 준비될 수 있게 많은 재고 유지
- 재고가 없는 품목을 빨리 생산하기 위해 진행 중인 다른 생산을 중지
- 제품을 고객에게 빨리 전달하기 위해 광범위하고 비싼 물류시스템 구축

제조는 가능한 한 운영 비용을 최소화해야 한다.

- 적은 제품을 한 번에 많이 생산하기 위해서는 장비 교체를 적게 하고 전용 장비를 사용하여 제품을 만드는 비용을 최소화
- 원자재와 재공재고(WIP)를 많이 보유하여 자재 결품에 따른 생산의 중단을 방지

경영관리는 투자와 비용을 최소화해야 한다.

- 재고 비용이 최소화되도록 재고 절감
- 공장과 창고의 수 축소
- 장기간 생산을 통해 많은 양을 생산
- 고객의 주문이 있을 때만 제조

이렇게 상충되는 목표를 해결하기 위한 방법 중의 하나가 판매와 생산, 그리고 유통 부서 간의 긴밀한 협조라고 하겠다.

생산시스템(Production System)이란 기업 내의 제조공정을 효율적으로 수행하기 위한, 사람과 설비 및 일하는 방법인 업무 프로세스의 집합을 일컫는다. 부품이나 제품 등의 제조공정에 시스템이란 용어를 사용하는 이유는 제품이 복잡해졌고 제조공정도 과거에 비해 복잡도가 커졌기 때문이다. 또한 작업자의 수가 늘고 수작업이 아닌 설비에 의한 자동화의 수준도 높아진 연유이다. 아울러 고객에게 최상의 서비스를 제공하기 위해 더욱더 신속한 계획의 수립 및 변경이 요구되고 공정 간의 조화가 필요하다. 앞으로도 제조공정의 자동화 수준이 높아질수록 시스템적인 접근이 더욱더 필요하리라 예상된다. 지금까지의 대표적인 생산시스템으로는 PUSH 방식으로 미국에서 많이 활

〈표 1.1〉 푸시시스템(Push System)과 풀시스템(Pull System)

	Push System	Pull System
개요	생산 및 분배계획이 장기간의 수요예측에 의해 결정	생산 및 분배계획이 실제 소비자의 수요에 의해 결정
장점	소비자 만족	비용 절감
단점	수요패턴 변경 대응이 어려움	수요정보 대응 어려움
특징	재고관리 중요	리드타임(Lead Time) 관리 중요

용되는 MRP와 PULL 방식으로 일본에서 많이 사용되는 JIT가 있다. 미국은 지난 120년 동안 제조업을 통하여 국가경쟁력을 향상시켰고, 일본 또한 제조업을 통하여 제2차 세계대전 후 부흥의 기회를 맞이했다. 도요타 생산시스템(TPS: Toyota Production System)[1]이 대표적인 JIT의 활용 예이다.

이제는 우리나라도 제조업에 있어서 무서운 경쟁자로 떠올랐고, 최근에는 중국이나 인도가 경제발전을 바탕으로 제조업의 강국으로 떠오르고 있다. 우리나라를 비롯한 이런 나라들에 최적화된 생산시스템이 소개될 날도 멀지 않아 보인다.

현대 제조공정에서 생산시스템은 대부분 설비엔지니어, 공정엔지니어, 작업자 등 인간이 포함되며, 공정에 인간이 개입되는 수준에 따라 수작업시스템(manual), 반자동시스템(semi-auto), 자동시스템(auto)으로 나뉜다(Groover, 2009).

■ 수작업시스템

자재의 운반도 사람에 의해 이루어지며, 인간의 힘과 기술로 조작되는 공구를 사용한다. 하나 이상의 작업을 수행하는 한 명 또는 그 이상의 작업자로 구성된 시스템이다. 자재나 반제품을 고정해주는 지그 등이 사용될 수 있으며, 조립라인에서 각자의 공구를 가지고 작업

1) 도요타 생산시스템
20세기 초 헨리 포드에 의해 완성된 대량생산 방식이 감성인간공학과 개인의 개성 및 변화에 능동적으로 대처할 수 없게 되어 개발된 도요타의 독창적인 생산시스템. 기본 이념은 개선(KAIZEN)인데 개선의 우선순위를 사람, 물건, 설비의 순으로 둠. 크게 JIT와 자동화로 구성되며 구체적인 기술은 다음과 같음.
① 흐름 생산에 의한 소인화기술
② 간판방식에 의한 재고삭감기술
③ 표준작업에 의한 개선 및 현장관리기술
④ 공정 이상 시 자동정지 장치가 붙은 자동화기술

을 하는 경우가 해당된다.

■ 반자동시스템(작업자-기계시스템)

작업자가 동력으로 구동되는 기계를 조작하는 것으로 생산시스템에서 가장 널리 사용되는 형태이다.

주문 받은 부품을 가공하기 위해 선반을 조작하거나 컨베이어에 의해 작업물이 이동하고, 각 작업장에서 전동공구로 조립작업을 수행하는 작업자로 구성된 조립라인이 이에 해당한다.

■ 자동시스템

작업자의 직접적인 개입 없이 설비에 의해서 공정이 수행되는 시스템을 말한다. 제어기와 결합된 프로그램을 사용하여 자동화가 이루어지며, 반자동시스템과 구분이 모호한 경우도 있다. 완전 자동화의 예로는 석유화학 공장이나 원자력발전소 등을 들 수 있는데, 작업자들이 능동적으로 공정에 참여하지 않고 가끔 설비를 조정하거나 주기적인 유지보수 업무를 수행하며 고장이나 이상이 발생했을 때 조치를 취하는 일을 한다.

기업의 생산활동은 원자재나 부품을 제품으로 전환하기 위한 인력, 설비, 자재, 에너지 등의 관리 활동이다. 크게 생산관리, 설비관리, 품질관리, 재고관리의 4가지 영역으로 이루어지며 [그림 1.1]과 같이 계층구조를 이루고 있다.

Level 0은 모터나 계측기기, 센서, 필드기기 등을 포함하는 물리적인 생산공정이다. Level 1은 거의 실시간(1~20ms)으로 단위장치(액추에이터)를 제어한다. 센서 스위치나 전기신호를 통해 설비 계기에서 감

[그림 1.1] 생산활동의 계층구조

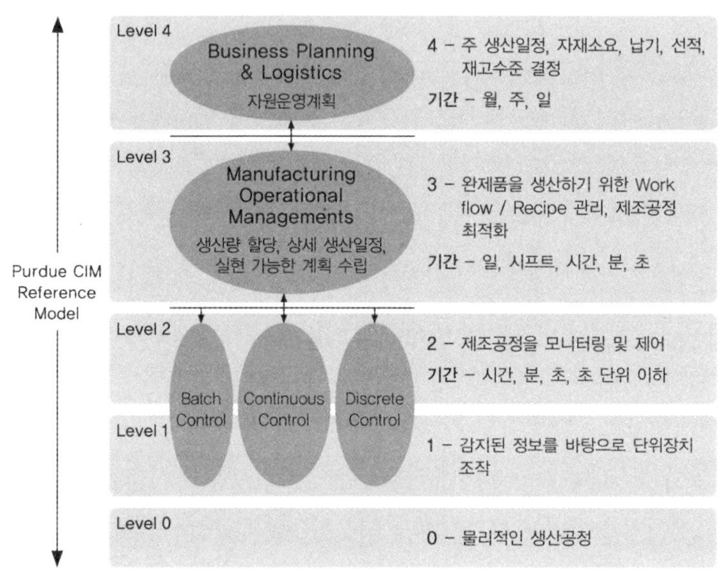

자료: ISA(2005).

지된 정보를 바탕으로 PLC나 DCS를 활용하여 단위장치를 조작함으로써 해당 동작을 수행한다. Level 2는 시간, 분, 초 단위로 생산공정을 모니터링하고 제어한다. 자동화된 라인에서 공정설비제어나 물류제어의 역할을 담당한다. 생산관리는 Level 3에서 주로 수행되며 작업지시와 생산실행이 포함된다. 설비관리와 품질관리도 Level 3에서 수행되며 품질관리에는 품질보증 활동이 포함된다. 재고관리는 원자재와 재공품(WIP), 완제품 관리를 포함한다. Level 3에서는 원하는 최종 제품을 만들기 위한 Work flow/Recipe가 일, 시프트, 시간, 분 단위로 관리되며, 생산을 위한 모든 정보가 MES(Manufacturing Execution System)를 통하여 관리되고 활용된다. Level 4에서는 판가관리, 주문관리, 출하관리를 포함하는 경영계획 범위 안에서 월별 수요공급계획과 주 단위 공급계획 및 일 단위 실행계획을 수립하게 된다. 마케팅, 영업, 생산, 구매 등 물동운영 관련 부서가 참여하여 생산계획과 자재소요량, 선적을 포함한 운송 및 보유재고 수준을 결정하게 된다.

1.1.2 생산방식에 의한 제조업 분류

제조업의 유형은 생산방식, 재고정책, Supply Chain상의 위치 등 여러 가지로 분류할 수 있으나 산업공학에서 분류하는 공정에 따른 생산방식별 구분이 가장 일반적이라고 할 수 있다. 이는 제품의 다양성과 생산량이 기준이 되는데, 연속생산, 단속생산(Batch/Cell/Job shop), 반복생산, 프로젝트생산으로 나뉜다. 서로 다른 설비유형 사이에 중복영역이 존재할 수는 있지만 설비유형과 배치형태별로 구분해볼 수 있다. 연속생산과 단속생산 중 배치(Batch), 잡숍(Job shop)은 공정별 배치형태(Process Layout)를 띠고, 셀(Cell)은 셀 배치형태를 띠고, 반복생산은 제품별 배치 형태(Product Layout)를 띤다. 공정별 배치형태를 보이는 잡숍은 고정위치 배치형태도 가질 수 있다.

■ 연속생산(Continuous Production)

공정의 특성상 가동을 중지하고 새로 시작하는 데 많은 비용과 시간이 소요되므로 24시간 계속적으로 가동되어야 하며 이를 위해 필요한 정보 전반을 실시간으로 관리해야 한다. 공정 간 연결성과 연속/반복적 특성이 가장 강하며, 생산 흐름이 고정되어 있고 제품의 다양성이 최소이며 생산량이 최대이다.

고도로 자동화된 설비를 효율적으로 운영할 수 있는 공장운영시스템이 필수이며 작업자가 생산활동을 하는 것이 아니라 장비와 절차를 감시하는 생산형태로 실시간으로 생산현장을 감시하는 시스템 구축이 필요하다. 설비는 공장 전체 운영을 좌우하는 핵심 관리 항목이며 효율적인 공장운영을 위해 자동화와 정보를 통합할 수 있는 기간시스

〈표 1.2〉 생산방식별 업의 특성

생산방식	업의 특성	배치형태
연속생산 (Continuous Production)	- 화학, 제분, 제당, 제지, 철강, 석유정재, 전력 및 전화 사업 - 상당한 기간에 걸쳐 생산되는 연속제품에 적용 매우 높은 수준의 투자가 요구됨 - 매우 높은 자동화(공정산업, 장치산업으로 분류)	Process Layout
단속생산 (Intermittent Production)	- 정비공장, 기계설비, 맞춤복, 유리, 구두, 병원(Job Shop), 다양한 식단의 식당, 출판사, 제과점(Batch Shop) - 상당한 유연성 요구, 프로젝트 공정에 비해 다소 생산량이 높음 - 다소 높은 단위당 원가, 낮은 준비 비용	Batch Job Shop Cell / Cell Layout
반복생산 (Repetitive Production)	- 자동차, 가전제품, 기성복, 장난감 - 고도의 전문화된 사람과 기계로 인해 높은 산출율과 낮은 단위당 원가를 허용 - 일관된 품질수준, 제한된 유연성 - 조립 라인 형태, 로트(Lot) 생산, 대량생산	Product Layout
프로젝트생산 (Project Production)	- 건설, 플랜트 산업, 대형제품 제작(선박, 항공기), 예술품 제작, 연구/개발 과제 - 고도의 유연성 요구 - 매우 높은 단위당 비용, 개별적인 고객 요구사항에 의해 품질이 결정됨	

템이 필요하다. 연속생산은 프로세스 구조에 의해 스케줄링을 하기 때문에 MRP 기능보다는 장기생산계획과 흐름생산일정계획 기능이 중요하고, 계획이 공정제어 장비와 동적으로 연계될 수 있는 구조가 필요하다.

■ 단속생산(Intermittent Production)

단속생산 범위는 배치생산, 잡숍생산, 셀생산까지를 포함하며 보통 반복생산의 특징인 조립라인과 이산생산 방식인 가공 Shop으로 구성된다.

각 공정 간 일정계획 및 능력계획이 유기적으로 연계되기 위해 생산 진행이 오더 단위로 트래킹(Tracking)되고 생산 리드타임(L/T)이 길고, 재공재고가 많아 정교한 작업 스케줄링이 필요하다.

■ 반복생산(Repetitive Production)

라인생산 방식이나 이산생산(discrete) 방식으로도 불리는데 라인별 반복생산으로 택트타임(Tact time) 방식에 의한 반복 생산기법을 제공한다.

소비자의 수요에 맞게 다양한 제품을 적기에 생산해야 하므로 수요 예측이 필요하고, 준비 교체 및 대체공정 수행 비용이 연속생산에 비해 낮고, 생산비율을 조정해서 생산량을 조정한다. 많은 부품을 최종 제품의 납기에 맞게 조달하고, 라인을 적절히 운영하여, 최소의 생산 비용으로 소비자의 수요에 맞추어 제품을 적기에 생산하는 것이 중요하다.

■ 프로젝트생산(Project Production)

제품이 각기 소비자의 욕구에 따라 다르므로, 자재 조달계획이 어렵지만 구매 또는 생산 리드타임이 긴 반제품에 대해 수요를 예측해서 생산 리드타임을 줄이는 것이 중요하다. 프로젝트 제품의 일정에 맞는 수행을 위해서 융통성 있고 신속한 프로젝트별 생산일정계획이 중요하다. 제품이 고정되고 설비가 이동하여 작업하는 형태가 많고, 특히 조선/항공 부문은 조립/가공 작업관리 기능도 중요한 요소이다.

1.1.3 생산전략과 납기소요시간(Delivery lead time)

기업의 모든 부서가 승리하기 위해서는 시장의 요구를 만족시키고 적시납기를 제공하기 위한 전략을 가져야 한다. 기업의 입장에서 보면 납기소요시간은 제품 오더를 받아 납품하는 데까지 걸리는 시간을 말한다. 고객 입장에서는 오더를 준비하고 운송에 소요된 시간까지를 포함할 수도 있다. 고객은 납기소요시간을 가능한 짧게 원할 것이고, 기업에서는 이것을 만족시키기 위해 4가지 기본 전략을 가진다.

- MTS: Make-to-Stock(전망생산)
- MTO: Make-to-Order(주문생산)
- ATO: Assemble-to-Order(주문조립생산)
- ETO: Engineer-to-Order(주문설계생산)

제품설계, 납기소요시간, 재고 상태에 대한 고객과의 관계는 각 전략에 따라 영향을 받는다.

■ MTS(Make-to-Stock, 전망생산)

공급자가 제품을 생산하여 완성된 상품재고를 판매하는 것을 말한다. 납기소요시간이 가장 짧다. 고객은 제품설계 단계에 거의 참여하지 않는다.

■ MTO(Make-to-Order, 주문생산)

고객의 주문이 들어오기 전에는 공급자가 생산에 들어가지 않는다. 주문 접수 후 원자재의 가공, 반제품의 생산, 완제품의 조립이 이루어지는 방식으로, 고객이 원하는 부품을 사용하여 최종 제품이 만들어지기도 하지만 대부분 표준 품목에 의해서 최종 제품이 생산된다. 설계시간이 절약되고 원자재에 대한 재고를 가져가므로 납기소요시간이 줄어든다.

[그림 1.2] 생산전략과 납기소요시간

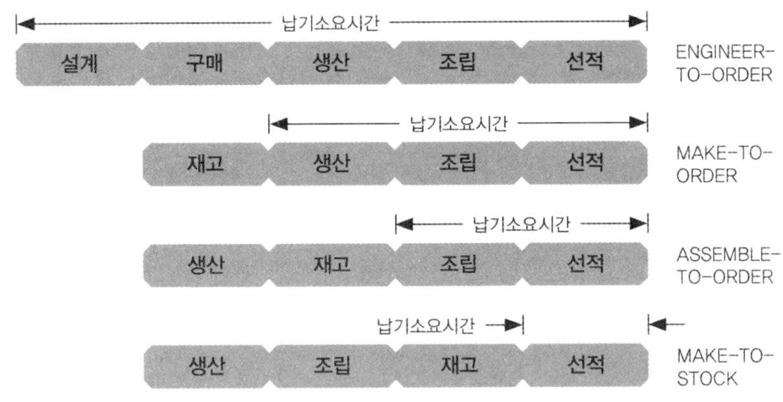

■ ATO(Assemble-to-Order, 주문조립생산)

자동차 생산처럼 중요 모듈은 미리 만들어놓고 색상이나 옵션 등은 고객의 주문을 받아서 생산하는 방식을 의미한다. 납기소요시간은 제품조립을 위한 재고가 준비되어 있고 제품설계 시간이 필요 없으므로 더 줄어들 수 있다. 부품 선택사양을 위해 설계 단계로 고객의 참여가 제한된다.

■ ETO(Engineer-to-Order, 주문설계생산)

선박이나 항공기처럼 고객의 설계서가 독특한 기술적 특성이나 특수 주문을 요구한 경우이다. 주문 접수 후 설계부터 시작해서 개발, 자재 구매, 생산 및 조립, 유지관리를 하는 방식으로서 일반적으로 고객이 제품설계에 깊이 관여한다. 생산이 개시되는 시점까지 재고는 구매되지 않으며 제품설계의 리드타임까지 포함됨으로 4가지 생산방식 중 납기소요시간이 가장 길다.

1.2 계획 및 통제시스템

1.2.1 생산계획과 통제시스템

제조는 제품 및 프로세스, 설비, 장치, 작업숙련도, 자재 등의 다양성으로 인해 매우 복잡한 활동이라고 할 수 있다. 경쟁력을 갖추기 위해서는 이와 같은 기업의 자원들을 효과적으로 이용하여 최고의 품질을 갖춘 좋은 제품을 적시에 경제적으로 생산해야 한다. 이것은 복잡한 문제이며 따라서 훌륭한 계획 및 통제시스템을 갖추는 것이 중요하다. 훌륭한 계획시스템은 다음 4가지 질문에 답할 수 있어야 한다.

- 어떤 제품을 만들 것인가?
- 그 제품을 만드는 데 얼마나 걸리는가?
- 현재, 무엇을 가지고 있는가?
- 추가로 무엇이 더 필요한가?

결국은 우선순위(Priority)와 생산능력(Capacity)에 관한 문제이다. 생산계획 및 통제시스템에는 모두 5개의 주요 레벨이 있다(Arnold and Chapman, 2002).

■ 전략경영계획(Strategic Business Plan)

보통 향후 5년 동안 기업에서 달성해야 할 주요 목표를 기술하며 기업이 나아갈 큰 방향을 제시한다. 장기적인 예측에 기반을 두며 마케팅, 재무, 생산, 기술에 대한 내용을 포함하게 된다. 따라서 전략계획은 마케팅, 재무, 생산, 기술계획 사이의 방향과 위치를 제공하게 된다. 마케팅은 시장을 분석하고 기업의 대응방안을 다루게 되며 일반적으로 공략해야 할 시장, 공급할 제품, 고객 서비스 수준, 가격, 광고

[그림 1.3] 생산계획 및 통제시스템

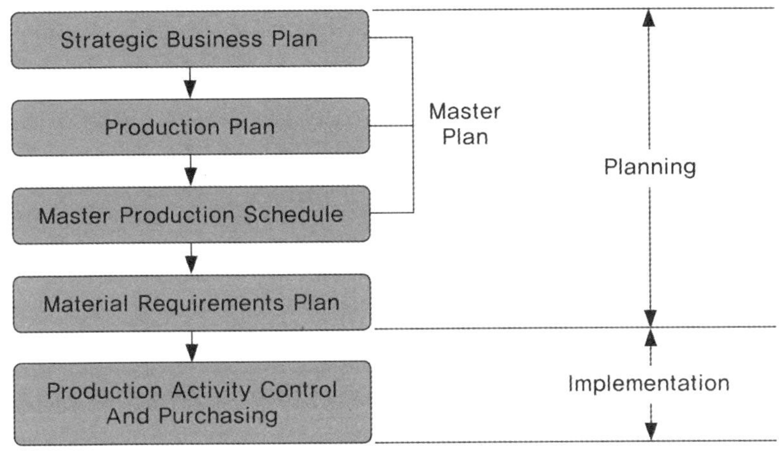

전략 등을 포함한다. 재무는 기업에 필요한 자금의 공급과 사용 및 현금 흐름, 이익, 투자회수율, 예산 등을 포함하게 된다. 생산은 시장의 요구를 만족시키기 위해 공장, 설비, 장치, 작업자, 자재 등을 효율적으로 다루는 것이 포함된다. 기술은 연구, 개발, 신제품 기획, 제품 변경을 다루는데 시장에서 팔릴 수 있고 가장 경제적으로 생산할 수 있게 하려면 마케팅 및 생산과 작업을 공유해야 한다. 전략경영계획의 수립은 경영진에 의해서 이루어지며, 마케팅, 재무, 생산으로부터 나온 정보를 이용하여 각 부서별 계획의 목표와 목적을 수립할 수 있도록 프레임워크를 제공하게 된다. 조직 내 모든 부서의 계획을 통합하며 일반적으로 매년 갱신된다. 또한 각 부서별 계획들도 최근의 예측이나 시장 및 경제상황을 고려하기 위해서는 지속적으로 갱신되어야 한다. 판매운영계획(S&OP)은 전략경영계획을 지속적으로 실현시키며 다른 부서의 계획과 연계시키는 과정이다. 판매운영계획은 매달 정기적으로 갱신되는 동적인 과정이며 기업의 목표를 달성할 수 있도록 현실적인 계획을 제공하게 된다.

■ 생산계획(Production Plan)

전략경영계획에 의해 수립된 목표가 주어지면 생산관리는 다음과 같은 사항을 고려한다.

- 일정 기간 동안에 생산되어야 할 제품군의 수량
- 요구되는 재고 수준
- 설비, 작업자, 자재 등 특정기간 동안 필요로 하는 자원
- 필요로 하는 자원의 가용성

계획 담당자는 회사 내의 유한한 자원을 효과적으로 사용하여 시장수요를 만족시킬 수 있는 계획을 수립해야 한다. 각 계획 레벨에서는 필요한 자원을 결정하고 자원의 가용성을 검토하게 되는데 반드시 우선순위(Priority)와 생산능력(Capacity)이 균형을 이루어야 한다. 계획기간은 일반적으로 6~18개월 정도이며, 매달 혹은 분기마다 검토된다.

■ 주 생산일정(MPS: Master Production Schedule)

개별 제품의 생산을 위한 계획이다. 생산계획(Production Plan)에서 제품군별로 만들어진 계획을 개별 제품(제품코드) 수준으로 세분화하게 된다. 주 일정(Master Scheduling)이란 주 생산일정을 개발하는 절차이며, 주 생산일정은 이 절차의 최종 결과물이다. 계획기간은 일반적으로 3~18개월 정도이며, 주로 구매 및 제조 리드타임에 따라 결정된다.

■ 자재소요계획(MRP: Material Requirements Plan)

주 생산일정에서 결정된 최종 제품의 생산에 소요되는 컴포넌트의 구매 혹은 생산을 위한 계획이다. MRP에서는 컴포넌트의 필요 수량 및 투입 시점을 다루게 되며 구매와 제조현장 관리는 특정 부품의 구매와 생

산을 위해 MRP 결과를 이용하게 된다. 계획기간은 구매와 제조 리드타임의 합계보다 커야 하는데 MPS와 마찬가지로 3~18개월까지이다.

■ 제조현장관리 및 구매(PAC: Production Activity Control & Purchasing)

제조현장관리 및 구매(PAC)는 생산계획 및 통제시스템에 대한 실행 및 통제가 이루어지는 단계이다. 제조현장관리는 공장 내에서의 작업 흐름을 계획하고 통제하는 역할을 담당하고, 구매활동은 공장으로 입고되는 원자재의 흐름을 수립하고 통제한다. 계획기간은 하루 또는 한 달로 매우 짧으며 개별 컴포넌트, 작업장, 오더 등을 다루게 되므로 상세함의 수준은 높다.

1.2.2 판매운영계획(S&OP)

판매운영계획(S&OP: Sales and Operations Planning)이란 기업이 수요와 공급의 균형을 달성할 수 있도록 지원하는 의사결정 프로세스이다. 필자가 SI 프로젝트를 처음 시작하던 20년 전에도 판생회의 혹은 생판회의란 이름으로 판매계획(수요)과 생산계획(공급)을 공식적으로 확정하는 내부 프로세스가 존재했다. S&OP는 수요, 공급 및 재무적 결과(예: 생산비용, 재고비용 등)에 대한 실적 및 예측 정보를 바탕으로 판매, 생산, 재무 등 분야별 계획들을 상호 조정하여 전체 사업계획과 일치시키는 역할을 하며, 대개 월 단위(최근 주 단위로 단축되고 있음) 계획으로 수립한다.

오늘날 비즈니스 환경은 단순한 회의 이상의 효과적인 S&OP 프로세스를 요구하며, 수요와 공급의 단순 균형이 아닌 최적 대안을 지원할 수 있는 환경을 요구하고 있다. S&OP는 전체 Supply Chain 내에서 사업전략 및 사업계획, 주 일정계획 간 상호 연결고리 역할을 하는 핵심적인 기능을 수행한다. S&OP 회의를 하는 목적은 다양한 비즈니스

[그림 1.4] SCM 내에서의 S&OP 위치

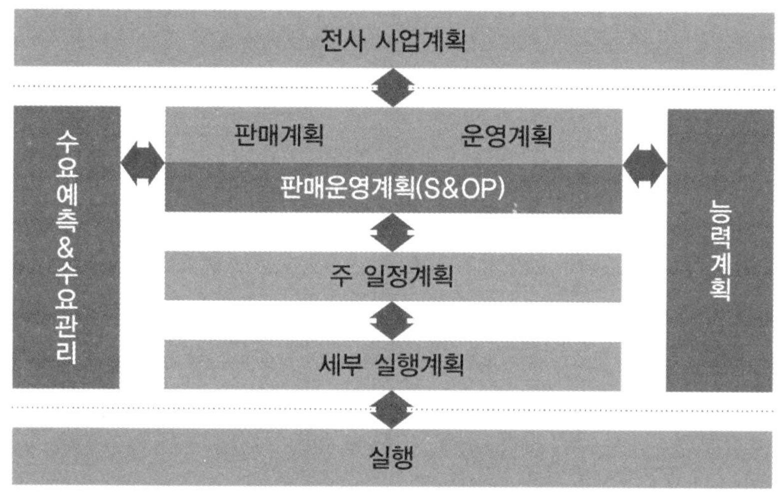

프로세스 및 기능을 통합하여 의사소통이 정기적으로 적시에 이루어지도록 하고, 부서 간에 상충하는 목표를 조정하여 전체 최적화 관점에서 수요공급망 내의 모든 프로세스를 운영하는 것이다. 즉, 전체 최적화를 위해 전 부문이 한 방향으로 움직이는 동기화된 단일 계획을 수립하는 것이며, 계획대로 실행의 시작인 최적의 계획을 수립하는 것이다. S&OP를 통해서 각 부문에서 수립한 계획을 조율하고 최종적으로 승인한다는 의미이다. 만약 영업이 요구한 만큼(판매계획), 생산에서 충분히 공급(생산계획)하지 못하는 계획을 수립했다면, S&OP는 이에 대한 각 부문의 이해와 대응방안 등을 협의하고 최종 계획을 확정하는 중요한 협의체라고 할 수 있다.

애버딘그룹(Aberdeen Group)[2]에서 S&OP를 시행 중인 140개 기업들에 대한 벤치마킹 조사 결과, S&OP 프로세스를 지속적으로 향상시키고자 하는 가장 큰 이유는 바로 고객주문 이행율의 향상으로 나타났

2) 애버딘그룹
미국 IT 기술 연구 및 컨설팅 기관, 시장조사기관.

[그림 1.5] S&OP 프로세스

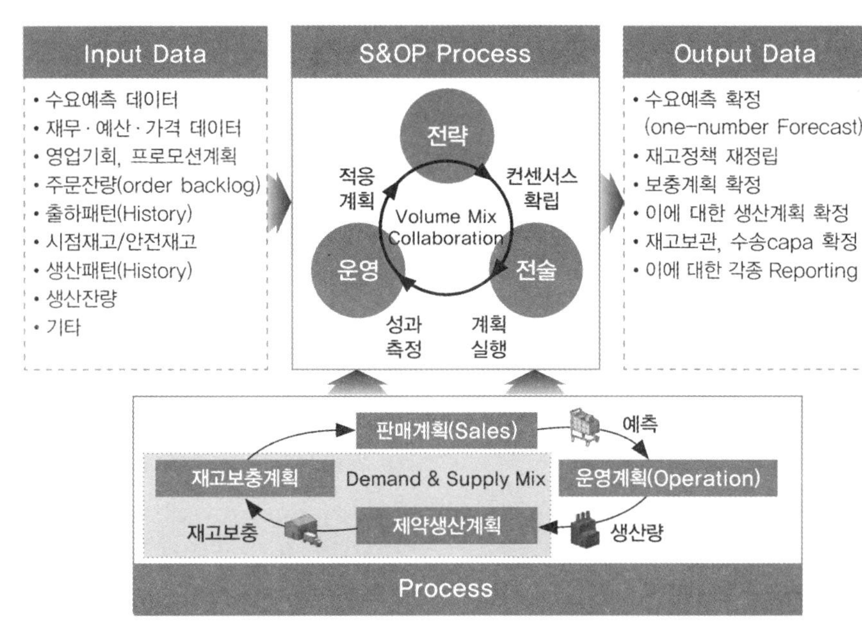

자료: JDA Software Group(http://www.jda.com).

다. 부서 간 의사소통의 향상, 재고 감소 및 주문 이행율의 증대, 결품 감소, 공급중단 최소화, 생산성 향상, 리드타임 감소, 고객 유지력 증대, 매출 총이익 향상이 뒤를 잇고 있다(KMAC SCM센터, 2010).

대부분의 사람들은 델컴퓨터의 성공요인이 인터넷을 통한 PC 직판 모델과 이를 위한 공급망 때문이라고 이해하고 있다. 그러나 델컴퓨터 제조담당 딕 헌터 부회장은 "델의 성공 비결은 PC 직판을 위한 공급망의 통합과 운영능력이 아니다. 이는 쉽게 모방이 가능하기 때문에 핵심 경쟁력으로 보기 어렵다. 오히려 델 SCM의 성공요인은 공급과 수요 사이의 역동적인 균형을 유지시키기 위해 지속적으로 프로세스와 데이터를 조정하는 능력이다"며 S&OP의 중요성을 강조하고 있다. 수요예측, 납기약속, 자원운영 등의 SCM 프로세스 핵심 내용은 실수요 기반 예측을 통해서 납기응답(RTF: Return to Forecast)대로 판매하고 S&OP대로 생산계획을 수립해서 실행력을 높이는 것이라 할 수 있다. 결국 S&OP는 생산에서 판매에 이르는 물동 전반에 대한 정보력과 위험요소를 사전에 발굴할 수 있는 분석력을 바탕으로 적기에 제품과 서비스를 제공하기 위해 Supply Chain의 전체 최적화를 실현하는 도구로 활용된다.

1.2.3 APS(Advanced Planning & Scheduling)

산업공학을 전공하거나 APS 업무 담당자에게는 진부한 얘기일 수 있지만, 스케줄링은 생산계획(Planning)에 의한 계획기간 중에 해야 할 일이 결정된 바탕 위에 그러한 일(Jobs, Orders)을 어떤 설비(Machines)에서 어떤 작업자(Labors, Operators)가 어떤 도구(Tools, Fixtures)와 어떤 자재(Materials, WIPs)를 사용하여 언제(Times) 작업해야 하는가를 결정하는 분야이다.

스케줄링의 해법에는 수리계획법(정수계획법, 동적계획법, 분지한정법 등)에 의해 최적해를 찾는 방법과 전문가 시스템이나 인공지능을 활용하여 근사 최적해를 구하는 방법이 있다. 수리계획법에 의한 최적해법은 실제 문제에 적용하기에는 방대한 계산량(계산 소요시간) 때문에 곤란한 경우가 많아 스케줄링 문제의 일부분에 대한 최적화를 다루거나 문제가 크지 않을 경우 이용한다. 그래도 최적해가 필수인 APS, SCM 솔루션에는 분지한정법(Branch & Bound) 같은 최적화 방법 등이 많이 이용되고 있다. 근사 최적해 또는 좋은 해를 구하는 방법에는 (1) 발견적 기법(Heuristics), (2) 우선순위 규칙(Dispatching Rule), (3) 추계적 최적화(Stochastic Optimization), (4) 전문가 시스템이나 인공지능을 활용한 방법 등이 있다.

- **발견적 기법(Heuristics)**: 고전적인 문제에서 좋은 해를 빨리 찾는 발견적 기법은 꾸준한 관심사이고 많은 연구들이 보고되고 있지만 몇 가지를 제외하고는 널리 인정받지 못하고 있다.
- **우선순위 규칙(Dispatching Rule)**: 항상 좋은 성능을 일관되게 보장하는 우선순위 규칙은 존재하지 않지만 이해하기도 쉽고 스케줄링의 기초이기 때문에 실제 현장에서 널리 사용되는 방법의 하나이다.
- **추계적 최적화(Stochastic Optimization)**: 컴퓨터 기술(H/W 기술)의 발전과 더불어 각광을 받은 분야이지만 문제 자체를 표현하기가 어렵기 때문에 잘 정형화된 문제에서 좋은 성능을 보이고 있다. 대표적인 방법으로는 유전자 알고리즘(genetic algorithm), 타부 서치(Tabu Search), 시뮬레이티드 어닐링(Simulated Annealing) 등이 있다.
- **전문가 시스템, 인공지능의 활용**: 시스템 개발에 드는 노력이 매우 크기 때문에 제한적으로 활용되고 있다. 대개 정형화된 문제에 적용하기보다는 매우 복잡한 제약조건을 가지고 있는 문제에 적용되고 있다. 이전에는 production rule에 기반을 둔 rule-based system이 주를 이루었지만, 최근에는 CSP(Constraint Satisfaction Problem) 접근 방법이 많은 각광을 받고 있다.

스케줄링 시스템을 설계할 때에는 '계산 소요 시간'과 '해의 질' 간에 이율배반적인(trade-off) 관계가 있기 때문에 무엇보다도 '소요 시간'과 '해의 질(quality)'를 반드시 고려해야 한다. 계산능력의 한계로 최적해를 구하기 힘든 경우도 있고, 보다 더 정답에 가까운 해를 찾기 위해 며칠에서 몇 주까지 걸리는 경우도 있다. 며칠씩 걸려 '해의 질'을 1% 올리는 것보다 받아들일 수 있는 수준에서 빠른 응답이 더 중요할 수도 있다.

3) FCS
유한능력에 기반을 둔 생산계획.

4) EOQ(경제적 주문량)
자재나 제품의 구입에 따르는 제 비용과 재고유지비 등을 고려해 가장 경제적이라고 판단되는 자재 또는 제품의 주문량.

5) LP(선형계획법)
1차 부등식이라는 제약하에서 어떤 목적을 최대화 또는 최소화하려는 문제에 모두 적용(예: 최적 배치와 생산계획 문제, 한정된 총소득액의 최적 배분, 상품을 운송할 때 그 운임을 최소화하는 수송문제 등).

6) 2-BIN
가장 오래된 재고관리 방법으로서 Bin 1의 재고가 발주점에 도달하면 발주하고, 안전재고인 Bin 2를 사용. 조달기간이 짧은 자재에 적용.

7) CRP
자재소요계획(MRP)에 따라 생산을 하는 데 필요한 자원요구량을 계산하는 기능.

[그림 1.6] 생산관리 기법의 출현

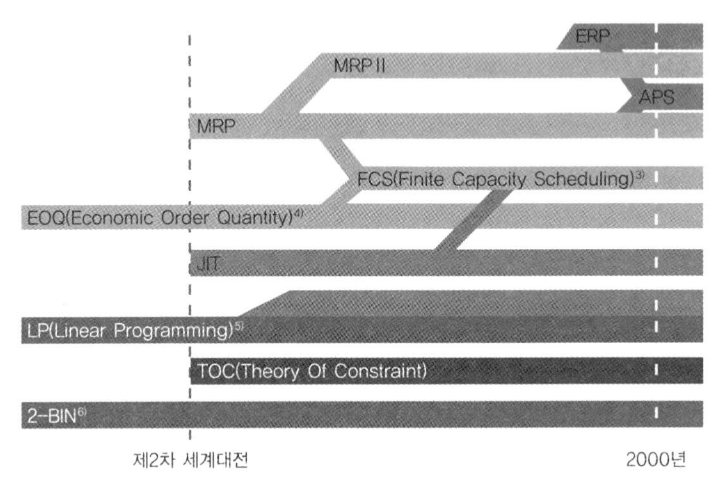

생산관리 기법 중 APS는 기존의 MRP(CRP) 계획의 한계를 극복하기 위해 태동했고 MRP에서 진일보된(Advanced) 계획 기능이다. Supply Chain상의 정보를 기초로 자재의 소요량 및 자원의 가용능력과 부하도 동시에 감안하여 생산계획을 수립하고 작업의 순서를 정하는 스케줄링을 수행하게 된다. 최적화된 알고리즘을 사용하고 메모리에서 실행되어 빠른 계산이 가능한 솔루션이다. MRP는 기본적으로 무한능력(Infinite Capacity) 기준이기 때문에 결과가 부정확하고 현실성이 결여되어 작업지시 용도로 사용이 곤란하다. 물론 CRP(Capacity Requirements Planning)[7]를 가지고 MRP의 결과를 검증하기는 하지만 자재와 부하 능력이 불균형하고 장시간 Loop가 순환 처리되는(2~3일) 문제점도 가지고 있다. 이에 비해 APS는 리소스의 제약사항(Constraints)을 고려하여 단시간 내에 결과를 처리한다. 유한능력(Finite Capacity)으로 계획을 수립하고 장기의 생산계획(Planning)과 단기의 일정계획(Scheduling)을 수립하는 기능을 기본으로 가지고 있다.

[그림 1.7] APS와 기존의 MRP/ERP 계획 기능의 차이

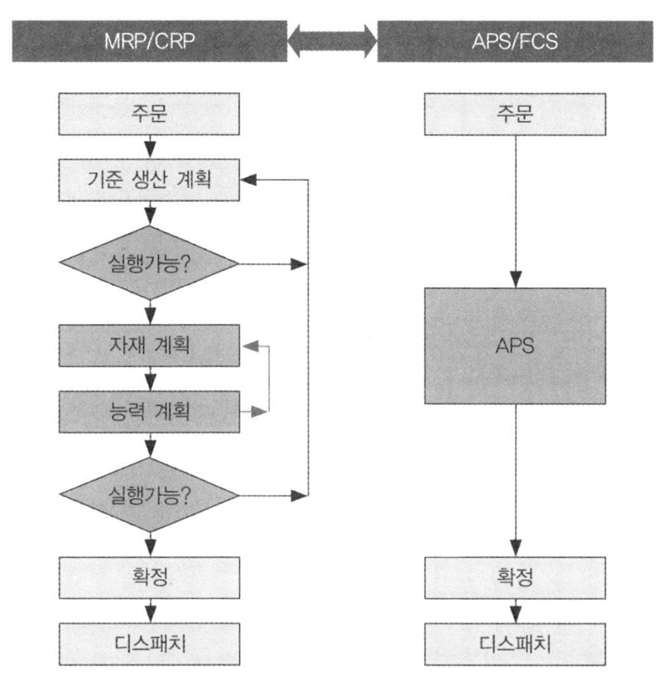

자료: APSmate(http://www.scheduler.co.kr).

APS 엔진의 스케줄링 코어 부분은 선형계획법(LP)과 휴리스틱, 시뮬레이션 방식이 혼합되어 있다고 보면 된다. 선형계획법은 설비능력, 자재 가용도, 주문량 등의 제약이 포함되어 있고 생산 프로세스를 일련의 방정식 집합으로 모델화시켜서 단시간 내에 최적해를 제시해주는 역할을 담당한다. 휴리스틱의 역할은 전체 제약조건을 메모리에 올려 단시간 내에 개략적인 해를 제공한다. '이 주문을 받을 수 있을까?' 혹은 '만일 특정 공정이 2일간 정지되면 납기를 위반하지 않을까?' 등에 대한 답을 제공해준다. 마지막으로 시뮬레이션 방식은 이벤트 방식으로 일 단위의 수작업 지시와 유사하게 시뮬레이션을 통하여 공

정 작업 순서를 최적화하여 결과를 제시해준다. 미국 i2 Technologies 사의 APS 소프트웨어인 Rhythm은 다음과 같은 4가지 주요 기능을 가지고 있다.

- 수요예측(Demand Planner): 공급망에서 요구되는 전략적 의사결정 및 계획수립의 기초. 궁극적으로는 원활한 자재 수급 및 수요-공급의 균형을 통하여 공급망 효율을 최적화.
- 납기약속(Demand Fulfillment): 할당된 공급 가용량을 사용하여 오더에 대한 Promise Commit Date를 약속하는 기능. 이를 통해 판매 현지에 재고가 부족하더라도 미래 공급 가용량(생산 중, 이동 중, 생산 예정량)에 대해 납기약속을 하여 고객의 중요도에 따른 차별화된 납기 약속 진행을 통해 중요 고객에 대한 서비스 레벨을 향상시킬 수 있음.
- 자원운영(Master Planner, 주 공급계획): 자재 가용성을 제약으로 고려한 글로벌 자원운영계획 수립, 공급망 의사결정 지원.
- 생산계획(Factory Planner, 일생산계획): 제약을 고려한 생산계획, 수요 변동에 대한 신속한 계획 편성.

1.2.4 MRP의 전개 과정

CPIM(Certified in Production and Inventory Management)[8)]을 공부하다 보면 MRP 전개를 수작업으로 많이 수행하게 된다. 처음에는 헷갈리기도 하지만 몇 번 해보면 지극히 단순한 계산 과정이기에 복잡하게 생각할 필요는 없다. MRP(Material Requirements Planning)는 생산계획과 BOM, 재고의 3가지 정보를 기반으로 구체적인 제조일정과 자재 생산 및 조달 계획을 수학적 계산을 근거로 산출하여 계획하는 것이다. 일정계획 및 재고 통제기법으로 무엇이 언제, 어디서, 얼마만큼

8) CPIM
1973년 미국에서 생산재고관리 종사자들의 능력을 평가하여 인증하기 시작한 프로그램으로 수요관리(DM), 공급 및 조달계획, 자재소요계획(MRP), 능력소요계획(CRP), 판매운영계획(S&OP), 마스터 스케줄링(MS), 성과 측정, 공급자 관계, 품질관리(QC), 지속적 발전(CI) 등을 주제로 하고 있음.

[그림 1.8] MRP의 변천

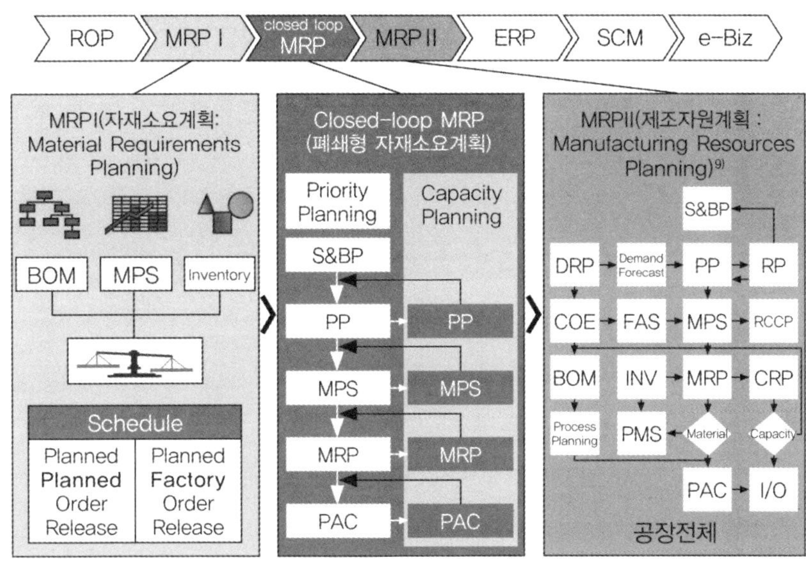

필요한지를 예측하고 모든 제조활동과 관리활동을 그에 맞추어 운영함으로써 생산활동을 최대한 효율적으로 운영하는 기법이다. 소요자재를 적재적소에 공급하면서 재고 수준을 최소화하는 것이 목적이다.

MRP는 생산시스템의 엔진에 해당하는 핵심 모듈로 전개 과정은 BOM, Routing(리드타임의 정확한 계산에 사용), Item Master(발주정책 및 파라미터), 재고 데이터를 이용하여 MRP 레코드를 생성하는 과정이다. 대부분의 ERP 솔루션들이 작업오더나 구매오더를 자동으로 계산해주기 때문에 수작업으로 MRP를 계산할 일은 없으나, MRP 전개 과정을 통해서 MRP 레코드의 형태와 데이터의 의미를 파악하면 생산계획(MPS/MRP Planning)의 입력과 출력에 관한 많은 부분을 이해할 수 있다.

9) MRPII
자재뿐만 아니라 생산에 필요한 모든 자원을 효율적으로 관리하기 위한 것으로 MRP가 확대된 개념. MRP에 공정 데이터, 수주, 재무, 판매의 기능을 추가하여 실현 가능한 생산계획을 제시하는 제조활동시스템이라고 할 수 있으나 만족할 만한 성과를 거두지는 못함.

- MPS와 BOM을 활용하여 최종 제품에 소요되는 자재를 계층화하여 수요를 계산할 수 있다. BOM은 자재의 모자관계(Parent-Child Relations), 상위 조립 필요량(Quantity per Assembly), 소요기간(Lead Time) 등을 포함해야 한다.
- 현 재고량, 계획 및 할당된 자재의 수량, 안전재고 등을 활용하여 순 소요량을 알고 이의 보충정책으로 보충할 수량을 계산한다.
- 수요의 변동 빈도와 폭을 고려한 주기적인 계산이 필요하다.

MRP 레코드는 흔히 표(Table)로 표현된다. 많은 MRP/ERP 패키지에서도 MRP 레코드와 MPS 레코드가 같은 형태로 제공된다. MRP 레코드를 계산하는 기본적인 절차는 〈표 1.3〉과 같다.

〈표 1.3〉 MRP 레코드 전개

Lot size=50 low lvl=1 OH=14 L.T.=4 Allo=0 SS=0		Week(time buckets)							
		1	2	3	4	5	6	7	8
Gross Requirements(총 소요량)		25		35		10	45		25
Scheduled Receipts(입고예정량)		48				41			
Projected On Hand(예상재고량)	14	37	37	2	2	33	-12	-12	-37
Projected Available(가용재고량)		37	37	2	2	33	38	38	13
Net Requirements(순 소요량)							12		
Planned Order Receipts(계획보충량)							50		
Planned Order Releases(계획발주량)			(50)						

- 일정하게 시간을 나눈 단위(Time buckets)에 따라 수요에 대한 공급 계획을 수립한다. 〈표 1.3〉에서는 time buckets로 주(week) 단위를 사용하고 있다.
- 계획은 무한대가 아닌 설정된 기간 내에서만 수립된다. 이를 계획기간(Planning Horizon)이라고 하며, 위의 예에서는 8주를 대상으로 하고 있다.
- Lot Size는 발주량 및 생산량을 결정하는 요소로 예에서는 50이다. 리드타임은 4이고, 안전재고는 0으로 두고 있다.
- 공통 부품을 사용하는 많은 제품에 대한 MRP 전개 시 계획수량의 변경을 방지하기 위해 사용하는 것이 LLC(Low Level Code)이다. 즉, MRP 전개에 대한 순

서를 결정하는 방법인데, 각 제품에 대한 BOM을 통합하여 그린 다음 그래프의 최상위 노드 값을 0이라 하고 각 링크의 거리를 1로 둔 뒤에 각 부품까지의 최장 거리를 LLC라고 한다. MRP 전개 시에는 LLC 값이 작은 것부터 큰 순서로 하면 앞의 문제가 해결된다. 대개의 MRP/ ERP 패키지에서는 이러한 LLC 코드를 자동으로 계산해주는 기능이 탑재되어 있다. 〈표 1.3〉에서 Low Level Code는 1로 가정한다.

■ 총 소요량(Gross Requirements) 산정

주 일정계획과 BOM을 전개하여 자재소요를 산정하는 단계로서, 현재 보유 중인 재고나 입고예정 재고수량을 고려하지 않고 BOM 전개를 통하여 얻은 수량이다.

■ 재고수량 감소

입고예정량(Scheduled Receipts): 이미 발주한 주문수량으로 Open Order라고도 하는데, MRP엔진은 입고예정량을 해당 기간의 재고로 간주한다.

예상재고량(Projected On Hand): 현 재고 + 입고예정량 - 총 소요량. 마이너스나 안전재고 이하로 떨어지는 시점에 순 소요량을 발생시키며, 마이너스 수치로 향후 생산해야 할 주문잔고(Backlog)를 보여준다. 〈표 1.3〉에서는 1주차 14 + 48 - 25 = 37, 2주차 37, 3주차 37 - 35 = 2 등으로 계산된다. 6주차는 총 소요량 45가 발생하여 33 - 45 = -12가 되어 순 소요량(Net Requirements) 12를 발생시킨다.

■ 순 소요량(Net Requirements) 산정

순 소요량 - 할당량(Allo) + 안전재고(S.S) - 예상재고량(Projected On Hand): 부품이나 조립품에 대한 순 소요량은 현 재고수량과 입고예정

량, 안전재고량에 총 소요량과 할당량을 적용한 결과로 산출된다.

■ 계획보충량(Planned Order Receipts) 산정

가용재고량(Projected Available Balance)은 예상재고량(Projected On Hand)과 비슷한 개념인데 MRP에서 재고 잔량을 미래 시점까지 반영하여 계산한 것으로 현 재고합계에서 총 소요량을 빼고 입고예정량(Scheduled Receipts)을 합한 것이 예상재고량이 되며, 여기에 MRP에 의해 필요하다고 계산된 계획보충량(Planned Order Receipts)을 더하면 가용재고량이 된다. 계획보충량은 미래에 입고될 것으로 간주되는 계산 수량으로 입고예정량과의 차이는 오더가 아직 발행되지 않았다는 점이다. 즉, 소요량에 대응하여 해당 시점에 보충되어야 할 수량을 뜻하는 것으로 이를 근거로 발주가 이루어진다. 수요량을 기준으로 회사의 정책이나 시장환경을 고려하여 가장 효과적이라고 판단되는 기본 작업단위(Lot Size)로 보충이 이루어진다.

■ 계획발주량(Planned Order Release) 제시

필요한 입고량과 필요 시기가 결정되면 자재의 구매와 생산활동에 걸리는 시간을 감안하여 먼저 주문이 되어야 실행 가능한 계획이 될 수 있다. 계획보충량이 필요한 시점에 소요기간을 차감한 날짜에 발주를 낸다.

■ 전개

하위 품목의 총 소요량 및 시기를 산정한다.

이렇듯 MRP는 단순한 재고관리뿐만 아니라 생산계획과 구매결정의 문제까지도 포함하여 이들을 종합적인 관점에서 조정하고 통제하는

기능을 수행한다.

MRP를 수행하기 위해서는 사전에 필요한 기준정보를 체크하는 단계가 있다. BOM 등의 품목정보, 생산환경 및 생산 기준정보, 구매 리드타임, 거래처, 단가, 최소 구매수량 등의 구매 기준정보의 정합성을 확인하고 구매나 자재 관련 발주 및 입출고 마감을 확인해야 한다. 작업지시 및 작업지시별 실적도 마감해야 하고 외주발주 확인 및 백오더에 대한 정리작업도 필요하다. 영업 관련 수주 및 출하 마감처리도 해야 한다. 실제 MRP를 수행하는 단계에서는 수요예측 정보를 접수하여 MPS에 등록 및 확정하는 선행 작업이 필요하고 계획 데이터 이외의 긴급수주와 같은 추가 변경사유가 발생할 때는 비정기적으로 MRP를 수행할 수 있다. MRP 수행 결과가 도출되어도 생산팀, 영업팀과의 협의 및 판생회의(생판회의)를 통하여 수행 결과를 검토하고 필요 시 입력 데이터 변경 후 MRP를 재실행하여 확정하는 단계도 거쳐야 한다. 협력회사와의 MRP 자동발주 체계를 도입하여 적시적량 납품체계 실현은 물론 재고 정확도 향상 및 물류정보와 회계기표 일치를 통하여 시스템의 신뢰성을 높이는 계기로 활용할 수 있다.

1.3 제조실행시스템(MES)

1.3.1 MES의 다양한 정의

제조현장과 관련된 시스템은 1.1절에서 이야기했던 생산전략(연속생산, 단속생산, 반복생산, 프로젝트생산)과 Logistics 전략(MTS, MTO, ATO, ETO) 및 생산현장의 자동화 수준에 따라 여러 이름으로 불리며 진화해왔다. 1980년대 초반의 POP(Point of Production, 생산시점관리)는 생산현장의 작업자를 중시한 시스템으로 작업자 중심의 데이터를 수집하고 생산현장을 고려한 작업지시가 목적이었다.

1990년대 출현한 SFC(Shop Floor Control, 제조현장관리)는 생산라인에서 발생한 데이터를 이용하여 작업지시나 작업장의 정보 상태를 관리했다. IT적으로는 Client/Server가 도입되어 제조현장의 정보를 실시간으로 사무실에서도 볼 수 있게 되었다. 1990년 후반에 소개된 MES(Manufacturing Execution System, 제조실행시스템)는 소프트웨어 중심의 관리시스템으로 생산 규모가 크고 광범위한 분야에 적용되고 있으며 제조업에서 필요한 애플리케이션을 체계적이고 표준화된 방식으로 제시하고 있다.

2000년도 들어와 모기업의 생산일정에 따라 협력업체의 생산 및 물류가 유연하게 처리되는 CPM(Collaborative Production Management, 동기화생산)이 소개되기도 했으나 현재 제조현장과 관련되는 시스템은 MES (제조실행시스템)로 통일되어 불리고 있다. MES는 주문에서 최종제품에 이르기까지 생산활동에 필요한 최적의 정보를 관리하는데, 각 기관별 정의는 〈표 1.4〉와 같이 다양하다(송화섭 외, 2007).

〈표 1.4〉 각 기관별 다양한 MES 정의

기관명	정의
AMR (Advanced Manufacturing Research)[10]	MES는 프로세스 그 자체의 직접적인 산업통제 및 사무실의 기획시스템들을 연계하는 공장 현장에 위치한 정보시스템이다(1992).
MESA (Manufacturing Enterprise Solution Association)[11]	MES는 주문 받은 제품을 최종 제품이 될 때까지 공장 활동을 최적화할 수 있는 정보를 제공하며 정확한 실시간 데이터로 공장 활동을 지시하고, 대응하고, 보고한다. 이에 따라, 공장에서 가치를 제공하지 못하는 활동을 줄이는 것과 함께 변화에 빨리 대응할 수 있게 함으로써 공장 운영 및 공정의 효과를 높인다. MES는 납기, 재고회전율, 총수익, 현금 흐름 등을 개선할 뿐만 아니라 운영자산에 대한 회수율도 좋게 한다. MES는 양방향 통신으로 기업 전체 및 공급망에 걸쳐 생산활동에 대한 중요한 정보들을 제공한다.
APICS (The Association of Operations Management)	MES는 제조 장비의 직접적 통제 및 관리적 통제를 위해 제품 수명주기와 프로세스 통제를 포함하여 제조현장 관리에 관련된 프로그램 및 시스템으로 정의한다.
Gartner's IT Glossary	MES는 업무 오더를 실행하기 위해 온라인 도구를 제공하는 제조환경에서 생산방법 및 절차를 갖춘 전산시스템이다. 여기에는 일반적으로 ERP 혹은 OCS(Operation Control System) 범위에 분류되지 않은 어떤 제조시스템이라도 포함된다. 광의로는 전산화된 CMMs, LIMSs, SFC, SPC, QC, 그리고 배치리포트 같은 전문화된 애플리케이션을 포함한다.
기타	- MES는 생산하는 데 사용된 방법들과 도구들을 추적하는 온라인상의 통합 전산화 시스템이다(M. McCellan). - MES는 제조 활동의 유연한 기능 수행을 위해 필요한 통제 프로세스, 자재, 인력, 그 외의 모든 기타 입력요소를 돕는 자동화된 시스템이다. - MES는 온라인 질의뿐 아니라 수동 혹은 자동으로 인력 및 생산보고를 포함하는 제조현장시스템이며, 이는 생산현장에서 발생하는 업무를 연결한다.

10) AMR
제조 관련 솔루션에 대한 컨설팅 업무를 지원하는 업체(http://www.advmfg.com).

11) MESA
MES 표준 기능을 추진하는 민간 협회(http://www.mesa.org).

[그림 1.9] 광의의 MES 범주

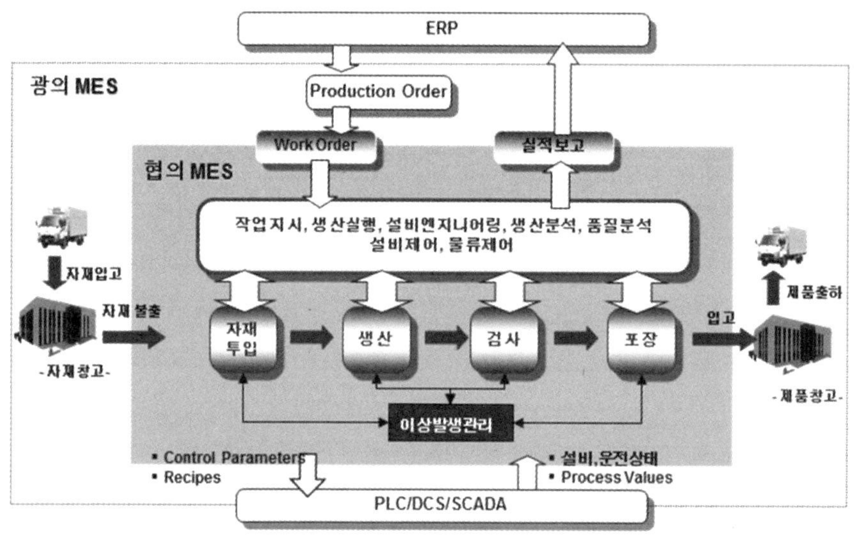

MES시스템의 생명은 정확한 데이터에 있다. 실시간의 투명한 정보가 입력되지 않으면 큰 비용을 투자하여 구축한 ERP 시스템을 제대로 활용할 수 없다. 또한 부정확한 정보에 의해 납기약속이나 자원운영과 관련 있는 SCM에서 잘못된 의사 결정을 하여 적기에 제품이나 서비스를 제공할 수 없게 된다. 생산실적의 부정확으로 인해 잘못된 구매정보가 협력사에 제공되고 이러한 현상이 지속되면 잉여 자재가 발생하고 자재 결품으로 인한 생산 중단이 발생해서 큰 손실을 입게 된다.

1.3.2 MES 참조 모델(MESA, S95)

MES를 설명하기 위해 여러 기관에서 다양한 Model을 제시하고 있으나 개인적으로는 ISA(Instrument Society of America)[12]에서 제시하는 ANSI/ ISA-95(S95) 모델이 가장 일반적이라고 생각한다. S95 모델은

12) ISA
자동화의 표준화를 추구하는 민간 협회(http://www.isa.org).

제조업 계층 모델의 원형이 된 Purdue CIM Reference Model의 수직 구조와 가장 널리 인용되고 있는 MESA Model의 기능구조 그리고 ISA-88(Batch 공정의 표준화)을 참조해서 2002년에 IEC/ISO 62264로 국제 표준이 되었다. 주요 단체에서 제시하는 MES 참조 모델은 다음과 같다.

■ Manufacturing Enterprise Solutions Association(MESA)

1990년 초기의 MESA International에서 제시된 MESA-11은 MES 표준 기능으로 정착되었고, 2004년에는 Collaborative MES 혹은 c-MES 모델로 공급자와 고객 간의 협업 업무를 중시한 기능으로 발전했다. MESA에서는 "주문 받은 제품이 최종 제품이 될 때까지 공장 활동을

[그림 1.10] MESA-11 모델

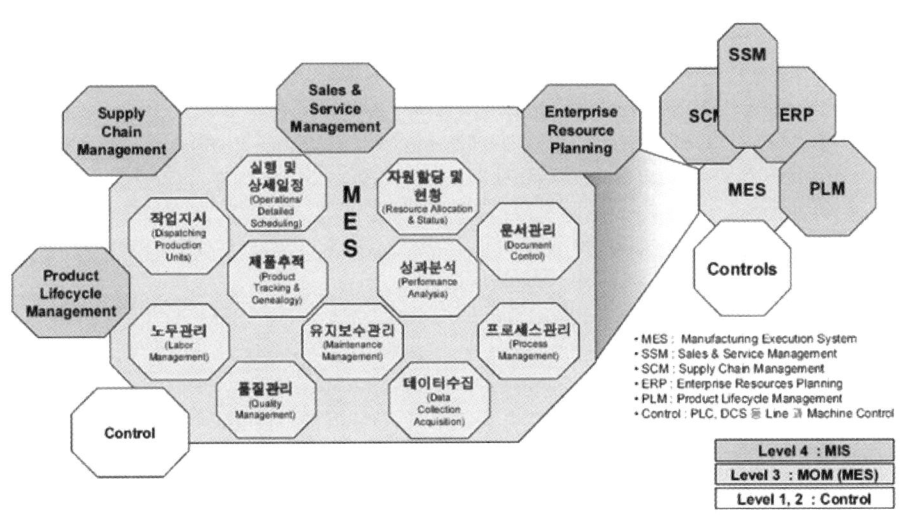

자료: MESA International(1997).

최적화할 수 있는 정보를 제공하며 정확한 실시간 데이터로 공장 활동을 지시하고, 대응하고, 보고한다"라고 정의하고 있다. 그러면 MES는 어떠한 기능을 가지고 공장 활동을 최적화할 수 있는가?

MESA에서 제시하고 있는 MES의 주요 기능은 다음과 같다.

- 자원할당 및 현황(Resource Allocation and Status): 자원의 세부 이력과 장비를 실시간으로 공정 흐름에 적절하게 set-up되도록 보장한다.
- 실행 및 상세일정(Operations/Detail Scheduling): 우선순위와 특성 등에 근거한 순서를 제공하고 이동 패턴에 따른 정확한 설비 로딩을 위한 대체공정과 중복/병렬 공정을 감안하여 작업 순서를 적절히 스케줄링한다.
- 작업지시(Dispatching Production Units): jobs, orders, batches, lots, work orders의 형태로 생산단위의 흐름을 관리한다.
- 문서관리(Document Control): 생산단위와 함께 유지되어야 하는 문서 또는 기록을 보관하고 제어한다.
- 데이터 수집(Data Collection/Acquisition): 생산단위별로 수집되어야 하는 정보를 정의하고 정보를 수집하는 인터페이스 연결을 제공한다.
- 노무관리(Labor Management): 최대 분 단위의 시간으로 작업자의 상태 및 이력을 제공한다.
- 품질관리(Quality Management): 생산제품의 품질 제어를 위해 생산 공정/설비로부터 수집된 측정값들의 실시간 분석을 제공한다.
- 프로세스 관리(Process Management): 생산을 모니터링하고 자동적으로 현장을 제어하거나 운영자가 공정수행 능력을 향상시키거나 불필요한 낭비 요소를 제거하기 위한 의사 결정을 지원한다.
- 유지보수관리(Maintenance Management): 설비의 유지보수를 위한 예방정비 활동을 추적/지시한다.
- 제품추적(Product Tracking and Genealogy): 생산제품의 생산 이력 및 제품에 결합된 부품의 이력을 관리함으로써 향후 품질 개선의 인프라를 제공한다.
- 성과분석(Performance Analysis): 생산공정의 KPI(Key Performance Index)를 관리함으로써 생산성 향상을 위한 분석 기능을 제공한다.

[그림 1.11] ISA-95 통합모델

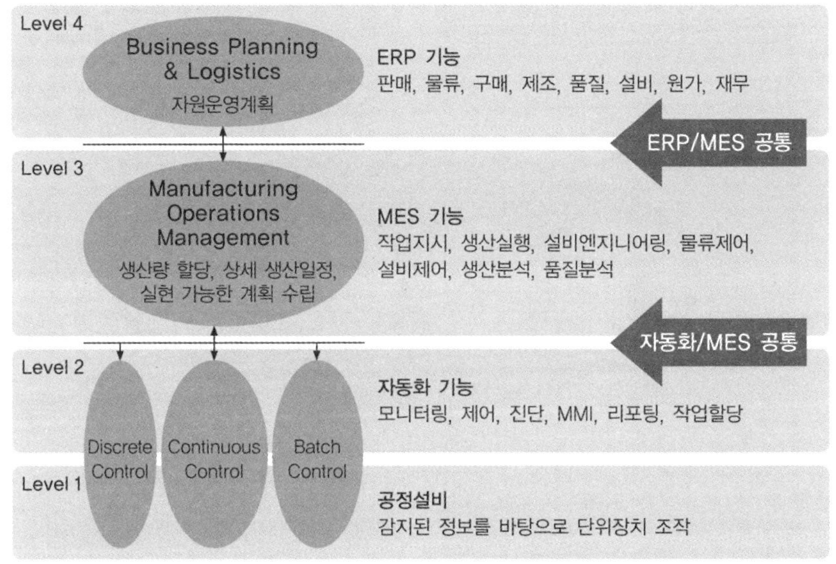

이렇듯 MES는 세부적으로 공정진행 정보의 모니터링 및 제어, 설비제어, 품질정보 추적 및 제어, 실적정보 집계, 자재투입 관리, 노무관리 등 제조현장에서 발생할 수 있는 모든 정보를 통합 관리하는 것으로 정의된다.

■ International Society of Automation(ISA-95)

ISA-95 통합모델은 비즈니스 계획 및 물류전략, 제조운영관리, 생산제어 등을 수직적 계층으로 구분하여 레벨 0에서 레벨 4까지 다루고 있다. 레벨 0의 실제 프로세스 계층에서 레벨 4의 전사 계층까지 단계적으로 정의하고 있다.

레벨 1은 단위장치제어라고 불리는데 유압이나 모터를 활용하여 액

[그림 1.12] ISA-95(S-95) 객체모델(Object Model)

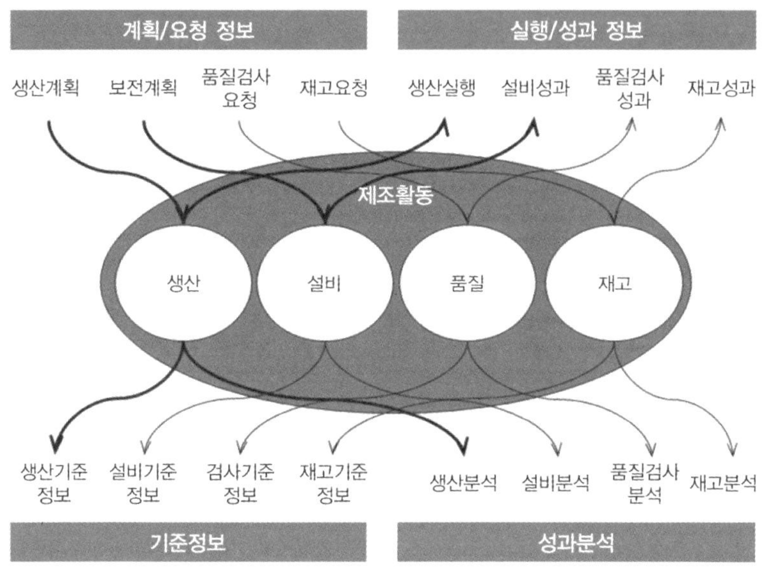

추에이터를 자동 제어한다. 레벨 2는 PLC+HMI, DCS, SCADA 등을 활용하여 프로세스를 제어하며 공장설비제어(혹은 공정제어)로 통칭한다. 레벨 3에 해당하는 제조 운영관리 계층을 MOM(Manufacturing Operations Management)으로 정의하고 있다. 레벨 1에서 레벨 3까지를 광의의 MES 영역으로, 레벨 3만을 협의의 MES로 부르기도 한다. 그리고 제조환경을 객체 모델(Object Model)과 액티비티 모델(Activity Model)로 구성하고 각 계층의 인터페이스를 표준화하도록 했다. 설비의 운영이나 센서의 구동 등 레벨 0, 1, 2의 경우를 Batch Process 산업에 대한 표준화(ISA-88)로 상세 정의하고 ISA-95 모델에서는 협의의 MES 모델에 중점을 두어 레벨 3과 레벨 4의 관계를 주로 다루고 있다. [그림 1.12]는 WBF(World Batch Forum)[13]의 B2MML과 비슷한데 ISA-95의 데이터 모델을 구축하기 위한 기초 개념으로 4M(사람, 기계, 재료,

13) WBF
ISA 표준화 단체이며 ISA-88(Batch 공정의 표준화)을 제시.

[그림 1.13] ISA-95의 액티비티 모델(Activity Model)

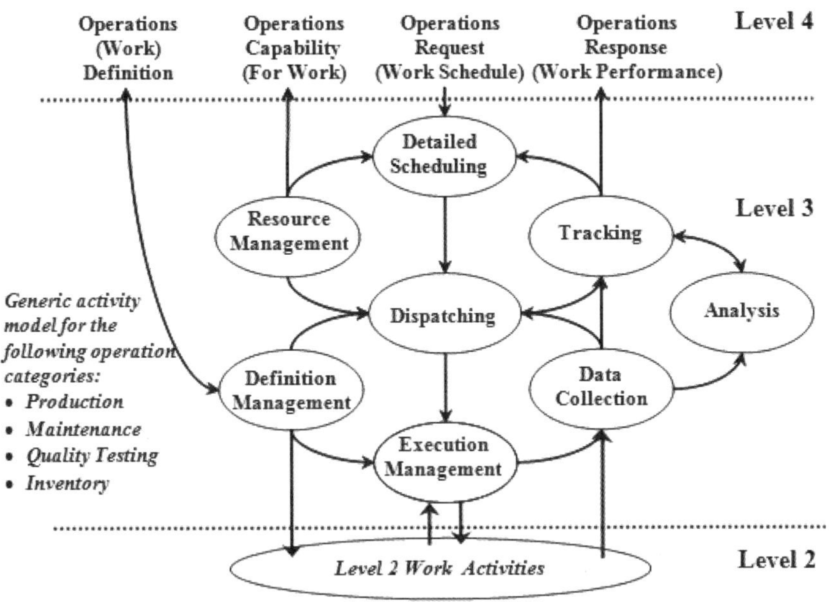

방법)의 리소스에 기반을 둔 생산, 설비, 품질, 재고 관점의 객체 모델이다.

[그림 1.13]은 ISA-95의 액티비티 모델로서 객체모델에서 정의한 생산, 설비, 품질, 재고에 대한 기준정보관리(Definition Management), 자원관리(Resource Management), 상세 일정관리(Detailed Scheduling), 업무지시(Dispatching), 업무 실행관리(Execution Management), 데이터 수집(Data Collection), 추적(Tracking), 분석(Analysis) 등의 상세 활동을 정의하고 있다.

생산, 설비, 품질, 재고 관점의 각 오브젝트에 대한 상세 액티비티와 세부 업무는 〈표 1.5〉과 같다.

〈표 1.5〉 ISA-95의 액티비티와 세부 업무

제조활동 요소	액티비티	세부 업무
생산	제품 기준정보 관리	Recipe, BOM 변경관리 등 10가지 업무
	생산 자원 관리	인력, 자재, 설비의 기준정보 제공 등 11가지 업무
	상세 생산 계획	상세 생산일정 수립 및 관리 등 5가지 업무
	생산 지시	Work Order 발행 등 10가지 업무
	생산 실행 관리	작업실행지시, 작업종료지시 등 8가지 업무
	생산 데이터 수집	생산현황 정보 수집 등 7가지 업무
	생산 추적	시간별, 공정별 자재 경로추적 등 7가지 업무
	생산성과 분석	생산실적 보고, 비교분석 등 11가지 업무
설비	유지보수 기준정보 관리	문서관리, 유지보수 KPI 정의 등 9가지 업무
	유지보수 자원 관리	보전인력 정보 관리 등 6가지 업무
	상세 유지보수 일정	보전 요청에 대한 검토/확정 등 5가지 업무
	유지보수 지시	유지보수 Work Order 발행 등 2가지 업무
	유지보수 실행 관리	유지보수 상황/결과에 대한 문서화 등 7가지 업무
	유지보수 데이터 수집	유지보수 상태/자원/작업시간 등 정보 수집
	유지보수 추적	유지보수 시 사용자원 정보 추적 등 2가지 업무
	유지보수 분석	유지보수 대상 선정을 위한 분석 등 12가지 업무
품질	품질검사 기준정보 관리	검사 기준정보 변경 관리 등 7가지 업무
	품질검사 자원 관리	검사장비 보전정보 제공 등 10가지 업무
	상세 품질검사 계획	상세 검사일정 생성/관리 등 3가지 업무
	품질검사 지시	품질 검사 Work Order 발행
	품질검사 실행 관리	검사 수행, 절차 및 표준 주수 확인 등 3가지 업무
	품질검사 데이터 수집	품질검사 결과의 수집 및 가공 등 2가지 업무
	품질검사 추적	품질추적정보 제공/경영자 정보제공 등 3가지 업무
	품질성과 분석	중요품질지표에 대한 생산정보분석 등 5가지 업무
재고	재고 기준정보 관리	재고이송에 대한 기준정보 관리 등 7가지 업무
	재고 자원 관리	재고관리인력/설비/자재정보수집 등 11가지 업무
	상세 재고 계획	세부 재고운영일정 수립 등 7가지 업무
	재고 지시	재고 Work Order 발행
	재고 실행 관리	입출고 작업절차 및 기준준수 확인 등 8가지 업무
	재고 데이터 수집	제품 추적 정보의 유지관리 등 3가지 업무
	재고 추적	재고이송추적정보관리 등 2가지 업무
	재고 분석	재고효율 및 자원사용 분석 등 3가지 업무
기타 Activity	보안 관리	생산 및 제조 활동과 관련한 정보 보안 관리
	정보 관리	생산 및 제조 활동과 관련한 정보저장, 백업, 복구, 이중화와 관련한 관리
	형상 관리	HW/SW와 관련한 변경, 버전 관리 및 절차 관리
	문서 관리	생산 및 제조 활동과 관련한 문서의 관리
	준법감시 규제정책 관리	생산 및 제조 활동과 관련한 환경, 안전 등 규제와 관련한 준법감시 관리
	사고 및 편차 관리	사고/재해, 품질편차, 시정 조치 등의 관리

■ 기타

이외에도 최근에는 모바일, 클라우드 등의 ICT 기술의 발전과 과거 단일 공장 내의 수직적 정보통합화 추진 방향에서 수평적으로 분산된 글로벌한 생산공장의 중앙 원격관리의 중요성이 부각되면서 새로운 모델들이 등장하고 있다. ARC Advisory Group[14)]에서는 공급자와 고객 간의 생산협업과 중앙에서 분산된 공장의 생산자원 관리를 중시한 CPM/COM 모델을 소개하고 있다. AMR Research사는 RFID와 센서 네트워크, 모바일, 사용자 편이성을 중시한 UI, 복수 공장과 협업하는 수요기반 제조를 위한 제조용 SOA 기반의 Manufacturing 2.0 모델을 선보이고 있다. 보잉사의 개방형 제어기기(OMAC) 모델은 ERP에서 확정된 생산계획으로 전 세계 공장에 설치되어 있는 공작기계에 가공 정보를 OPC(OLE for Process Control)를 통하여 실시간 처리가 가능하도록 구성하고 있으며 공작기계 제조업과 가공 업무의 비중이 높은 분야에서 활발하게 적용이 추진되고 있다.

1.3.3 MES 주요 기능 및 표준화 동향

제조현장을 운영하기 위해서 필요로 하는 기능은 업종별, 생산방식별 혹은 현장의 자동화 수준에 따라서 천차만별이라고 할 수 있다. 자동화가 가장 많이 진전된 반도체나 디스플레이 등의 FAB만 하더라도 SEMATECH의 ITRS(반도체국제기술로드맵)에서 제시한 바에 따르면 작업지시를 위한 Scheduling/Dispatching, 제품 추적을 위한 MES의 핵심 기능이라고 부를 수 있는 WIP Tracking/Machine Tracking, 반송장치 제어를 위한 AMHS/MCS, 장비를 대상으로 의사 역할을 하는 APC(FDC, R2R), 설비 보전과 관련 있는 Maintenance Systems/Spare Parts Management, 수율과 관계되는 Quality Management Systems/YMS 등 그 수가 상당히 많다.

14) ARC Advisory Group
산업자동화 및 공급망 관리 관련 리서치 및 컨설팅 전문업체(http://www.arcweb.com).

[그림 1.14] 반도체 팹(FAB)에서 필요한 e-Manufacturing 기능

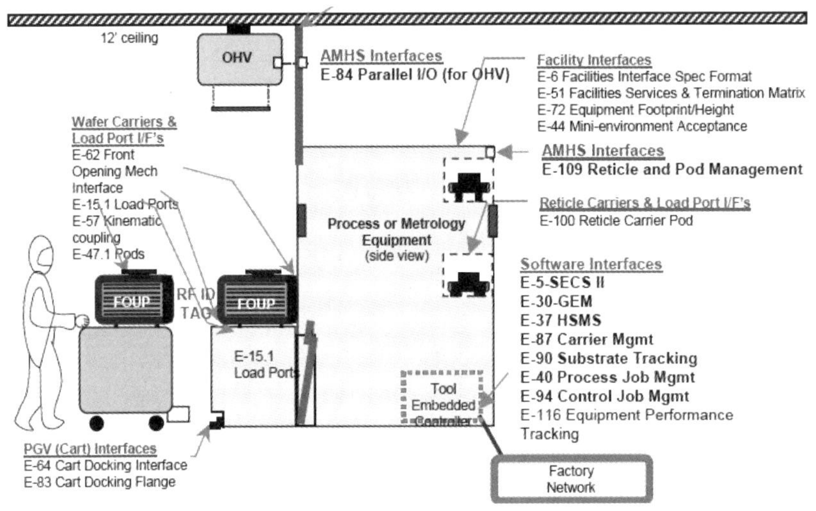

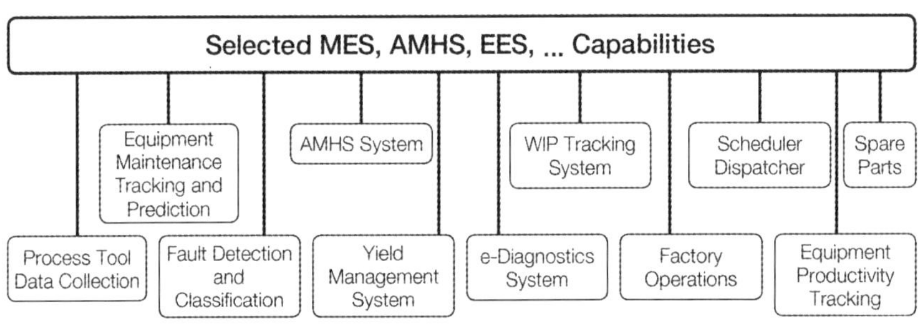

자료: ISMI(http://ismi.sematech.org).

2008년 ISMI NGF(International SEMATECH Manufacturing Initiative, Next Generation Factory) 워크숍에서는 프로세스가 미세화되고 웨이퍼의 크기가 커짐에 따라 비용을 절감하고 사이클 타임을 단축시키는 차세대 공장을 실현하기 위해서 Carrier 및 웨이퍼 자동반송시스템(AMHS), 장치설계, 장치제어의 관점에서 지원해야 될 '19개 항목의 가이드라인'이 추가 선정되었다. 이렇듯 제조기술과 생산역량이 증대

[그림 1.15] MESA Strategic Initiative Model

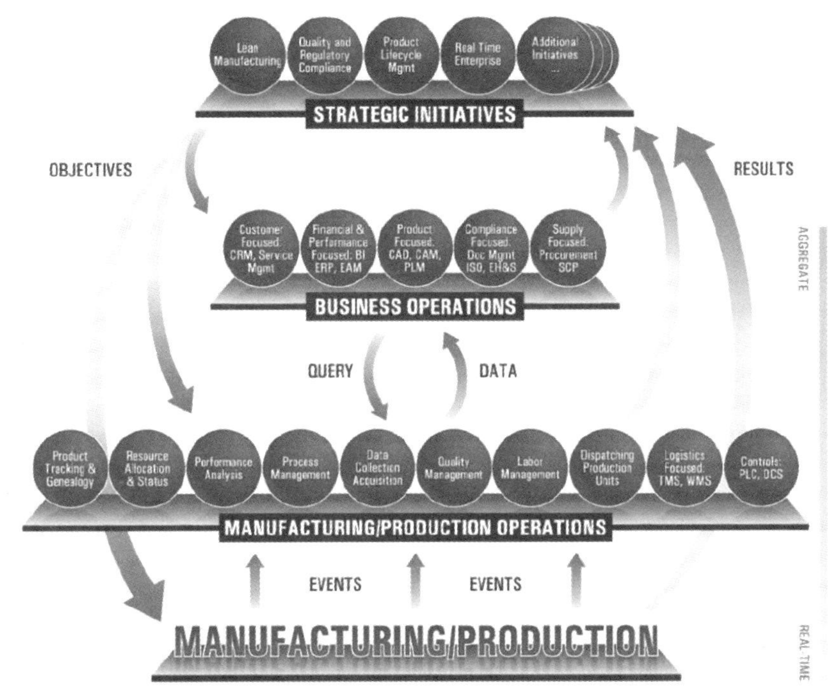

자료: MESA International(http://www.mesa.org).

되고 IT기술이 발전함에 따라 MES에서 필요로 하는 기능은 계속 늘어나고 있다.

2007년 MESA에서도 [그림 1.15]에 나타난 것과 같이 Lean Manufacturing, Quality and Regulation Compliance, PLM, Real Time Enterprise, Asset Performance Management를 포함하는 MESA-11 Model에서 진화된 MESA Strategic Initiative Model을 발표했다.

미국에서 자동화에 대한 표준을 주도하고 있는 ISA에서는 제조시스템과 경영시스템 간의 통합을 위한 ISA SP95 위원회를 결성했다. 개방형 표준 XML 형식으로 웹서비스와 같은 재사용 가능한 통합 소프

[그림 1.16] 통합 ISA 표준안(Open O&M Domain Map)

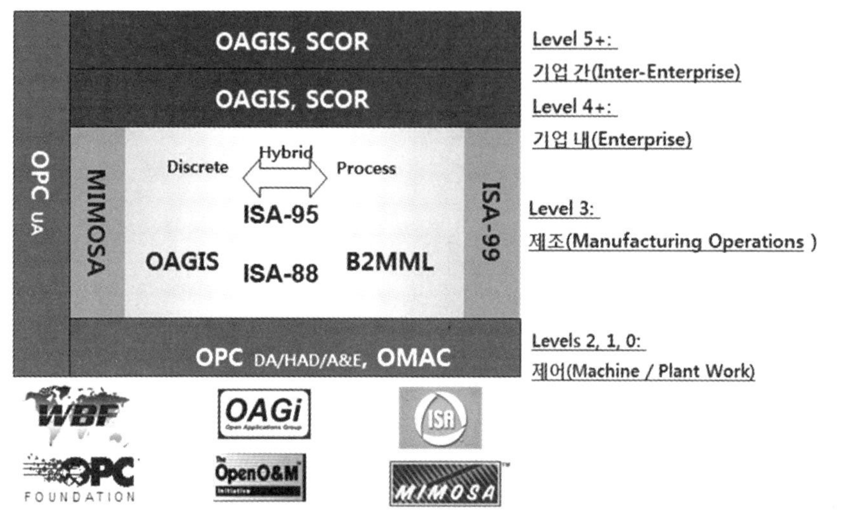

자료: ISA(http://www.isa.org).

트웨어 구성 요소를 촉진하기 위한 목적이며 이 위원회에서는 ISA-95 Enterprise-Control System Integration Standard를 제시했다. S/W 공급자, 제조업 관계자와 SI(시스템 통합) 사업자 등이 참여하여 크게 5개의 파트로 구성된 MES 표준을 제시했다(차석근, 2009).

- Part 1: 모델과 용어(2000년 7월)
- Part 2: 객체모델 속성(2001년 10월)
- Part 3: 제조운영 모델(2005년 6월)
- Part 4: 제조운영 관리를 위한 객체모델과 속성(진행 중)
- Part 5: B2M 트랜잭션(2007년 1월)

ISA SP95 위원회에서 제시하고 있는 통합 ISA 표준안은 WBF, OPC foundation[15], OAGi[16], Open O&M, MIMOSA[17] 등이 참여하고 있는

15) OPC Foundation 미국에 본부를 두고 있는 컴퓨터 공정제어시스템 연구재단으로서 제어기기와의 실시간 통신 프로토콜을 제시(http://www.opcfoundation.org).

16) OAGi 회원 기반의 비영리 단체로서 개방형 표준 개발 수행, XML 기반의 제조시스템과 경영시스템 간의 통합화를 제시.

데 제조운영 표준화를 통해 경영시스템의 SCM 모델인 OAGIS 및 SCOR Model(Supply Chain Operations Reference model)[18]과 통합된 표준을 제시하고 있다. 지금까지 MESA와 ISA의 표준화 활동에 대해 살펴보았는데 국가 간의 실질적 표준은 ISO 표준 공시를 근거로 수행되고 있으며, MES와 연계된 국제 표준은 ISO TC184 SC5 조직하의 WG1, WG4, WG5, WG6, WG7 등으로 구성되어 있다. 특히, WG7에서는 장치산업 등에서 OSA의 MIMOSA, OPC 표준을 기반으로 설비진단 및 유지보수 시스템을 제어(Machine/Plant Work), 제조(Manufacturing Operations), 기업 내(Enterprise), 기업 간(Inter-Enterprise) 레벨로 나누고 각각의 관리 시스템과 진단 및 유지보수 시스템과의 통합 모델 및 호환성에 대한 표준화를 진행하고 있다.

17) MIMOSA
운용 및 정비(O&M), 생애주기관리용 개방정보 규격을 제정하는 공익단체로 기계 상태 감시 진단용 데이터 처리, 통신, 표시용 규격 ISO 13374-1, 18435 등 개발, Open O&M(http://www.openoandm.info) 규격 개발(http://www.mimosa.org).

18) SCOR
SCC(Supply-Chain Council)에 의해 개발된 공급사슬 process reference model.

II

자동화와 제어기술

자동화 기술은 개별 설비에 필요한 제어기술뿐만 아니라 개별 설비들의 자동화를 유기적으로 연결하는 시스템으로 발전해가고 있다. 즉 CAD/CAM, NC 공작기계, 산업용 로봇, 자동창고, 무인반송 장치로 대표되는 각 생산체제를 통합하여 실시간 데이터 감지 또는 수집, 고성능 컴퓨터 분석, 그리고 첨단 모델링 및 시뮬레이션을 포함하는 스마트매뉴팩처링 환경으로 빠르게 진화하고 있다.

2.1 자동화와 제어시스템

2.1.1 자동화시스템

'자동화(automation)'란 용어는 1948년 미국의 포드자동차에서 엔진 가공의 자동화 연구 부문을 오토메이션부라고 한 것이 처음으로, 오토매틱(automatic)과 오퍼레이션(operation)의 합성어이다. 기계 자체에서 대부분의 작업공정이 자동으로 처리되는 자동생산 방식을 말하며 종래 사람이 실시해온 작업을 기계로 바꿔놓은 것이다. 자동화의 장점으로는 다음 항목들을 들 수 있다.

- 공장의 생산 속도가 증가함으로써 생산성을 향상시키는 효과가 있다.
- 제품 품질의 균일화와 개선을 통하여 불량품이 감소한다.
- 생산설비의 수명이 길어지고 노동조건을 향상시킬 수 있다.

기계장치(mechanism)가 구성되어 목적에 적합한 일을 조작자 없이 사람이 원하는 상태로 제어하는 자동제어의 뒷받침이 반드시 필요하며 성력화(省力化), 무인화란 측면에서 자동화의 필요성은 점점 확대되고 있다.

자동화시스템은 어떤 요소로 구성되는가? 자동화 영역은 다양한 분야에 응용될 수 있지만 제조업에 가장 많이 쓰인다고 볼 수 있다. 부품 제조공정이나 제품 조립공정에서 각 공정에 작업지시를 내리는 명령 프로그램이 자동화시스템의 3가지 기본 요소 중 첫 번째 요소이다. 간단한 명령 프로그램의 예로는 가열로의 온도를 일정하게 유지하며 이루어지는 열처리 공정을 들 수 있다. 자동화시스템의 두 번째 구성요소로는 동력을 들 수 있다. 요즘에는 경제성 및 편리성 때문에 전기가 가장 많이 쓰이는데 제조공정 자체를 가동하거나 공정으로부

[그림 2.1] 제어시스템의 구성

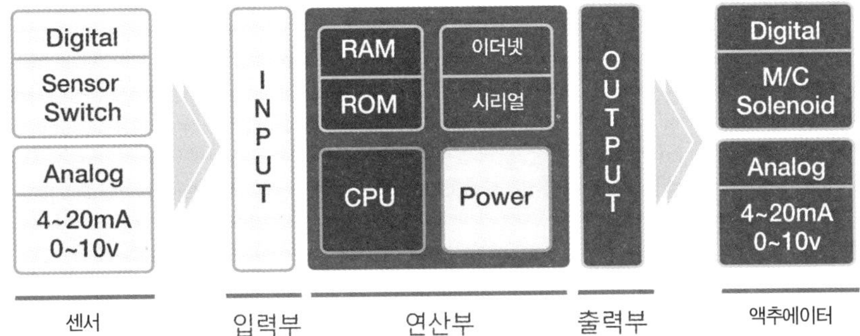

터 데이터를 수집하거나 정보를 처리하기 위한 제어기(controller)에도 동력이 필요하다. 마지막으로 자동화시스템의 세 번째 구성요소는 제어시스템이다. 명령 프로그램을 수행하여 그 공정에 정의된 기능을 달성하게 한다.

제어시스템의 전체적인 구성요소는 다음과 같다.

■ 기계장치(mechanism): 자동화와 공정제어를 실현하기 위해서는 데이터를 수집하고 공정을 작동시키기 위해 필요한 신호를 내보내는 메커니즘을 구성해야 한다. 공정변수를 측정하기 위한 센서(Sensor) 혹은 전송기(Transducer)나 공정 파라미터를 가동하기 위한 스위치나 모터 같은 전기전자장치(액추에이터)가 사용된다. 센서는 측정한 공정변수를 제어기가 인식할 수 있도록 정해진 직선성을 갖는 아날로그 신호(전압, 전류, 저항값)로 변환하여 제어기로 전송하게 된다. 측정하고자 하는 제어 대상체의 공정변수로는 온도(Temperature), 습도(Humidity), 압력(Pressure), 유량(Flow), 레벨(Level) 등이 있다.

■ 제어기(Controller): 제어대상인 기계장치를 제어하는 데 사용되는 마이크로프로세서이다. 제어기, 지시경보계(Indicator), 기록계(Recorder), 데이터로거(DataLogger) 등이 복합적으로 사용된다. 1차적으로 이상적인 공정제어를 목표로 제어기가 제어 기능을 수행하고 이외의 기기들은 공정제어가 제대로 수행되고 있는지를 감시(지시경보계)하고 기록(기록계)하며 데이터를 저장(데이터로거)한다. 제어기의 입력부는 변환기로부터 전송받은 아날로그 신호를 샘플링하여 공정변수의 현재 값을 표시·측정하게 된다. 측정 입력부에서 가장 중요한 역할을 하는 전용 IC가 아날로그/디지털 변환기(A/D 컨버터)이다.

■ 인터페이스: 기계장치(mechanism)와 제어기(controller)를 연결해주는 과정으로, 전체적인 기계장치 구성 후에 제어기인 전기전자장치와 대화, 즉 제어가 될 수 있도록 연결해주는 것을 말한다. 현장 내의 공정변수 정보를 확인하고 일괄연동제어(HMI, PLC를 통한)를 목적으로 통신기반을 채택하여 관리하고 있다. 종래에는 주로 시리얼통신(RS-232C, RS422, RS485)이 사용되었다. 시리얼통신의 경우 제약된 조건의 로컬지역에서만 활용이 가능하여 원거리 원격에서의 모니터링에 어려운 단점이 있었다. 이를 극복하고자 2.3절에서 설명하게 될 고속의 필드버스와 산업용 이더넷을 탑재한 제품들이 출시되고 있다.

■ 제어기술: 자동화시스템을 사용자가 원하는 응답을 얻을 수 있도록 해주는 제어알고리즘을 말하며, 크게 시퀀스제어와 피드백제어로 구분할 수 있다. 시퀀스제어는 미리 정해진 순서에 따라 동작시키는 것을 의미하고, 피드백제어는 물리량(제어량)의 값을 목표치에 일치시키는 것을 의미한다.

[그림 2.2] 제어기술의 분류

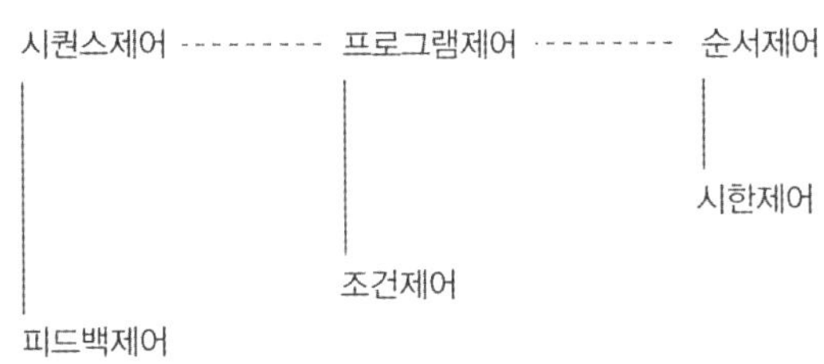

시퀀스제어(open loop control system)는 프로그램제어와 조건제어로 나눌 수 있다. 조건제어는 자동화 기계의 위험방지 조건이나 불량품 처리 및 엘리베이터처럼 입력조건에 대응된 여러 가지 패턴을 실행한다. 프로그램제어는 다시 검출기의 유무에 따라 순서제어와 시한제어로 구분된다. 순서제어는 미리 정해진 순서에 따라 제어의 각 단계를 진행해나가는 제어이다. 컨베이어 장치나 전용 공작기계 및 자동 조립기계 등은 순서제어의 사용 예인데, 각 동작의 완료 여부를 검출기를 통하여 확인하고 다음 단계를 진행한다. 이에 비해 검출기를 사용하지 않고 시간의 경과에 따라 작업의 각 단계를 진행해나가는 시한제어가 있는데, 세탁기 제어와 교통 신호기 제어, 네온사인의 점등 및 소등 제어가 대표적인 실용 예이다. 시퀀스제어는 기계공업과 같이 불연속적인 작업을 행하는 공정을 제어하는 데 불가결한 제어로서 다음과 같은 특징이 있다(Groover, 2009).

- 개(開)루프 제어(open loop control)
- 이산 정보(discrete information)
- 디지털 정보(digital information)

[그림 2.3] 피드백제어

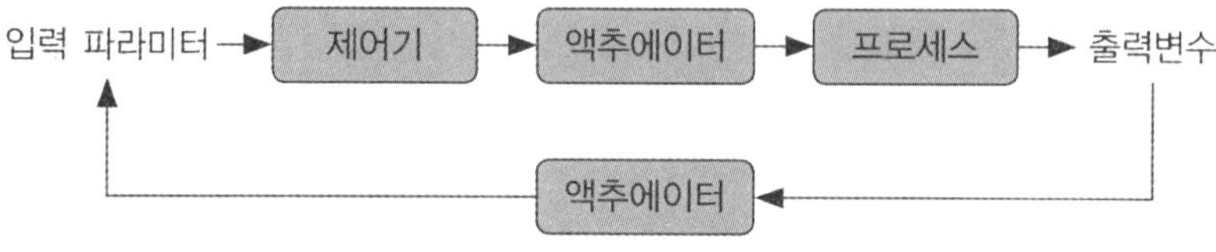

[그림 2.4] 시퀀스제어

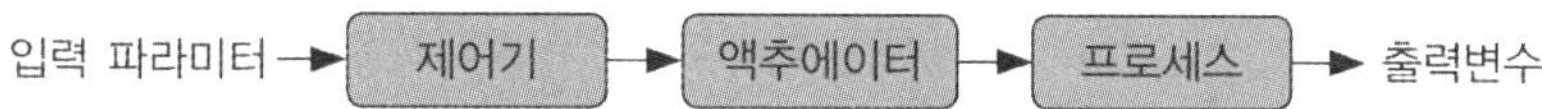

피드백제어는 힘, 토크, 속도, 위치, 열량, 온도, 전자력, 광량 등의 물리량이 명령치와 같은 값이 되도록 명령치와 실제치를 항상 비교하여 제어한다. 프로세스 공업 등에서 유체와 같은 물리량을 제어하는 데 효과적인 제어이며 다음과 같은 특징이 있다.

- 폐(閉)루프 제어(closed feedback control)
- 연속 정보(continuous information)
- 아날로그 정보(analog information)

제어신호의 성분에 따라 전기적 신호와 유체 신호로 구분하기도 한다. 전기적인 신호를 사용하는 방식에도 릴레이, 타이머, 카운터 등을 제어기기로 사용하는 유접점 방식과 다이오드, 트랜지스터, 집적회로 등의 반도체 스위칭 소자를 제어기기로 사용하는 무접점 방식, 그리고 micro processor를 사용하여 프로그램이 가능한 구조의 PLC

(Programmable Logic Controller) 방식이 있다. 자동화 기술은 개별 설비에 필요한 제어기술뿐만 아니라 개별 설비들의 자동화를 유기적으로 연결하는 시스템으로 발전해가고 있다. 즉 CAD/CAM, NC 공작기계, 산업용 로봇, 자동창고, 무인반송 장치로 대표되는 각 생산체제를 통합하여 실시간 데이터 감지 또는 수집, 고성능 컴퓨터 분석, 그리고 첨단 모델링 및 시뮬레이션을 포함하는 스마트매뉴팩처링 환경으로 빠르게 진화하고 있다.

2.1.2 산업용 제어시스템

제조과정에서 제어 기능이 적용되는 형태는 산업 유형에 따라 큰 차이를 보인다. 레벨 1(장치 레벨)에서 보면 공정과 장비가 다르기에 센

[그림 2.5] 제어 레벨과 자동화 레벨

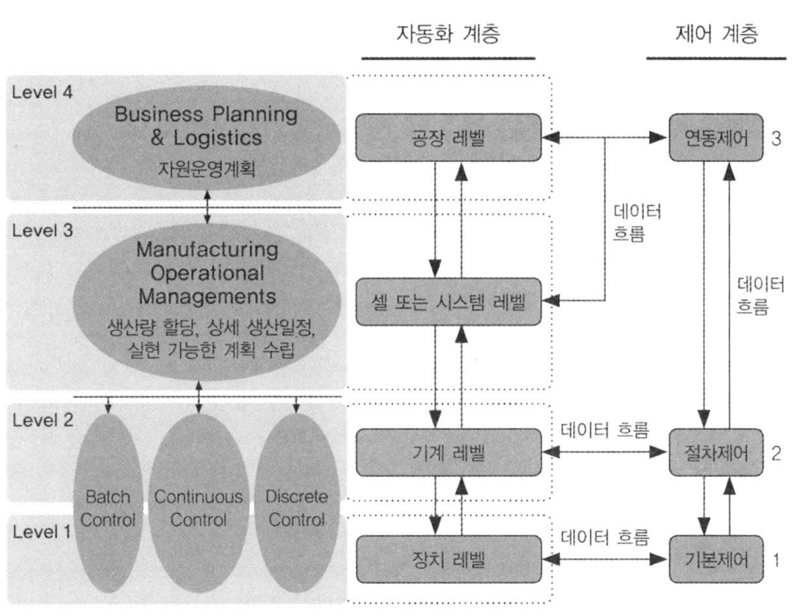

〈표 2.1〉 산업유형별 제어특징

구분	Batch/Continuous Control(화학장치)	Discrete Control(전자제조)
대표적인 단위공정	화학반응, 분쇄, 표면침투(CVD), 가열, 증류, 혼합, 분리	주조, 단조, 압출, 절삭, 기계조립, 플라스틱 사출성형, 박판 스탬핑
연속제어와 이산제어	제품 측정치: 무게, 부피 제품 품질 기준: 일관성, 농도, 불순물 변수 & 파라미터: 온도, 유량, 압력 센서: 유량계, 온도계, 압력센서 액추에이터: 밸브, 히터, 펌프 공정시간 상수: 초, 분, 시간	부품 개수, 제품 개수 치수, 표면 거칠기, 외관 무결함, 내구성 위치, 속도, 가속도, 힘 리밋 스위치, 센서, 스트레인게이지 스위치, 모터, 실린더 초 이하
자동화 계층(레벨)	4: 공장 – 일정계획, 자재 추적, 장비 모니터링 3: 공정제어 – 전체 공정을 구성하는 단위조작의 제어 및 연계 2: 조정제어 – 단위조작 제어 1: 장치 – 단위공정 제어계를 구성하는 센서 및 액추에이터	4: 공장 – 일정계획, 재공품 추적, 설비 가동률 3: MES – 생산설비, 물류설비, 유틸리티 설비 제어 및 통제 2: 설비 – 부품 및 제품 생산을 위한 생산기계 및 작업장 1: 장치 – 설비 동작제어를 위한 센서 및 액추에이터

서와 액추에이터의 종류가 다르다.

화학장치 산업의 연속제어에서는 온도, 압력, 유량을 통하여 히터, 펌프를 제어하고, 전자제조 산업의 이산제어에서는 위치, 속도, 가속도, 힘을 통하여 모터나 실린더를 제어하게 된다. 산업유형뿐만 아니라 자동화 계층에 따라서도 제어의 형태가 달라진다.

- **장치 레벨**: CNC 기계의 한 축이나 산업용 로봇의 하나의 조인트를 위한 피드백 제어루프를 들 수 있는데 자동화 체계에서 가장 낮은 레벨이고 액추에이터, 센서, 기타 하드웨어 요소를 포함한다.
- **기계 레벨**: 장치 레벨의 하드웨어가 개별 기계로 결합한 것이다. CNC 공작기계나 산업용 로봇, 동력 컨베이어, AGV를 들 수 있다.
- **셀 또는 시스템 레벨**: MES(Manufacturing Execution System)에 의해서 관리되는 대상으로 생산(계획)시스템으로부터 명령을 받아 임무를

수행한다. 주요 기능으로는 작업지시, 생산실행(tracking), 설비엔지니어링, 생산분석, 품질분석, 물류제어, 설비제어 등이 포함된다.

- 공장 레벨: SCM, ERP 레벨을 의미하며 생산에 반영하기 위한 자원 운영계획을 수립한다. 수요예측, 납기약속, 구매, 제조, 물류, 판매 기능이 포함된다.

2.1.3 PLC와 PC를 이용한 공정제어

디지털 컴퓨터를 공정제어에 처음 사용한 것은 1950년대 후반 미국 텍사스 주 포트 아서의 Texaco 정유공장이다. 그 이전에는 연속공정 제어에 아날로그 컴퓨터가 사용되었으며, 이산제어에는 릴레이 시스템이 사용되었다. 1968년 리처드 몰리(Richard Dick Morley)에 의해 공작기계 제어에 사용된 릴레이를 마이크로컴퓨터로 교체하면서 Programmable Controller에 대한 개념이 고안된 후 PLC에 의한 일련의 규격들이 개발되었다. 유접점 시퀀스나 무접점 시퀀스, 그리고 공기압 시퀀스 등은 제어조건에 따라 회로를 설계하고 각종 반도체 소자를 프린트 기판 위에 실장하고 납땜 작업이나 결선 또는 배관작업을 거쳐야 제어장치에 이용할 수 있다. 이에 비해 PLC는 소프트웨어적으로 처리함으로써 프로그램의 변경이 자유자재라는 큰 장점이 있다. 초기 PLC의 성능은 대체품인 릴레이 제어기의 성능과 유사하고, On/Off 제어에 국한되었다. 오늘날은 많은 고정배선 제어기가 PLC로 대체되어 생산성과 신뢰성 수준이 상당히 향상되었다. 화학장치 산업에서는 여전히 PLC(혹은 분산제어시스템이라 불리는 DCS)가 많이 사용되고 있지만 1990년대 초부터 PLC가 사용되던 응용 분야를 PC가 잠식하기 시작했다. 오늘날 실질적으로 모든 생산공정들이 마이크로컴퓨터 기술에 기반을 둔 디지털 컴퓨터에 의해 직접 제어되고 있다. 이산제어, 연속제어 등의 제어 형태와 관계없이 제어용 컴퓨터(real-

〈표 2.2〉 PLC 제어와 PC 제어의 비교

구분	릴레이 제어반	디지털로직	PLC	PC
가격	매우저가	저가	저가	고가
크기	대형	매우 소형	매우 소형	적당
처리 속도	느림	매우 빠름	빠름	매우 빠름
노이즈	우수	양호	양호	아주 우수
실장	설계와 설치 시 많은 시간 소요	설계 시 많은 시간 소요	간단	구축 시 다소 많은 시간 소요
복합기능	없다	있다	있다	있다
기능의 변화	매우 어렵다	어렵다	아주쉽다	아주쉽다
유지보수	매우 어렵다	어렵다	아주쉽다	아주쉽다

time controller)는 일반적으로 공정과 실시간 통신이 필요하다. 폴링, 인터락, 인터럽트, 예외처리 기능을 활용하여 공정에서 발생되는 신호에 즉시 응답할 수 있어야 하며 정해진 주기마다 특정 동작을 취할 필요가 있다. 또한 잘못된 공정을 수정하기 위해서 공정에 신호를 보낼 수 있어야 하며 작업자로부터 입력을 받을 수 있어야 한다 (Groover, 2009).

- 폴링(샘플링): 시스템의 상태를 파악하기 위해 주기적으로 관련 데이터를 수집하는 것을 말한다. 트랜잭션 수를 줄이기 위해 이전 폴링 시점 이후의 변한 데이터만을 수집할 수도 있다.
- 인터락: 둘 이상의 장치가 연동될 때 장치들 사이에 간섭이 일어나지 않도록 하는 안전장치다. 설비에 이상이 발생하면 그 정보를 활용하여 앞뒤 공정에 인터락을 발생시켜 품질 불량을 사전에 예방한다.
- 인터럽트: 인터락과 깊은 관계가 있는 시스템으로서 더욱 긴급한 상황을 처리하기 위해 공정이나 작업자가 통상적인 제어동작을 중

지시켜야 할 경우가 있다. 현 프로세스가 진행 중이고 이보다 높은 우선권을 갖는 사건이 발생되었을 때 이를 처리하기 위해 현 프로세스를 잠시 중단할 수 있는 제어 기능을 말한다. 인터럽트 신호가 들어오면 컴퓨터시스템은 해당 인터럽트를 처리하기 위해 사전 정의된 서브루틴으로 이동한다. 중단된 프로그램 상태는 기억되었다가 인터럽트 처리 서브루틴이 끝나면 실행이 재개된다.

공정제어용으로 컴퓨터를 사용하는 용도는 크게 공정감시와 공정제어 2가지를 들 수 있다. 공정감시는 공정데이터, 설비데이터, 제품데이터를 컴퓨터를 이용하여 수집하고 작업자가 수집된 데이터를 이용하여 공정을 관리하고 조작한다. 이에 비하여 공정제어는 공정으로부터 수집된 데이터를 활용하여 피드백이나 인터락 방법으로 공정을 조정한다. 일부 공정제어 시스템에서는 제어용 컴퓨터가 공정데이터를 피드백하지 않는 시퀀스제어도 있다.

- 공정데이터: 공정의 성능을 나타내는 입력 파라미터와 출력 변수 값을 측정한 것이다.
- 설비데이터: 작업장 내의 설비의 상태를 나타낸다. 이것은 설비의 가동률 감시, 설비부품(Spare parts) 교환계획, 고장 방지 및 오작동 진단, 예방보전 등에 활용된다.
- 제품데이터: 국내에서는 2002년부터 시행에 들어간 「제조물책임법(PL법)」에 따라, 특히 제약회사 및 의료용품 제조회사에서는 제품에 대한 제조정보를 수집해서 보관하는 것을 의무화하고 있다. 또한 OEM 방식에 의해 제품을 생산할 경우 고객사에서 제품의 제조과정 중에 수집된 데이터를 의무적으로 요구하는 경우도 있다.

2.2 프로세스자동화(PLC+HMI, DCS)

2.2.1 PLC의 정의 및 구조

PLC는 1968년 미국 GM(General Motors)에서 요구된 10개 항목을 만족하는 컨트롤러로서 탄생되었다. 기존에 사용되던 릴레이, 타이머, 카운터 등의 기능을 반도체 소자로 대체시킨 산업용 제어 컨트롤러로서, 디지털 또는 아날로그 입·출력부를 매체로 하여 여러 가지 형태의 기계나 공정을 제어하는 디지털식 전자 제어장치이다. 오늘날 산업현장에서 가장 많이 채택되고 있는 보편적인 컨트롤러로서 재래식 유접점식 릴레이 시퀀스를 대체하기 위해 탄생된 전자적인 첨단 자동화 제어장치라고 할 수 있다. PLC 탄생 전의 시퀀스제어 방식의 주류는 (유접점)릴레이로 다음과 같은 결점이 있었다.

- 접점의 접촉 불량
- 접점의 마모
- 다수 릴레이의 설치와 배선 작업의 어려움
- 제어 내용 변경의 번거로움

예를 들어, 1개의 솔레노이드 밸브를 5초 간격으로 동작시키는 데는 최소 스위치 1개, 타이머 1개, 솔레노이드 밸브 1개가 필요한데, 20개의 솔레노이드 밸브를 5초 간격으로 순차적으로 동작시키는 데는 스위치 1개, 타이머 20개, 솔레노이드 밸브 20개로 그 수가 급격히 늘어난다.

■ GM에서 요구된 10개 항목

① 프로그래밍 및 프로그램의 변경이 용이하고 순서의 변경은 현장에서 가능할 것

② 보수가 용이할 것(완전한 플러그인 방식 요구)

③ 릴레이 제어반보다 현장에서의 신뢰성이 높을 것

④ 릴레이 제어반보다 작을 것

⑤ 컨트롤러 모듈은 중앙 데이터 수집 시스템에 데이터를 전송할 수 있을 것

⑥ 릴레이 제어반보다 경제적으로 저렴할 것

⑦ 입력은 AC 115V의 사용이 가능할 것

⑧ 출력은 AC 115V, 2A 이상으로 솔레노이드 밸브, 모터 기동기 등을 구동할 수 있을 것

⑨ 시스템 변경을 최소한으로 하여 기본 시스템을 확장할 수 있을 것

⑩ 최소 4K word까지 확장할 수 있는 프로그래머블 메모리를 가지고 있을 것

[그림 2.6] PLC 전체 구성도

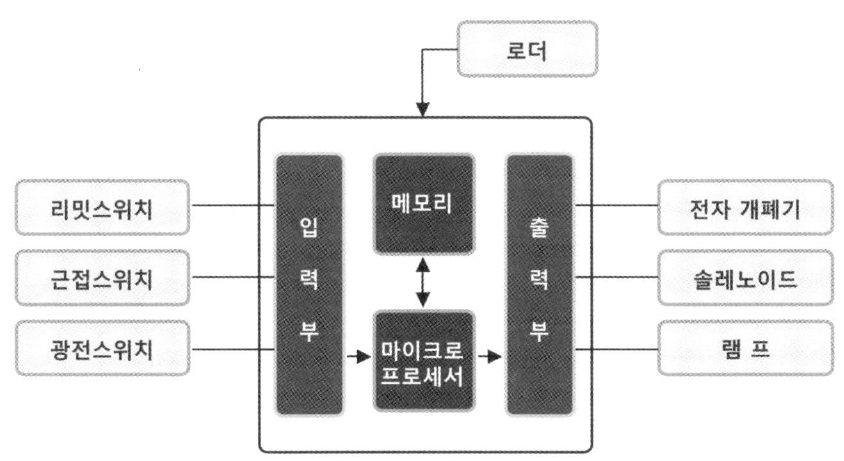

〈표 2.3〉 입·출력 외부기기

I/O	구분	부착장소	외부 기기의 명칭
입력부	조작 입력	제어반과 조작반	푸시 버튼 스위치 선택 스위치 토글 스위치
	검출 입력 (센서)	기계장치	리밋 스위치 광전 스위치 근접 스위치 레벨 스위치
출력부	표시 경보 출력	제어반 및 조작반	파일럿 램프/ 부저
	구동 출력	기계장치	전자 밸브 전자 클러치 전자 브레이크 전자 개폐기

대부분의 PLC에서 채용하는 방식은 직렬 반복연산 방식으로 모든 시퀀스 프로그램을 메모리에 로딩해두고, 시퀀스 프로그램을 실행할 때는 최초의 명령인 0번 스텝부터 순차적으로 실행하고, 최후의 스텝인 END 명령까지 실행을 완료하면 다시 처음 스텝으로 돌아가 PLC의 운전모드가 정지(stop)모드로 될 때까지 몇 번이고 반복하여 실행하게 된다.

[그림 2.7] PLC의 1 Scan 작업절차

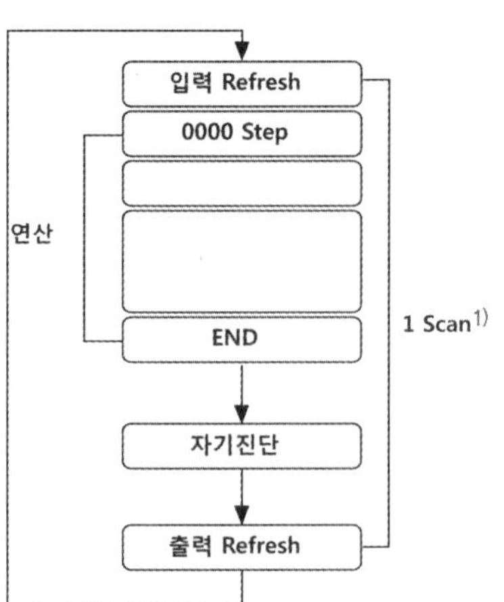

입력 Refresh 후 프로그램 0번 스텝부터 END까지 수행하고, 자기 진단 후 출력 Refresh를 수행하게 된다. 이후 다시 입력 Refresh부터 같은 동작을 반복 수행하게 된다.

1) 1 Scan
프로그램을 수행하기 전에 Unit에서 입력 Data를 Read하여 Data Memory의 입력용 영역(P)에 일괄 저장 후 프로그램 0번 Step부터 END까지 수행하고 자기진단, Timer, Counter 등의 처리를 한 후 Data Memory의 입력용 영역(P)의 Data를 출력 Unit에 일괄 출력하는 일련의 동작.

☞ 입력 Refresh: 프로그램을 수행하기 전에 입력 Unit에서 입력 Data를 Read하여 Data Memory의 입력용 영역(P)에 일괄 저장한다.

☞ 출력 Refresh: 프로그램 수행 완료 후 Data Memory의 입력용 영역(P)의 Data를 출력 Unit에 일괄 출력한다.

☞ 즉시 입·출력 명령을 사용한 경우(IORF): 명령에서 설정된 입·출력 카드에 대해 프로그램 실행 중 입·출력을 Refresh한다.

☞ 출력의 Out 명령을 실행한 경우: 시퀀스 프로그램의 연산 결과를 Data Memory의 출력용 영역(P)에 저장하고 END 명령 수행 후 출력 Refresh에 해당 접점을 ON 또는 OFF시킨다.

2.2.2 PLC 프로그래밍 언어

PLC는 사용자의 프로그램에 의해 본체에 연결된 외부 입·출력기기를 제어한다. 요즘에 사용되고 있는 PLC는 각 제작사마다 H/W는 유사하지만 프로그램 명령어가 조금씩 다르기 때문에 서로 다른 기종 간 호환성이 없다. 최근에는 PLC 상호 간 호환성을 고려하여 IEC 1131-3[2)]을 중심으로 S/W의 규격화를 전개해가고 있으나, 대체적으로 제작회사별 명령어를 사용하고 있다. PLC 제어는 프로그램의 내용에 의해 좌우되기 때문에 사용자의 프로그램 작성능력이 요구된다. 프로그램을 메모리에 넣어 일의 순서를 결정하는데, 이는 마치 배선작업과 같다고 할 수 있다. 따라서 정확한 동작을 위해서는 입·출력기기의 올바른 배선과 프로그램 및 PLC 제어 특성에 대해 이해해야 한다.

현재 사용 중인 프로그래밍 언어로는 LD(Ladder Diagram, 래더도 방식), IL(Instruction List, 명령어 방식), SFC(Sequential Function Charts), FBD(Function Block Diagram), ST(Structured Text) 등이 있다. 니모닉(Mnemonic)은 어셈블리 언어 형태의 문자 기반 언어로 휴대용 프로그램 입력기(Handy Loader)를 이용한 간단한 로직의 프로그래밍에 주로 사

2) 유럽 규정인 "IEC 61131-3"은 PLC 규격에 대한 포괄적인 내용(H/W, Programming 언어, User guide, 통신 방법)을 다루고, 국제 규정인 "IEC 1131-3"은 Programming 언어에 대해서만 관련.

[그림 2.8] PLC 프로그래밍 언어의 종류

• 프로그래밍 언어의 종류
(1) IL(Instruction List): 명령어 방식, Mnemonic(니모닉)
(2) LD(Ladder Diagram): 그림('래더'라고 표현)의 형식이 사용
(3) ST(Structured Text): 국제 규격 IEC61131-3로 정의된 언어
(4) SFC(Sequential Function Chart)
(5) 기타: FBD, 베이직 언어 등

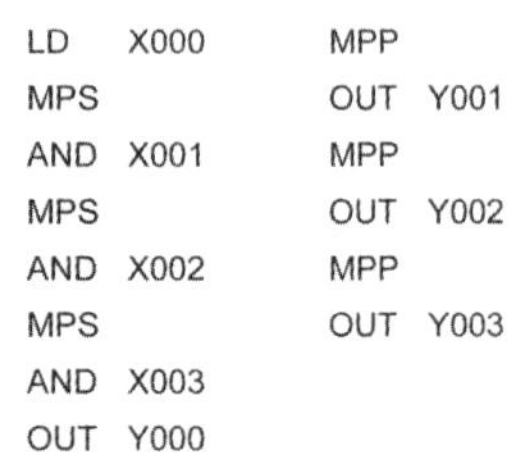
LD X000
MPS
AND X001
MPS
AND X002
MPS
AND X003
OUT Y000
MPP
OUT Y001
MPP
OUT Y002
MPP
OUT Y003
<Mnemonic>

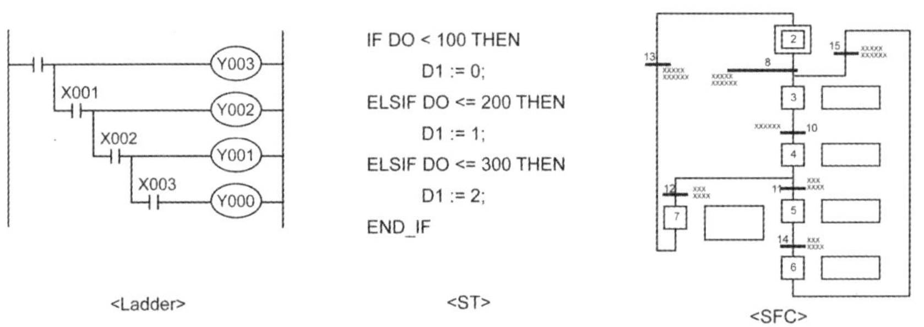
Y003
X001
Y002
X002
Y001
X003
Y000
<Ladder>
IF DO < 100 THEN
D1 := 0;
ELSIF DO <= 200 THEN
D1 := 1;
ELSIF DO <= 300 THEN
D1 := 2;
END_IF
<ST>
<SFC>

용된다. 래더(Ladder)는 사다리 형태로 전원을 생략하여 로직을 표현하는 릴레이 로직과 유사한 도형 기반의 언어로 현재 가장 널리 사용되고 있다.

모든 기계장치나 설비 등은 동작해야 할 순서나 정해진 범위 내에서 운전되어야만 목적을 달성할 수 있는데, 이 목적 달성을 위해 정해진 순서, 정해진 범위 내에서 동작되도록 조작하는 것이 제어이다. 시퀀스제어 기술과 디지털 논리회로의 기반 위에 PLC 프로그램을 작성하기 위해서는 다음과 같은 과정이 필요하다.

■ 제1단계로 제어대상의 기계장치나 설비의 동작 내용을 파악하여 다음 사항들을 결정해야 한다.

- 작업 내용의 구체적 공정도를 작성한다.
  실제 배선도 대신 시퀀스도의 표현에는 이차원적인 표시가 가능한 선도를 주로 이용하는데 구조도(전개 접속도, 배선도, 제어대상 구성도), 기능도(논리도, 블록도), 특성도(타임차트, 플로차트) 등으로 대별된다. 제어대상 구성도에는 여러 가지가 있다. 기계 제어장치에서는 공유압 회로도, 동력 제어장치에서는 전기 접속도, 플랜트 제어에서는 계장도 등이 이용된다.
- 액추에이터의 종류와 수량을 결정한다.
- 센서의 종류와 수량을 결정한다.

■ 제2단계는 PLC 기종 선정 및 입·출력(point, tag) 할당이다.

PLC 선택의 기준으로는 가격 경쟁력, 제품의 성능, 공급 회사의 신뢰성, 제품의 호환성, 기술지원 인력의 전문성 등이 있다. CPU 모듈을 선정할 때는 기본적으로 I/O 포인트, 연산 속도, 내장 기능, 메모리 확장 기능 등도 검토되어야 한다. 주변기기(컴퓨터)와의 통신 방법도 고려 사항 중의 하나이다. 국내의 경우는 시리얼통신, 필드버스(DeviceNet, cc-link, Profibus, Modbus), 산업용 이더넷(Ethernet/IP, PowerLink, Ether CAT, Fnet/Rnet, Profinet), DH+/DH485 등이 많이 쓰인다. 보통 국내는 반도체/디스플레이, 전자/전기, 기계, 장치/화학 등 업종별로 선호하는 기종이 구분되는 경우가 많다. 입·출력 할당이란 패널상의 각종 명령 스위치, 검출 스위치, 제어 대상의 조작기기, 표시기 등의 입·출력기기를 PLC의 입력 및 출력 유닛의 몇 번째 입력점과 출력점에 접속하여 사용할 것인가를 정하는 것이다. 액추에이터의 종류에 따라 출력 유닛을 설정하고 또한 검출기의 형식에 따라 입력 유닛의 형식을 결정해야 하며, 그 수량은 곧 PLC의 입·출력 점수(I/O 포인트)에 따른 규모가 된다. 입·출력 점수는 대개 장치의 규모와 제어 기능에 따라 결정되는데 입·출력 점수에 따라 Nano급(약 1~32점), Micro급(소형, 약 33~128점), Medium급(중형, 약 129~512점),

대형(513점 이상)으로 구분된다.

■ 제3단계는 시퀀스 프로그램을 작성한다. 가장 중요하고 어려운 작업이며 PLC의 시퀀스 프로그램은 보통 릴레이 심벌식의 래더 다이어그램으로 작성하는 것이 대부분이다. 이상적인 프로그램을 위해서는 선정된 PLC의 명령어를 충분히 이해하고 있어야 하며, 전동기(모터)나 전자밸브를 제어하는 기본 회로의 숙지도 반드시 필요하다.

■ 제4단계는 시퀀스 프로그램에 기초해서 내부 릴레이, 타이머, 카운터, 레지스터 등의 데이터 메모리를 할당한다. 시스템의 특성에 따라 정전 시 동작상태 유지가 필요한 기능에는 내부 릴레이 할당 시 래치 릴레이를 사용한다.

■ 제5단계는 코딩(Coding) 및 로딩(Loading) 단계로서 코딩작업은 릴레이 심벌릭 언어를 사용하는 기종에는 해당사항이 없으며 니모닉 방식의 언어를 사용하는 기종에 한해 사용하는 PLC의 명령어를 충분히 익히고 시퀀스 프로그램과 입·출력 할당표, 데이터 메모리 할당표 등을 보면서 차례로 실시한다. 로딩작업은 시퀀스 프로그램의 내용을 PLC의 메모리에 올리는 과정으로 기종마다 각각 다르다.

■ 제6단계는 시뮬레이션 및 테스트 운전 단계이다.

필자도 AB PLC(Allen Bradley)를 활용하여 대형 펌프를 제어하는 SCADA 프로젝트에서 래더 다이어그램을 작성한 경험이 있는데 시운전 단계의 중요성은 아무리 강조해도 지나치지 않다. 간단한 제어시스템인 경우에는 로딩이 완료되면 곧바로 시운전에 들어가도 사고를 일으킬 가능성이 적어 문제되지 않지만, 비교적 제어 난이도가 높거나 대형 제어시스템의 경우에는 처음부터 완벽하게 논리를 완성하는 것이 곤란하고, 또한 논리가 불완전한 시스템을 곧바로 시운전에 들어갔을 경우 사고를 일으키거나 시스템에 치명적인 상처를 줄 수도 있다. 이러한 이유에서 시운전에 앞서 강제 입·출력 명령을 이용하거나 모의 입력에 의한 방법 등으로 시뮬레이션을 한다.

다음 예제는 각 시나리오 별 PLC 프로그램을 작성하기 위한 공정도를 보여준다(LG산전연수원, 2004).

예제 1 신호등 제어

(1) 동작

보행자가 보행버튼을 누르면 30초 후 차선의 신호등은 황색램프가 점등되며 1초 후 적색으로 바뀐다. 이때 보행자신호등은 청색램프가 10초간 점등된 뒤 10초간 점멸하며 이후 적색으로 바뀐다.

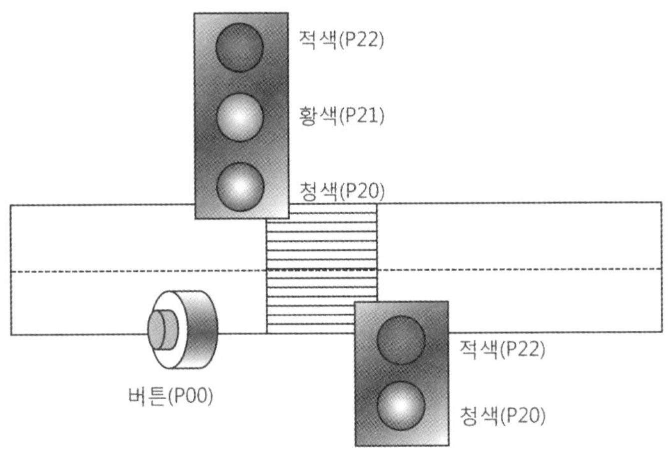

(2) 타임차트

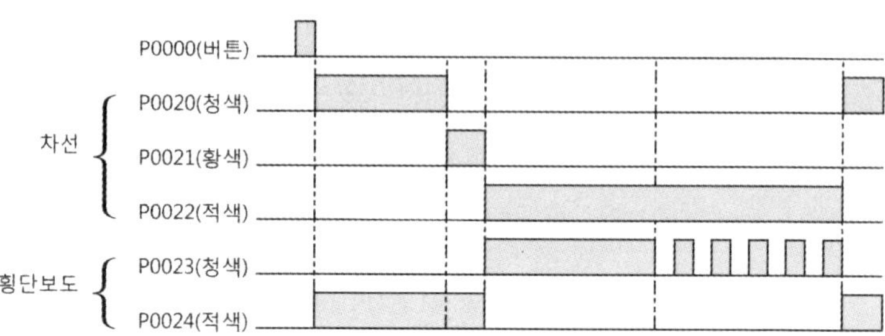
P0000(버튼)
차선
P0020(청색)
P0021(황색)
P0022(적색)
횡단보도
P0023(청색)
P0024(적색)

(3) 프로그램

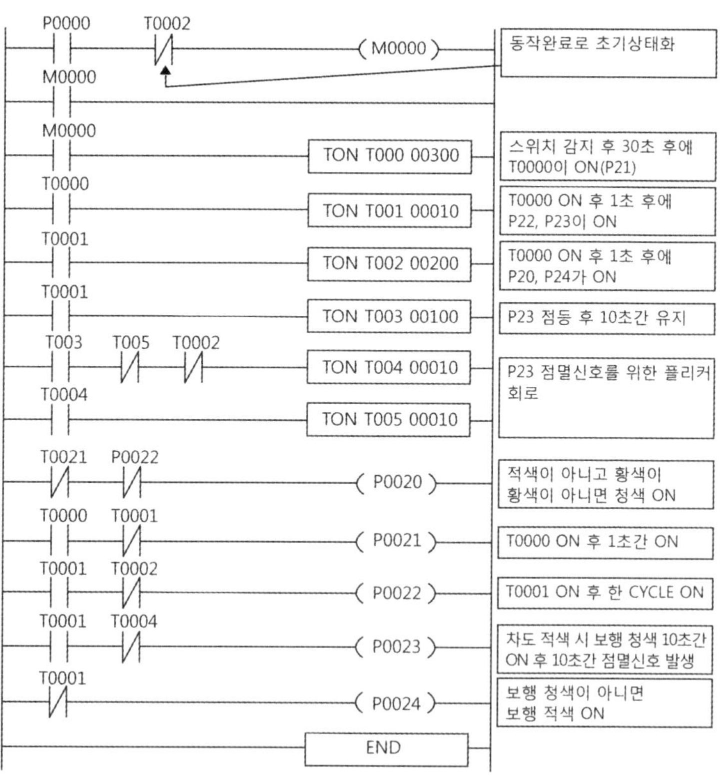
P0000
T0002
M0000
동작완료로 초기상태화
M0000
M0000
TON T000 00300
스위치 감지 후 30초 후에 T0000이 ON(P21)
T0000
TON T001 00010
T0000 ON 후 1초 후에 P22, P23이 ON
T0001
TON T002 00200
T0000 ON 후 1초 후에 P20, P24가 ON
T0001
TON T003 00100
P23 점등 후 10초간 유지
T003
T005
T0002
TON T004 00010
P23 점멸신호를 위한 플리커 회로
T0004
TON T005 00010
T0021
P0022
P0020
적색이 아니고 황색이 황색이 아니면 청색 ON
T0000
T0001
P0021
T0000 ON 후 1초간 ON
T0001
T0002
P0022
T0001 ON 후 한 CYCLE ON
T0001
T0004
P0023
차도 적색 시 보행 청색 10초간 ON 후 10초간 점멸신호 발생
T0001
P0024
보행 청색이 아니면 보행 적색 ON
END

예제 2 반송장치 고장 검출회로

(1) 동작

일정 시간마다 공급되는 제품에 의해 반송장치의 고장을 검출한다.

(2) 시스템 도

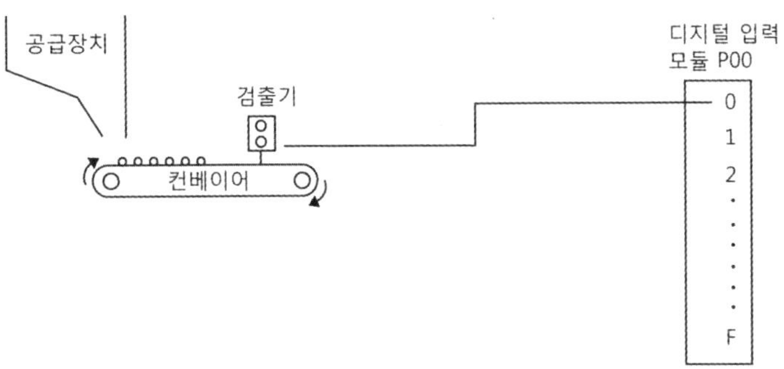

(3) 타임차트

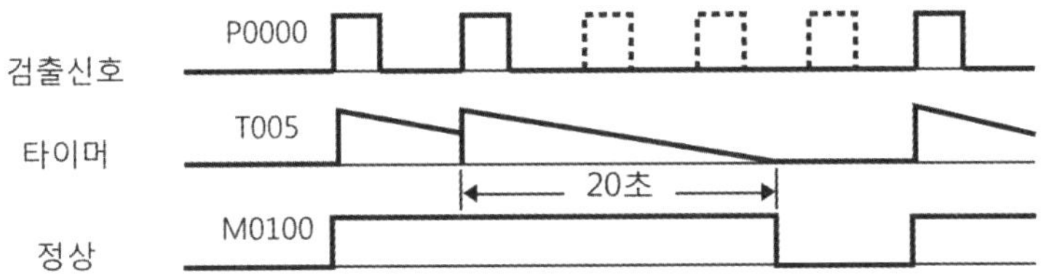

(4) 프로그램

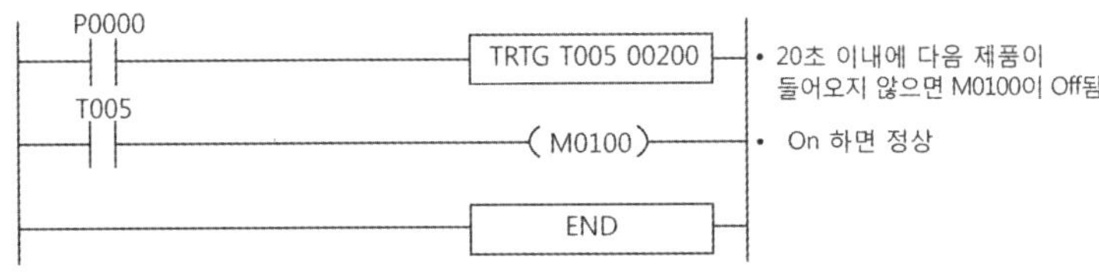

예제 3 공구 수명 경보회로

(1) 동작

머시닝 센터 등의 공구 사용 시간을 측정하여 공구 교환을 위한 경보 등을 출력한다.

(2) 시스템 도

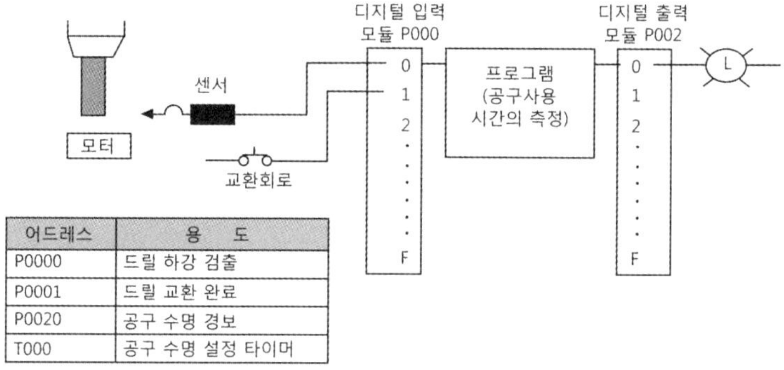

어드레스	용 도
P0000	드릴 하강 검출
P0001	드릴 교환 완료
P0020	공구 수명 경보
T000	공구 수명 설정 타이머

3. 프로그램

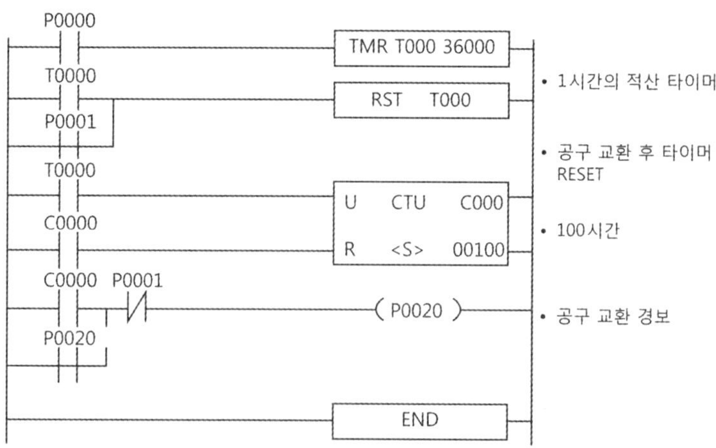

2.2.3 PLC/DCS 기술동향과 전망

1960년대부터 프로세스 제어 분야에 컴퓨터가 이용되면서 초기 제품으로는 DDC(Direct Digital Control, 집중제어방식)가 등장하여 1970년대 중반까지 프로세스 제어에 사용되었다. 하지만 한 대의 컴퓨터가 전 분야의 프로세스를 담당하면서 컴퓨터 자체에 이상이 생기면 전체적인 타격을 받기 때문에 신뢰성이 떨어진다는 단점이 있었다. 반도체 기술의 발전으로 DDC의 단점을 보안할 수 있는 DCS가 1975년에 탄생하게 되었다.

DCS는 각종 산업플랜트(화공, 발전, 철강, 제지 및 시멘트) 전반에 적용되어 설비의 감시, 조작 및 프로세스 제어를 가능케 하는 첨단 제어시스템으로서, 프로세스 제어 기능을 분산시키고 프로세스 정보처리 및 운전조작을 집중화시켜 전체 시스템의 신뢰성을 향상시키고 데이터 관리를 원활하게 했다. 철강 공정의 수처리 및 가열로, 고로의 온도, 습도 입력제어에 많이 사용되며, 석유화학 공장에서도 석유비축기지의 자동출하시스템 제어 및 환경 분야의 소각로시스템 제어 등에 많이 활용되고 있다. DCS는 특정 역할을 수행하는 여러 모듈로 구성된다.

- 운전용 콘솔: 운전원이 화면을 통해 공정을 감시하고 필요한 조치를 현장에 미치도록 수행하는 MMI 모듈이다. 보통 하나의 공정 조정실에 여러 대가 설치되어 있어 동시에 현장을 전체적으로 감시할 수 있고, DCS 모듈 자체의 상태를 감시할 수 있다.
- 제어기(Controller): 공정을 직접적으로 운전하는 설비로서, 현장으로부터 발생(Transmitter & Control Valve 등)되는 신호를 수집하여 운전원에게 알리고, 운전원이 미리 지정해둔 시소(seesaw)와 같은 원리로 동작되는 PID 제어에 따라 현장 Valve를 조절한다. 이외에

[그림 2.9] 발전소 자동제어시스템의 DCS 구성도

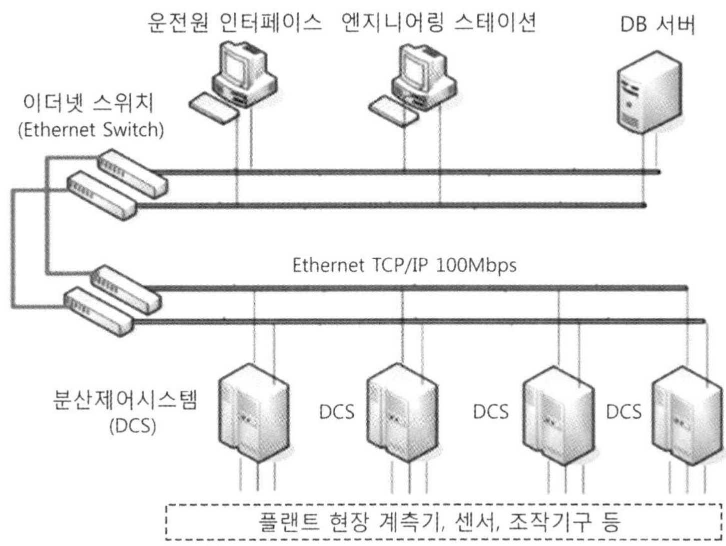

도 제어기는 실시간(0.25~0.5sec) 단위로 공정을 감시하면서 각종 경보상태 등을 운전원에게 알려준다.

- 애플리케이션 모듈: Engineering Work station이라고도 하는데 기본적인 Controller 기능으로 다양한 제어 수행이 어려울 경우 복잡한 수식의 연산이나 상위 네트워크와의 통신 보조기능, 프로그래밍 기능을 수행한다.
- 기타 통신 모듈, 데이터 보관 모듈 등

과거에는 PLC가 소규모 시스템의 시퀀스제어에 국한된 자동화 기능을 수행한 반면, 대용량의 연속공정에는 효율적인 제어를 위해서 루프제어에 적합하도록 설계된 DCS를 주로 이용했다. 이들은 각각의 고유영역을 유지하면서 발전해왔으나, 최근 들어 반도체 기술의 향상에 따라 PLC의 기능과 성능이 DCS의 영역까지 넘나들기 시작했다. 2008년 이후 PLC/DCS 통합형 제품들이 출시되면서 PLC와 DCS 간의 구분은 점차 모호해져 가고 있으며 이러한 현상은 앞으로 지속될 것으로 예상된다. PLC와 DCS는 서로 다른 목적에 따라 개발된 만큼 근본적으로 여러 차이점을 가지고 있다. PLC의 경우 ON/OFF 방식의 논리제어를 빠르게 처리해야 하기 때문에 속도가 제품 선택에 중요한 요인으로 작용한다. 또한 용량에 따라 확장과 축소가 용이해야 하므로 가격도 중요하게 여겨진다. 이에 비해 DCS는 대용량의 연속제어를 효과적으로 처리하면서, 신뢰성과 가동성을 높여야 하므로 상대적으로 가격이 제품 선택에 미치는 영향이 적다. 지금까지의 DCS는 체계적이면서 일관성 있게 대규모 시스템을 운영해왔기 때문에 기능, 성능, 용량 면에 있어서 PLC와는 비교가 되지 않는다고 보는 시각이 지배적이었다. 그러나 PLC의 저렴한 가격과 확장이 유연한 구조, 유지보수의 용이성 등은 PLC가 DCS를 앞서며, 이러한 측면에서 PLC와 DCS를 통합한 제품들이 인기를 끌게 되었다. 과거에도 많은 시스템들이 PLC와 DCS를 혼합하여 제어시스템을 구축했는데 DCS에 PLC를 접속해 PLC에서 취득한 정보를 DCS의 모니터링으로 제공하는 방법이 대부분이었다. 하지만 이러한 구조는 전체 시스템 규모가 클수록 매우 복잡한 구성이 필요하기 때문에 어려움이 따른다. 반면 PLC와 DCS 통합형 제품은 하나의 시스템이기 때문에 앞에서 지적한 위험성을 근본적으로 해결할 수 있으며 초기 투자비용은 물론 운영관리 및 유지보수 등에서 상당한 이점이 있어 인기를 끌고 있다. PC의 고성능 프로세서와 소프트웨어의 쉬운 접근이라는 장점과 PLC의 견고함과 신뢰성이라는 장점을 통합한 것이다. 산업현장의 센서 측정 및 모터 제어뿐만 아니라 공정제어 및 관리, 분석까지 통합할 수 있고, 기존 시스템에 설치된 다른 시스템과의 연계도 쉽게 할 수 있다.

PLC가 도입된 이래로 30년 동안, PLC는 발전을 거듭하여 아날로그 I/O, 네트워크상의 통신, IEC 61131-3과 같은 새로운 프로그래밍 표준을 통합하게 되었다. 그러나 엔지니어들은 80% 이상의 산업용 애플리케이션 대부분을 디지털 I/O, 일부 아날로그 I/O 및 간단한 프로그래밍 기술을 사용하여 작성한다. ARC, Venture Development Corporation (VDC)[3] 및 온라인 PLC 교육 소스인 PLCS.net의 전문가들은 이렇게 평가한다(NI, 2012).

- PLC의 77%는 소형 애플리케이션에 사용됨(128 I/O 미만)
- PLC I/O의 72%는 디지털
- PLC 애플리케이션 관련 문제의 80%는 20개의 ladder-logic으로 해결

산업용 애플리케이션의 80%가 기존의 툴을 사용하여 해결되기 때문에, 간단하고 경제적인 PLC에 대한 요구가 높아지고 있다. 따라서 ladder logic을 사용하는 디지털 I/O가 있는 저가형의 마이크로 PLC 개발을 부추겼다. 그러나 애플리케이션의 80%가 단순하고 저렴한 컨트롤러를 요구하고 20%가 기존 컨트롤 시스템의 기능을 고집하는 이 같은 상황은 컨트롤러 기술의 단절을 불러왔다. 20%에 속하는 애플리케이션은 높은 루프 속도, 고급 컨트롤 알고리즘, 더 많은 아날로그 기능, 기업 네트워크와의 향상된 통합 등을 요구하는 엔지니어들에 의해 구축되었다.

PAC, Hybrid DCS라는 용어가 등장하고 꽤 오랜 시간이 흘렀지만 DCS는 정유, 발전 등의 플랜트 산업에 강하고, PLC+HMI 시스템은 이산 시스템(Discrete system)에 여전히 우위를 차지하고 있다. DCS는 단일 벤더, 플랫폼과 구성요소 간의 강력한 통합, 상위 시스템과의 확장, 이중화 설계 등의 장점이 있으나, 하위 레벨에서는 확장이 불편하

3) VDC
미국의 산업용 무선 네트워크 시장 분야의 전문 리서치 업체.

〈표 2.4〉 각 벤더별 주요 HMI 솔루션

구분	특징	Intouch	Factory Talk	WinCC OA	Citect	PcVue	Zenon
System 구성	Dual System, Dual network 구성	O	O	O	O	O	O
	Point Limitation	60,000(내부Tag 포함) System Platform은 무한	화면 수에 따라 틀림 Max 3000 Display	무한	무한	무한	무한
	Performance (Real Time)	200mSEC	1초 이내	1초 이내	1초 이내	1초 이내	1초 이내
	O/S Multi Paltform 지원	O	O	O Windows, Linux, Solaris	O	O	O
	Remote Control	O	O	O	O	O	O
	Web 지원	O	O	O	O	O	O
Interface	연결가능 외부 DB & 연결방법	ODBC, OLE DB	ODBC, OLE DB	OLE DB	ODBC, OLE DB	ODBC, OLE DB	ODBC
	Controller Interface Driver 지원	O	O	O	O	O	O
		Melsec, Siemens, AB	AB PLC 특화 Melsec, Siemens	Siemens		Melsec, Siemens, AB	
	Inter Program Connection	O	O	O	O	O	O
	I/F Library 제공 여부	O	O	O	O	O	O
개발용이성 & Tool 연계성	Language 지원	O	O	O	O	O	O
	Graphic File 활용	O	O	O	O	O	O
	Multi Media 지원 & 구현방안	O(Active X)	O(VBA)	O	O	O(VBA)	O
일반 사항	운전 중 Upgrade	O	O	O	O	O	O
	확장성	O	O	O	O	O	O
	관련제품 다양성	Information Server	FactoryTalk ViewPoint	Advanced Maintenance suite	Historian	Web Vue	EMS, Project Simulator
				Recipe	Ampla		
		Wonderware Historian	Historian	Scheduler		Dream Report	Analyzer

일반 사항	Package 장점	다양한 제품군	VBA 지원	서버 최대 2000개 구성 가능	탁월한 성능	VBA 지원	C#, .NET. 지원
		국내시장 1위	AB PLC 특화		뛰어난 안전성	컴퍼넌트화된 모듈	Simulation 지원
	벤더 (제조사)	슈나이더 일렉트릭	로크웰	지멘스	슈나이더 일렉트릭	ARC 인포머티크	COPA-DATA

고 초기 도입 비용도 비싸다는 단점이 있다. PLC+HMI는 하위 레벨의 연결은 상대적으로 유연하고 성능이 좋고 속도가 빠른 제품이 시중에 많이 출시되고 가격 또한 저렴하다는 장점에 비해, PLC 제조사와 HMI 벤더가 다른 경우가 많고 상위 레벨로의 연결이 힘들고 이중화 구성이 불편하다. 또한 개발환경이 다양하여 시스템 구축에 많은 노력이 필요하고 아날로그 제어에 대해서는 아직도 믿음이 가지 않고 있다.

2.2.4 산업용 컨트롤을 위한 PAC

PLC로 대표되는 시퀀스제어는 지난 30년 동안 자동화에 있어서 병렬 정보처리, 기억장치의 대용량화, 대용량 I/O 프로세서, 분산제어, 전 공정 간의 통신기능, PC 기반의 프로그래밍 등 시간이 지나면서 상당히 많이 진보되어왔고, 지난 10년만을 놓고 볼 때도 소형화, 고속 통신네트워크(Industrial Ethernet)로의 연결성 측면에서 상당한 도약을 해왔다. 또한 프로세스제어나 드라이브, 모션제어 부분도 시퀀스제어 분야와 마찬가지로 매우 빠르게 발전했는데, 특히 단위 제어기기들을 통신망으로 연결하여 공장 전체의 프로세스들을 유기적으로 제어하는 분산제어시스템(DCS: Distributed Control System)은 1980년대 산업현장에 도입된 이래 안정적인 통신방식의 개발과 신뢰성 있는 디지털 기기의 개발로 꾸준히 수요를 넓혀가고 있다. 한 가지 주목해야 할 것은 같은 기간 동안 4가지 주요 제어 분야(시퀀스, 프로세스, 모션 및 드라이브 제어)의 영역 구분이 점차 불분명해지고 또한 중복되어왔다는 점이다. 그러므로 각 제어 분야에 공통으로 적용될 수 있는 시스템 디자인과 유지보수 환경의 통합은 향후 산업자동화의 핵심적인 과제로 부각되고 있다. 통합이라는 측면에서 네트워크적인 부분부터 센서 및 액추에이터 부분까지 폭넓은 기능을 요구하고 있다. PLC가 여전히 안정적이며 신뢰성 있는 기능을 제공하고는 있지만 시스템 통합이라는 측면에서 보았을 때 프로그래밍 환경, 시스템 설정 및 분석 환경, 그리고 모니터링 환경을 따로 개발·관리해야 하는 불편함을 가지고 있다. 이는 하드웨어의 신뢰성, 소프트웨어의 품질, 그리고 고신뢰성의 통신을 기반으로 두고 있다. 한편, 플랜트 및 프로세스의 정보에 대한 상위 비즈니스 시스템과 온라인 연결에 대한 요구가 지속적으로 증대함에 따라 시스템의 개방화(OPEN)가 필수적으로 요구되고 있다. 지난 십여 년 동안 PC 기반의 컨트롤과 비교한 PLC(programmable logic controllers)의 장점과 단점에 대한 열띤 논쟁이 있어왔다. PLC에 상용(COTS)[4] 하드웨어가 사용되고, PC 시스템이 리얼타임 OS와 통합되는 등 PC와 PLC 간의 기술적 차이가 줄어들게 됨에 따라 컨트롤러의 새로운 계층인 PAC라는 제품군이 출현했다(김노현, 2007).

PAC의 형태는 일반적인 PLC와 비슷하지만, 그 기능은 훨씬 폭이 넓다. 기존의 PLC는 시퀀스제어 기능만을 포함하고 있지만 PAC 시스템은 모션제어(motion control)와 시퀀스제어, 공정제어(process control), HMI(Human Machine Interface) 등 다양한 도메인/분야의 기능(multi-domain functionality)을 하나의 시스템에서 지원하는 다기능 융합 제어기이다. PLC는 특정 회사 전용의 구조하에 개발된 것으로 제조업체가 결정한 사양과 능력을 갖춘 제한적인 시스템이지만, PAC는 다양한 기술과 제품들을 포괄할 수 있는 다분야 기능의 컨트롤러 플랫폼이며 사용자는 그들의 용도에 맞게 여러 기능들을 조합하여 사용할

4) COTS
완성품으로 일반 대중에게 판매, 대여 또는 권한을 부여할 수 있는 컴퓨터 소프트웨어나 하드웨어, 기술 또는 컴퓨터 제품을 의미.

수 있다. Programmable Automation Controller의 줄인 말인 PAC는 ARC(Automation Research Corporation)에서 정한 신조어로서, PLC와 PC의 기능을 통합하는 차세대 산업용 컨트롤러를 의미한다. PAC는 기존 PLC 벤더에게는 하이엔드 시스템의 의미로 사용되며, PC 컨트롤 업체에게는 산업용 컨트롤 플랫폼을 의미한다. "Programmable Logic Controllers Worldwide Outlook" 연구를 통해, ARC는 PAC의 특징을 다음 5가지로 요약했다.

① 하나의 플랫폼에서 시퀀스제어, 모션제어, HMI 등과 같이 다양한 도메인 분야의 기능들을 구현할 수 있다.
② 다양한 기능을 가진 자동화시스템을 설계/통합하는 데에 하나의 통일된 개발 플랫폼을 사용한다.
③ 시스템 개발자나 최종 사용자가 하나의 단일 플랫폼에서 다양한 제어 애플리케이션을 개발 및 배포할 수 있다.
④ 분산제어 환경을 가능하게 하는 모듈형 제어구조를 가진다.
⑤ 사실상의 표준 네트워크 인터페이스, 언어 등(TCP/IP, OPC & XML, SQL 쿼리 등)을 사용한다. 기업 네트워크와 통신은 현 컨트롤 시스템에 있어 중요하다. PAC에는 이더넷 포트가 포함되지만, 통신용 소프트웨어는 플랜트의 다른 부분과 원활한 연계를 위해 매우 중요한 요소이다.

PAC 사용자들은 뛰어난 단일 H/W의 선택보다는 전체 시스템을 통합할 수 있는 성능을 더 가치 있게 보고 있기에 PAC의 선택에 있어서 H/W적인 장점보다는 통신의 우월성 및 표준성과 S/W의 통합성에 더 큰 가치를 두고 있다. 즉, PAC가 공장 전체를 통합하기 위해 커뮤니케이션의 중심 역할을 얼마나 충실하게 수행하느냐가 제품의 경쟁력이 되고 있다.

2.3 산업용 네트워크 기술

2.3.1 필드버스

1990년대 중반부터 국내의 자동화 현장에 필드버스가 사용되었지만 사용자들이 관심을 갖기 시작한 시기는 2000년 초반부터이다. 산업용 네트워크 중 하나인 필드버스란 Field(생산에 필요한 각종 설비들이 운전 되는 현장) + Bus(각 설비 사이의 데이터를 전송하는 통로), 즉 생산에 필요한 각종 설비들이 운전되는 현장에서 각 설비들(센서, 액추에이터, 제어디바이스) 사이의 데이터를 전송하는 디지털 직렬 통신망이라고 정의 할 수 있다. 공정 제어를 위한 신호 전송 체계로 1940년 SAMA(Scientific Apparatus Makers Association)[5]가 국제 통일 신호로 제정한 공기압식 신호(0.2~1.0kg/㎠)를 시발점으로 해서 1950년대까지는 3-50psi의 공압 계측 신호가 표준으로 사용되었고, 1960년대에는 IEC(International Electrotechnical Commission)[6]가 전기식 국제통일 신호(4-20mA의 전류 또는 전압의 아날로그 신호)를 제정한 것이 초기의 과정이다.

1980년대 중반부터 디지털 기술을 이용하는 통신망 신호 전송 체계의 필요성이 대두되기 시작하면서 필드버스 기술이 개발되기 시작했다. 기존 방식인 중앙 집중적인 배선 방식에 비해 필드버스의 장점은 원가 절감과 유지보수의 편리성, 시스템 구축 시 하나의 제조회사에 의존하지 않고 사용자가 원하는 제품을 선정해 사용 할 수 있다는 것이다. 필드와 제어기와의 거리가 얼마 안 되면 문제가 없으나 거리가

5) SAMA
미국과학기기공업회로 1918년 설립. SAMA 규격은 ANSI로 채용.

6) IEC
국제전기기술위원회로, 전기 기술에 대한 표준을 목적으로 각국 간의 통일성을 위해서 창립된 국제기관. 각국의 전기기술자들이 사용하는 용어와 단위, 기호 같은 표현 방법을 규정하고 규격을 제정. 전 세계적으로 표준을 주도하고 있으며, IEC 국제표준 승인 여부에 따라 시장에서의 성패에 영향을 미치게 됨.

멀어질 경우 초기 공사 시 배선 비용이 증가하고, 많은 전선이 묶여 있으면서 생기는 배선의 오류와 그에 따른 점검 비용 등이 소요된다. 그러나 필드버스의 경우 리모트 I/O 모듈을 현장 근처에 설치해 단자대 없이 센서 및 기기를 직접 연결하고 통신선 한 가닥만 제어 기기로 배선함으로써 중앙 집중식 대비 약 40~50%의 절감 효과를 얻을 수 있다. 또한 센서나 리모트 I/O의 이상 시 해당 노드에서 점검을 빠르게 할 수 있어 장비의 다운 타임을 줄일 수 가 있다. 필드버스 대부분은 통신선로 및 각 리모트 I/O의 상태 점검을 할 수 있는 유지 보수용 소프트웨어가 있어서 사용자가 더욱 편리하게 사용 할 수 있다.

이들 필드버스(field bus)를 한층 더 세분하면 다음과 같이 나눌 수 있다.

■ 컨트롤버스

PLC, DCS 또는 제어용 PC·HMI(Human Machine Interface) 상호의 정보 교환에 이용되는 네트워크로서 콘트롤러 상위 네트워크라고도 한다.

■ 필드버스(field bus)(협의)

종래의 PLC, DCS 또는 아날로그형의 제어 기기와 필드 기기간의 접속을 디지탈화·네트워크화한 것으로 FA계(Factory Automation), PA계(Process Automation)로 분류할 수 있다. 콘트롤러 하위 네트워크 혹은 필드 네트워크라고도 한다.

■ 센서버스

센서 신호, 액추에이터 신호(검출단·조작단의 온 오프 신호, 접점 신호, 또는 아날로그 입출력 신호)를 고속으로 전송하는 네트워크를 말한다. 코드화된 제어 명령이나 메시지는 취급할 필요가 없고 디바이스 버스,

비트 버스 혹은 센서 레벨 네트워크라고도 한다.

필드버스 계열의 통신 방식들은 아날로그에서 디지털 방식으로 전환되어 그 사용이 폭발적으로 늘었으나 각 벤더별 개별 프로토콜을 사용한다. 다른 이유는 다 차치하더라도 오픈 프로토콜이 아니라는 점은 큰 단점으로 작용한다. 이에 비해 산업용 이더넷은 빠른 속도와 유연한 Topology 구성(링 구성)으로 오류 복구 기능이 있고 무선이 가능하다는 장점이 있다. 산업용 이더넷의 대응책으로 필드버스 진영에서도 ODVA, 한국프로피버스협회, CC-Link협회, 필드버스파운데이션협회, 한국EtherCAT협회 등 단체를 구성해 벤더들을 확충하고 각종 Ethernet 호환 프로토콜 개발 등의 작업을 진행하고 있으나 Ethernet의 파도를 넘기에는 힘겨워 보인다.

2.3.2 산업용 이더넷

1970년대 산업용 애플리케이션에 처음으로 사용되었던 이더넷이 산업 자동화를 위한 현재와 미래의 네트워크로 진화하고 있다. 자동화 장비 제조업체들 대부분이 기존의 독자적 네트워크를 이더넷 기반 프로토콜로 대체하는 추세이다. 그동안 이더넷 기술은 '시간 결정성'이 부족하다는 이유로 산업계에서 외면받았지만 필드버스와 결합해 산업용 이더넷으로 진화하면서 시간 결정성이 높아졌으며, 속도 역시 개선됐다. 현재 산업용 이더넷의 데이터 전송 속도는 10Mbit/s에서 1Gbps/s까지 가능해졌다. 일반 이더넷에 비해 산업용 이더넷이 필요한 이유는 환경요인에 기인한 장비적인 특성과 제어 데이터 내부 특성에 따른 통신 방식의 차이 등을 들 수 있다. OA 환경에서는 항온, 항습 시설이 갖춰진 전산실 등에 장비를 설치해 구동하지만 산업 환경은 쇳물이 녹는 고로 옆 또는 실외에 설치될 수 도 있다. 제어 데이터 내부적인 특성으로는 대용량의 데이터 처리가 아닌 정확하고 손실

없는 데이터 처리와 실시간 정보 전송이 필요하다. 이더넷에서는 특정 패킷이 목적지에 도달하는 시간이 정해져 있지 않기 때문에 실시간 제어 기능이 보장되지 않는다. 이것이 이메일이라면 아무도 신경 쓰지 않겠지만, 고속의 공정 제어 변수라면 패킷 손실과 속도 손실은 큰 문제가 될 수 있다. 일반적으로 산업용 공장 설비 제어에서는 속도와 원하는 결과를 지정된 시간프레임 내에서 얻어내는 결정성(Determinism)이 중요하다. 산업용 이더넷 기반 솔루션에서의 요구사항은 다음과 같은 것들이 있다.

- 오픈 이더넷과의 호환성
- 분산 제어 시스템 지원
- 기존 필드버스 시스템과의 간편한 통합
- 강력한 실시간 기능
- 메이저 PLC 업체에서의 지원 유무
- 온도, 진동, 습기 및 오염의 내성 등

PLC등 컨트롤러 하위는 아직 필드버스를 사용하는 데가 있으나, 그 상위로 연결되는 부분은 이미 이더넷이 석권하고 있다. 이젠 필드 계열에까지 그 적용 범위가 확대되고 있는 상황이고 이더넷을 지원하는 End Device도 많이 나와 있다.

산업용 이더넷은 공장자동화에 새로 설치된 노드수와 관련해 기존의 필드 버스를 능가하고 있다. HMS[7]의 글로벌 산업용 이더넷 시장 보고서에 의하면 필드버스가 42 %(2017년: 48%)인 반면 산업용 이더넷은 새로 설치된 노드의 52 %(2017년 46%)를 차지한다. EtherNet/IP는 현재 15%로 가장 널리 설치된 네트워크이며 PROFINET 및 PROFIBUS가 뒤따르고 있으며 둘 다 12%이다. 무선 기술 또한 6%의 시장 점유율로 강세를 보인다.

7) HMS
스웨덴에 본사를 두고 있는 산업용 네트워크 회사.

〈표 2.5〉 KS 표준인증을 받은 필드버스 및 산업용 이더넷 프로토콜

구분 \ 제조사	ODVA	PI	Mitsubishi	EtherCAT	Mitsubishi
Industrial Ethernet	EthernetIP	PROFINET		EtherCAT	
FA 필드버스		PROFIBUS-DP	CC-Link		CC-Link
PA 필드버스		PROFIBUS-PA			
센서버스	DeviceNet	DeviceNet			

2000년 초에 선보인 이더넷 아이피(EtherNet/IP)는 이더넷 상에서 운용되는 산업용 프로토콜로서 ControlNet과 DeviceNet 등을 사용한다. EtherNet/IP는 로크웰 오토메이션이 Allen-Bradley 컨트롤 라인을 위해 개발한 것이지만 현재는 공개 표준으로 여겨지며 ODVA(www.odva.org)에 의해 관리되고 있다. Ethernet/IP와 함께 시장을 양분하는 프로피넷(PROFINET)은 원래 지멘스가 만든 것이지만 현재는 공개 표준으로 프로피버스 및 프로피넷 인터내셔널(PI)이 관리하고 있다. FA(Factory Automation), 모션 컨트롤, PA(Process Automation) 등 세 가지 영역을 하나의 백본으로 모두 커버하는 산업용 이더넷이다. 제조 현장은 안정적이고 지속적인 생산이 가능한 시스템 환경 구축이 생명이기 때문에 각 업종에 적합한 신뢰성이 검증된 디바이스 위주로 도입된다. 이때 통신 방식은 보통, 제조 디바이스에 따라 결정되는 경우가 많다. 예를 들면, 로크웰 오토메이션의 디바이스를 주로 사용하는 곳에서는 Ethernet/IP를, 지멘스 PLC를 주로 사용하는 현장에서는 PROFINET을, 미쓰비시 제품을 사용하는 경우 CC-LINK IE를 사용하는 것이 그렇다. 문제는 공장들은 대부분 이들 디바이스들을 생산 라인별로 혼용하는 경우가 많다는 것이다. 과거에는 다른 산업용 이더넷 간의 상호 운용성은 비용과 시간이 많이 드는 시스템 통합 과정을 거쳐야 하므로 몇몇 대기업을 제외하고는 적극적으로 수행하지 못했다. 최근 스마트 공장 이슈가 부각되면서 이종 디바이스 간 상호 연동

[그림 2.10] 산업용 네트워크 시장 점유율(2018)

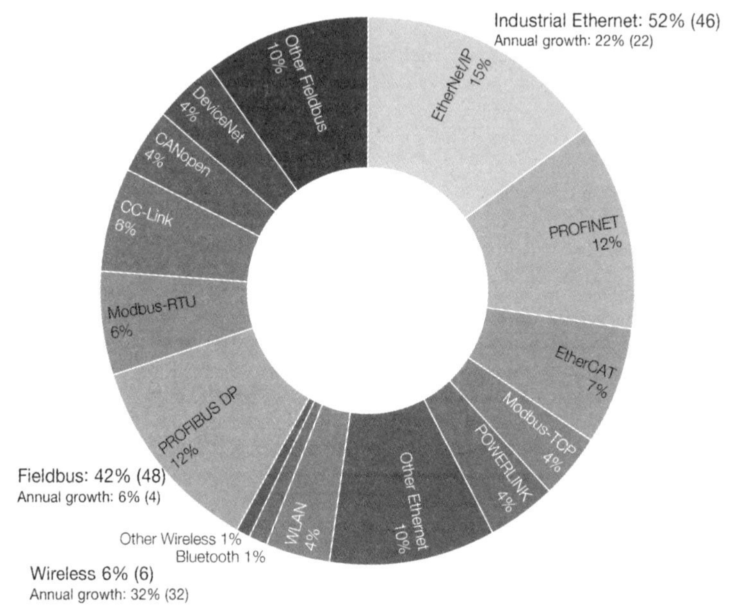

자료: HMS

과 공장의 디바이스 레벨에서 엔터프라이즈, 클라우드 레벨까지 통일된 정보 수집 체계를 구축하기 위한 OPC-UA 기술이 새롭게 조망되고 있다.

III

데이터 수집 방법

제조현장 데이터 수집 방법에는 과거에 전통적으로 사용하던 유선방식과 최근의 기술 발전으로 신뢰성과 성능이 크게 향상된 무선기술을 이용한 방식이 있다. 현장 실사를 통하여 각 설비별로 사용하고 있는 제어장치 종류(PLC, PC, 계측기, 스캐너, Graphic Panel 등)와 관리하고자 하는 항목을 인터페이스 할 수 있는 제어장치 I/O 모듈 상황 등을 종합적으로 파악해야 한다. 공정과 제품의 특성을 파악하여 각 공정별 표준관리 항목을 결정한 후 기존 공정에서 누락된 측정 항목은 새로운 센서/계측기를 추가하여 데이터가 수집될 수 있도록 고려해야 한다.

3.1 인터페이스

3.1.1 통신 프로토콜

제조SI를 하는 데에 설비온라인을 포함한 데이터 수집 기술은 매우 중요한 분야이다. 자동으로 데이터를 수집하면 현장에서 발생하는 데이터를 실시간으로 처리할 수 있다. 또한 사람에 의한 데이터 입력의 부정확이나 오류 및 입력 누락을 예방할 수 있고 데이터 입력 공수를 줄일 수 있다. 한 설비에서 서로 다른 제품을 생산할 때 각 제품별로 다르게 설정되는 파라미터를 제어하거나 품질사고를 예방하고 공정물류의 오류를 방지하기 위해서는 실시간에 가까운 설비온라인화를 통해서만 공정의 자동 제어가 가능하다. 온라인 대상의 설비에는 PLC나 DCS 같은 범용 설비제어기나 검사장비나 계측장비, 로봇 같은 컴퓨터 기반의 전용 제어기가 있다. 이외에도 바코드 장비나 RFID 장비 같은 공정운전용 PC가 있다. 그런데 이러한 하위 제어장비 및 온라인 대상 설비들과의 실시간 연계를 위한 필요성이 증가함과 동시에 데이터 수집을 위한 인터페이스가 오히려 실시간 연계를 저해하는 장애요인이 되는 경우도 있다. 바로 네트워크 장비나 생산설비 제조회사들에서 자신들만의 통신기술을 독자적으로 개발하기 때문이다.

프로토콜이란 데이터통신에 있어서 신뢰성 있고 효율적이며 안전하게 정보를 주고받기 위해서 정보의 송/수신측 또는 네트워크 내에서 사전에 약속된 규약 또는 규범을 말한다. 주로 송신측에서 수신측을 호출하여 연결하는 과정, 통신회선에서의 접속방식, 통신회선을 통해 전달되는 정보의 형태, 오류 발생에 대한 제어, 송/수신측 간의 동기 방식 등에 대한 약속을 포함하고 있다. 설비온라인화를 위한 프로토콜이 필요한 이유는 자동화를 위한 시스템과 하위 설비와의 실시간 연계가 많아졌기 때문이며 다음과 같은 특징이 있다.

- 효율성: 주어진 통신 채널을 최대로 이용할 수 있도록 프로토콜을 정함, 흐름 제어
- 안정성: 비정상적인 외부요인이 발생한 경우에도 통신은 안정되게 동작 또는 종료, 에러 제어
- 표준화: 널리 사용되기 위해 표준화. IETF(Internet Engineering Task Force)에 의해 RFC라는 문서로 제공(http://ietf.org/rfc.html).

통신 프로토콜의 종류에는 국제적으로 통용되는 표준 통신 프로토콜(TCP/IP, http, telnet, ftp, IEEE 802.3 등)과 개발자가 특정 서비스를 제공하기 위해 임의로 정한 사용자 정의 통신 프로토콜이 있다. 〈표 3.1〉은 일반적으로 많이 사용되는 인터페이스 비교표이다. 시스템 개발자들은 다양한 종류의 인터페이스 중에서 원하는 것을 선택할 수 있다(Axelson, 2010).

생산시스템의 자동화를 위한 제조현장 데이터 수집 방법에는 과거에 전통적으로 사용하던 유선 방식과 최근의 기술 발전으로 신뢰성과 성능이 크게 향상된 무선기술을 이용한 방식이 있는데, 다음의 3가지 유형이 있다.

■ 자동 수집 방법

생산설비의 제어기(Controller)가 외부 정보시스템과 연결이 가능한 RS-232C 및 이더넷 등과 같은 표준 인터페이스 장치를 보유한 경우에는 실시간 통신 프로그램을 통하여 생산설비의 운전상태 정보를 자동 수집한다. 이 경우 생산설비와 연결된 제어기기와 정보시스템 사이에 표준 프로토콜인 RS-232C, TCP/IP, OPC(OLE for Process Control), SECS(Semiconductor Equipment Communication Specification) 등과 같은 표준 프로토콜 기반 통신 인터페이스 기술을 적용하면 편리하다.

〈표 3.1〉 일반적으로 많이 사용되는 인터페이스 비교표

인터페이스	포맷	장치개수(최대)	거리(최대, 피트)	속도(최대, bps)	일반적인 용도
RS-232 (TIA-232)	비동기 시리얼	2	50~100	20K	모뎀, 기본적인 통신
RS-485 (TIA-485)	비동기 시리얼	32개(하드웨어 추가 시 256개까지 가능)	4000	10M	데이터 수집과 제어시스템
이더넷	시리얼	1024	1600	10G	PC네트워크통신
IEEEE-1394b (FireWire 800)	시리얼	64	300	3.2G	비디오, 대용량 저장장치
IEEE-488(GPIB)	패러렐	15	60	8M	계측장비
I²C	동기시리얼	40	18	3.4M	마이크로컨트롤러
Microwire	동기시리얼	8	10	2M	마이크로컨트롤러
MIDI	시리얼 전류루프	2(flow-through모드를 이용하면 그 이상)	50	31.5K	음악, 영상 제어
패러렐 프린터 포트	패러렐	2[데이지 체인(daisy chain) 방식으로는 8개 지원]	10~30	8M	프린터
SPI	동기시리얼	8	10	2.1M	마이크로컨트롤러
USB	동기시리얼	127	16(5개 허브 이용 시 98피트)	1.5M, 12M, 480M	PC 주변장치

■ 수동 수집 방법

바코드, RFID, 터치스크린, PDA 및 모바일 디바이스 등 작업자 편리성을 중시한 기능을 적용하여 작업자가 직접 생산활동 정보를 입력·처리하는 방식이다. 이 경우에는 이동하면서 복수 설비 및 자재 등을 관리하거나 작업자의 판단으로 업무를 처리하는 경우에 편리하게 사용이 가능하다.

■ 반자동 수집 방법

PLC(Programmable Logic Controller) 등과 같은 순차적 방식의 제어기기를 사용하고 있는 생산설비는 센서와 제어기기 사이에 연결된 Process I/O로부터 이벤트를 받거나 운전상태 및 실적정보 수집을 위

해 추가로 센서를 생산설비에 부착하여 데이터를 수집하는 방법이다.

최근에는 제조현장의 자동화를 염두에 두고 장비 발주부터 시스템 엔지니어가 관여하는 경우가 많다. 반도체나 디스플레이 산업에서는 모든 장비가 SECS 프로토콜(반도체장비 통신프로토콜)을 표준으로 사용하여 MES 및 유관 시스템에서 설비온라인을 할 수 있도록 제작되고 있다. 그러나 신규 라인 증설이 아닌 기존에 구축된 설비(장비)와 인터페이스 하여 필요한 데이터를 가져오기 위해서는 인터페이스 가능 여부, 통신부하 문제, 설비 개조의 어려움이 발생할 수 있으므로 사전에 고려할 사항이 많다. 현장 실사를 통하여 각 설비별로 사용하고 있는 제어장치 종류(PLC, Graphic Panel, PC, 계측기, 스캐너 등)와 관리하고자 하는 항목을 인터페이스 할 수 있는 제어장치 I/O 모듈 상황 등을 종합적으로 파악해야 한다. 공정과 제품의 특성을 파악하여 각 공정별 표준 관리 항목을 결정한 후 기존 공정에서 누락된 측정 항목은 새로운 센서/계측기를 추가하여 데이터가 수집될 수 있도록 고려해야 한다.

3.1.2 네트워크 프로토콜(OSI, SNA, TCP/IP)

네트워크 구조를 결정하는 네트워크 프로토콜은 일반적으로 계층구조를 가지고 있다. 구조적 프로그래밍의 경우와 비슷하게 프로토콜에 있어서 계층화 개념은 상위 계층과 하위 계층으로 분리된 계층상에서 인접한 계층 간 서비스의 이동을 나타낸다. 즉, 프로그래밍에서 메인 프로그램이 파라미터를 통하여 서브프로그램을 호출하여 서비스를 받는 것과 같이 상위 계층은 인접한 하위 계층으로부터 서비스를 제공받게 된다. 또한 한 계층의 내부적인 변화가 다른 계층에 영향을 주지 않도록 계층 독립성이 보장된다. 계층화된 네트워크 프로토콜의 대표적인 예로는 OSI, SNA(System Network Architecture), TCP/IP

[그림 3.1] OSI 7 계층 모델과 SNA, TCP/IP 비교

SNA	OSI 7계층		OSI 7계층	TCP/IP
Transaction service	Application	HTTP, FTP, Telnet	응용 계층	응용 계층
Presentation service	Presentation	Encrytion, Extraction, ASCII, MPGE, JPEG	표현 계층	
Data flow control	Session	Application 간의 연결	세션 계층	
Transmission control	Transport	TCP, UDP	전송 계층	트랜스포트 계층
Path control	Network	IP, IPX, ARP	네트워크 계층	인터넷 계층
Data link control	Data link	Ethernet, Token Ring, FDDI	데이터링크 계층	네트워크 액세스 계층
Physical	Physical	물리적 전송	물리 계층	

등이 있다. 프로토콜은 상위 계층과 하위 계층으로 구분되며, 상위 계층은 사용자가 통신을 쉽게 이용할 수 있도록 도와주는 역할을 하며, 하위 계층은 효율적이고 정확한 전송과 관계된 일을 담당한다. SNA는 다른 기종 컴퓨터 간에 정보를 교환하고 처리할 수 있도록 하기 위해 IBM에서 1974년 9월에 개발하여 발표한 컴퓨터 네트워크에 대한 기본적인 구조와 체계이다. SNA는 국제표준화기구(ISO)의 OSI 기본 참조모델과 같이 네트워크의 기능을 7개의 계층으로 구분하여 정의하고 있다. 각 계층은 통신 또는 전송에 관한 특정 기능과 해당 기능을 수행하는 프로토콜을 정의하고 있다. 그러나 OSI 기본 참조모델과 마찬가지로 SNA의 궁극적인 목적도 네트워크를 통해서 컴퓨터 상호간에 기종에 관계없이 최종 사용자에게 투명하게 정보를 교환할 수 있게 하는 통신 표준을 정하는 데 있다.

OSI 7 계층 모델은 모든 네트워크 통신에서 생기는 여러 가지 충돌 문제를 완화하기 위한 국제표준화기구(ISO) 모델로서 표준화된 네트워크 구조를 제시하고 있다(정진욱 외, 2010).

TCP/IP는 1969년 미국 국방성에서 컴퓨터 통신을 위해 최초로 사용

〈표 3.2〉 OSI 7 계층 모델

계층(Layer)		기능
7	응용 계층 (application)	• 응용 프로그램이 OSI를 접근하는 수단을 제공 • FRAM, VTP, MHS, RDA
6	표현 계층 (presentation)	• 응용 계층 엔티티 간의 데이터 교환을 위해 Syntax에 관한 사항 관장 • 포맷, 구문변환, 코드변환, 압축 등
5	세션 계층 (session)	• 대화 세션 제공, 대화의 동기 제공
4	전송 계층 (transport)	• 응용과 응용 간 또는 프로그램 간 논리적인 통로 제공 • 하위 계층의 각종 통신망 차이를 보안하고 상위층과 명확환 정보 전송 보장
3	네트워크 계층 (network)	• 상위 계층에 시스템을 연결하는 데 필요한 데이터 전송과 교환 기능을 제공 • 네트워크의 접속과 설정, 유지 및 해지 등의 기능 제공 • 전송 단위: 패킷
2	데이터링크 계층 (data link)	• 물리적인 통로를 통하여 인접 장치 간 신뢰성 있는 정보를 교환 • 3계층에 논리적인 통로를 제공하고 투명성 보장 • 전송단위: 프레임 • 프로토콜 예: HDLC, LAP-B(ISDN), LLC, PPP
1	물리 계층 (physical)	• 인접한 장치 간에 비트 전송을 위한 전송경로를 2계층에 제공 • 전기적·기계적·기능적·절차적 수단을 제공 • 전송단위: 비트 • 프로토콜 예: RS-232(EIA-232), RS449/422/423, V.24, X.21

하기 시작했다. 무료로 이용이 가능하고 특정한 하드웨어나 운영체제에 독립적인 개방형 프로토콜이었으나 OSI 모델에 비해 패킷 내의 오버헤드가 크고 상당히 비효율적이라는 이유로 한때는 없어져야 할 프로토콜이라고까지 여겨졌다. 국제 표준으로 지정되지는 않았지만 전 세계 인터넷 사용자들에게는 사실상의 표준(defacto standard)으로 간주된다. 두 호스트 사이의 통신을 위해서는 TCP/IP 프로토콜이 설치되어 있어야 한다. 네트워크 액세스 계층으로는 LAN, X.25 패킷망, ISDN, ATM망, 무선전화망(IS-95) 등 모든 종류의 서브네트워크가 사용 가능하다. 호스트는 라우터를 경유하여 서로 연결되어 있는데 인

[그림 3.2] TCP/IP와 서브네트워크 프로토콜

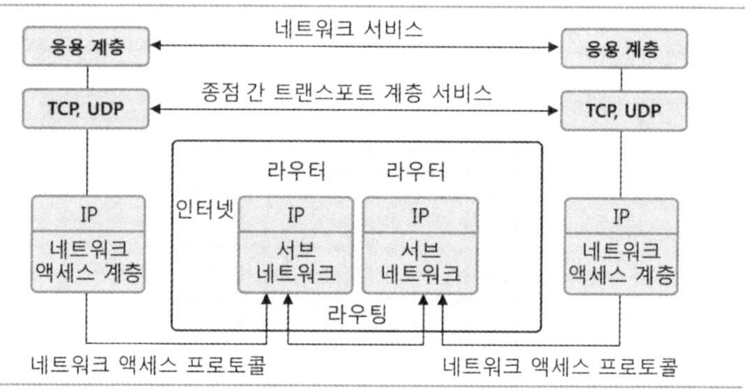

터넷에 물리적 접속을 위해서는 네트워크 액세스 프로토콜이 필요하다. IP 계층이 서브네트워크를 이용하기 위한 프로토콜이라고 할 수 있는데 이더넷, PPP(Point to Point protocol), SLIP(Serial Line Internet Protocol) 등이 있으나 오늘날 우리가 사용하는 대부분의 컴퓨터 통신의 바탕이 되는 기술은 이더넷이다. 1973년 밥 멧칼프(Bob Metcalfe) 박사가 처음으로 발명했고 1980년 미국의 제록스, 인텔 등이 공동 개발해 '이더넷 1세대'라는 이름으로 상용화했다. '이더넷'이라는 이름은 우주에 존재한다는 가설 속의 물질인 에테르(ether)에서 따온 것이다. 데이터 공유 및 전송기술, 랜카드나 라우터 등 네트워크 장비들이 이더넷 기술의 산물이라고 할 수 있다.

이더넷의 가장 큰 특징은 CSMA/CD(Carrier Sense Multiple Access/Collision Detection)라는 프로토콜을 사용하는 것이다. 캐리어 센스(Carrier sense)는 이더넷 환경에서 통신하고자 하는 PC나 서버가 네트워크상에서 아무도 통신을 안 하고 있을 때 데이터를 전송하고 자신의 데이터가 잘 전송되었는지 확인하는 것이다. 만약 두 개의 컴퓨터가 동시에(Multiple access) 전송하려고 하면 충돌이 발생되는데 그 충돌을 콜리전(Collision)이라고 부른다. 콜리전이 발생하면 일정 시간 기다린 후 재전송을 하게 된다. 3.4절에서 언급하게 될 SECS 프로토콜도 RS-232와 이더넷에 기반을 둔 통신프로토콜이다.

3.1.3 네트워크 프로그래밍(소켓)

디바이스 드라이버 계층 프로그래밍은 OSI의 계층 2 이하의 인터페이스(링크 계층과 하드웨어 디바이스)를 통해 프레임 단위의 데이터 송수신을 직접 다룬다. LAN에서 MAC 프레임 단위의 송수신을 다루는 API로서 FTP사의 패킷 드라이버나 MS사의 NDIS, Novell사의 ODI 등이 있다. MAC 프로토콜의 종류와 LAN 카드 제조사에 무관하게 드라이버 계층의 네트워크 프로그램을 작성할 수 있다. 구체적인 송수신을 제어하거나 네트워크 상태 모니터링에 사용되며 흐름 제어, 오류 제어, 인터넷 주소 관리 같은 기능은 사용자가 별도로 구현해야 한다. 트랜스포트 계층 프로그래밍은 TCP나 UDP와 같은 트랜스포트 계층의 기능을 직접 이용하며 호스트 사이의 연결 관리와 패킷 단위의 데이터 송수신을 직접 제어한다. UNIX의 BSD 소켓이나 윈도우 소켓 등 소켓(socket) API가 대표적이며, 소켓 인터페이스는 BSD 유닉스에서 처음 보급되었으나 현재는 컴퓨터 기종이나 OS에 무관하게 지원하고 있다. TCP/IP를 제공하는 컴퓨터에서 기본적으로 모두 지원하고 있다. 응용 계층 프로그래밍은 네트워크 유틸리티나 미리 만들어진 응용 계층 서비스 프로그램을 활용하는 방식으로 OSI 5-7 계층을 이용하는 프로그래밍이다. 패킷의 송수신을 구체적으로 제어하는 방식이 아니고 응용작업 단위의 동작을 네트워크를 통해 실행한다. 유닉스의 rsh(remote shell)이나 rcp(remote copy)를 이용하는 프로그래밍이다. 또한 원격 컴퓨터에서 어떤 프로세스를 실행시키는 RPC(Remote Procedure Call) 프로그래밍이나 HTTP를 이용하는 HTML 프로그래밍, 웹 프로그래밍, 미들웨어를 이용하는 분산 객체 프로그래밍 등이 사

[그림 3.3] 소켓 인터페이스 위치

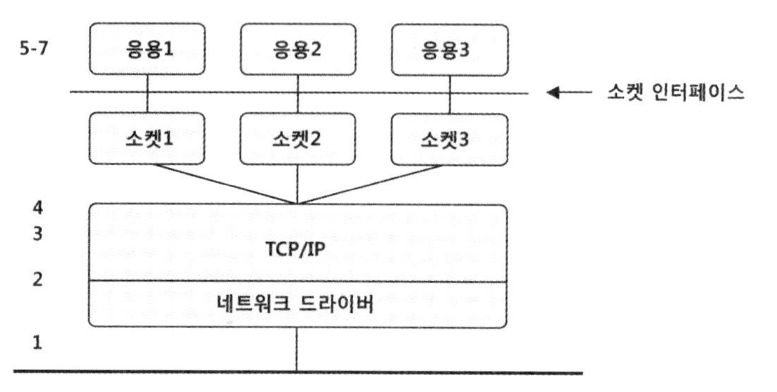

용 예이다. 하위 계층의 동작(종점 호스트 간의 연결 설정, 패킷 송수신, 흐름 제어 등)을 구체적으로 제어하지는 못하지만 복잡한 기능의 네트워크 서비스 프로그램을 짧은 시간 내에 작성할 수 있다(류기한, 2011).

소켓은 TCP나 UDP 같은 트랜스포트 계층 네트워크 프로그래밍에서 가장 널리 사용되는 API이다. 1982년 BSD 유닉스 4.1에서 소개되었으며 모든 유닉스 운영체제에서 제공된다. 윈도우는 윈속(Winsock)이라는 이름으로 소켓 API를 제공하며 자바 플랫폼에서도 소켓을 이용하기 위한 클래스를 제공한다.

소켓 인터페이스는 응용 프로그램과 소켓 사이의 인터페이스를 담당하며 응용 프로그램에서 TCP/IP를 이용하는 창구 역할을 한다. 소켓을 사용하기 위한 전제 조건은 클라이언트-서버 통신 모델에서는 항상 서버 프로그램이 먼저 수행되어야 한다.

- 서버는 socket( )을 호출하여 통신에 사용할 소켓을 개설한다. 리턴된 소켓 번호와 자신의 소켓 주소를 bind( )로 서로 연결한다. 소켓 번호는 응용 프로그램 내에서만 알고 있는 통신 창구 번호이고, 소켓 주소는 네트워크 시스템만 아는 주소이므로 이들을 bind( )를 통하여 묶어야 응용 프로세스와 네트워크 시스템 간의 데이터 전달이 가능하다.

[그림 3.4] TCP 소켓 프로그램 절차

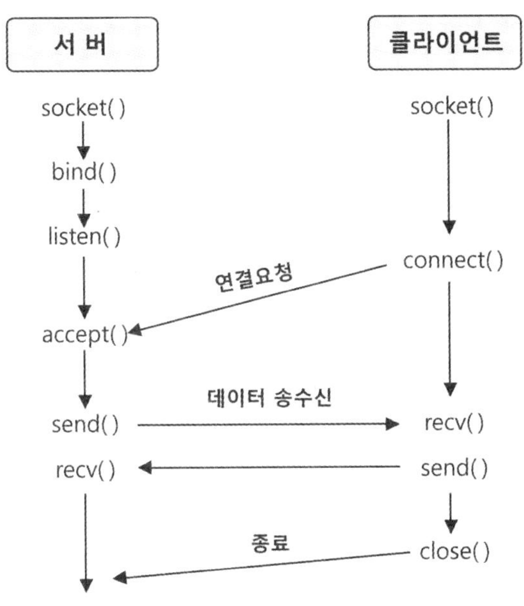

서버는 listen( )을 호출하여 수동 대기모드로 들어간다. 클라이언트로부터 오는 연결 요청이 처리 가능해지는데 서버는 accept( ) 함수를 호출하여 클라이언트와 연결 설정을 한다. 클라이언트와 연결이 성공하면 accept( )가 새로운 소켓을 하나 리턴하게 되는데 이 소켓을 통해 데이터를 송수신하게 된다.

클라이언트는 socket( )을 호출하여 소켓을 만든 후 서버와 연결 설정을 위해 connect( )를 호출하게 된다. 접속할 상대방 서버의 소켓 주소 구조체를 만들어 connect( ) 함수의 인자로 주게 되는데 클라이언트는 서버와 달리 bind( )를 호출하지는 않는다. 자신의 IP 주소나 포트 번호를 특정한 값으로 지정해둘 필요가 없으며 특정 포트 번호를 사용할 땐 bind( )를 호출한다. 그러나 bind( )를 사용하면 클라이언트 프로그램의 안전성이 떨어지는 단점이 있다.

멀리 떨어져 있는 두 사람이 전화를 하기 위해서는 전화기를 구입하고, 전화번호를 할당하고, 케이블에 연결하고, 전화가 오길 기다렸다가 전화가 오면 승낙해서 대화를 하는 것인데, 이를 소켓 프로그래밍(네트워크 프로그래밍)과 비교해볼 수 있다. 우선 소켓을 만들고, IP 주소를 할당하고, 네트워크에 소켓을 연결하고, 요청이 오길 기다렸다가 요청이 오면 데이터를 주고받는 것이다. TCP 클라이언트와 서버의 중요한 특징을 살펴볼 수 있는 기본적인 소켓 API 살펴보자. 사용 예제는 비교적 단순한 UNIX 모델을 사용한다(Snader, 2003).

[간단한 TCP 클라이언트]

```
#include 〈sys/types.h〉
#include 〈sys/socket.h〉
#include 〈netinet/in.h〉
#include 〈arpa/inet.h〉
#include 〈stdio.h〉

int main(void)
{
        Struct sockaddr_in peer;
        Int s;
        Int rc;
        Char buf[1];

// 〈step1: 상대측의 주소를 설정한다〉 sockaddr_in 구조에 서버의 포트 번호 (7500)와 주소를 기입한다. 127.0.0.1은 루프백 주소이다. 이는 서버와 클라이언트가 같은 호스트에 있다는 것을 나타낸다.
peer.sin_family = AF_INET;
peer.sin_port = htons(7500);
peer.sin_addr.s_addr = inet_addr("127.0.0.1");
// 〈step2: 상대측에 대한 소켓과 연결을 얻는다〉 TCP는 스트림 프로토콜이기 때문에 SOCK_STREAM 소켓을 얻는다. Connect를 호출함으로써 상대측과 연결을
```

```
설정한다.
s = socket (AF_INET, SOCK_STREAM, 0);
if ( s < 0)
{
        perror ("socket call failed");
        exit(1);
}
rc = connect ( s,  (struct sockaddr * )&peer,  sizeof( peer) );
if  ( rc )
{
        perror("connect call failed");
exit(1);
}
// <step3: 단일 바이트의 송신과 수신> 우선 단일 바이트 1을 상대측에 전송한 후,
즉시 소켓으로부터 단일 바이트를 읽는다. 그 바이트를 stdout에 쓰고 종료한다.

rc = send ( s, "1", 1, 0 );
if ( rc <= 0)
{
        perror("send call failed");
exit(1);
}
rc = recv(s, buf, 1, 0);
if ( rc <= 0)
 perror("recv call failed");
else
printf("%c₩n", buf[0]);
exit(0);
}
```

[간단한 TCP 서버]

```
#include <sys/types.h>
#include <sys/socket.h>
#include <netinet/in.h>
#include <stdio.h>
```

```
int main(void)
{
        struct sockaddr_in local;
        int s;
        int s1;
        int rc;
        char buf[1];
// 〈step1: 주소를 기입하고 소켓을 얻는다〉 sockaddr_in 구조, local을 서버의 잘 알려진 주소와 포트 번호로 기입한다. 이를 위해 bind 호출을 사용한다. 클라이언트의 경우와 마찬가지로, SOCK_STREAM 소켓을 얻는데, 이것이 수신 소켓이다.
local.sin_family = AF_INET;
local.sin_port = htons(7500);
local.sin_addr.s_addr = htonl(INADDR_ANY);
s = socket (AF_INET, SOCK_STREAM, 0);
if ( s 〈 0)
{
        perror ("socket call failed");
        exit(1);
}
// 〈step2: 잘 알려진 포트를 바인드하고 listen을 호출한다〉 local에 지정된 잘 알려진 포트와 주소를 수신 소켓에 바인드한다. 그런 다음 소켓을 수신 소켓으로 표시하기 위해 listen을 호출한다.
rc = bind ( s,  (struct sockaddr * )&local,  sizeof( local) );
if  ( rc 〈 0)
{
        perror("bind call failure");
exit(1);
}

rc = listen ( s, 5 );
if ( rc )
{
        perror("listen call failed");
exit(1);
}
// 〈step3: 연결을 수락한다〉 새로운 연결을 수락하기 위해 accept를 호출한다. Accept 호출은 새로운 연결이 준비될 때까지 막혀 있으며, 그 후 그 연결을 위한 새로운 소켓을 반환한다.
```

```
S1 = accept (s, NULL, NULL);
if ( s1 〈 0)
{
 perror("accept call failed");
exit(1);
}
// 〈step4: 데이터 전송〉 먼저 클라이언트로부터 1 바이트를 읽고 출력한다. 그런
다음 클라이언트에 단일 바이트 2를 보내고 종료한다.
rc = recv (s1, buff, 1, 0);
if ( rc 〈= 0)
{
 perror("recv call failed");
exit(1);
}
printf("%c₩n", buf[0]);
rc = send(s1, "2", 1, 0);
if ( rc 〈= 0)
 perror("send call failed");
exit(0);
}
```

3.1.4 이기종시스템 간 연계를 위한 미들웨어

필자가 처음으로 SI 프로젝트를 하던 20년 전에도 금융SI에서는 TP 모니터, RPC System 등의 미들웨어가 많이 사용되었고 데이터베이스를 접근하기 위한 ODBC는 여느 프로젝트 현장에서나 볼 수 있었다. TP 모니터는 메인프레임에서 한 치의 오차도 없이 업무를 관할하던 CICS와 IMS(Information Management System)가 대표 주자였고 BEA의 Tuxedo도 TP 모니터로 화려한 한 시대를 보냈다. 요즘에도 프로젝트를 수행하다 보면 타 시스템과의 연동은 항상 있게 마련이다. 제조SI에서도 MES와 설비, 혹은 레가시 시스템(Legacy, 기존의 시스템)끼리의 연동은 많이 발생하고, 공공SI에서도 '연계'라는 이름으로 타 기관이

[그림 3.5] 타 시스템과의 연계를 위한 연계환경 변화

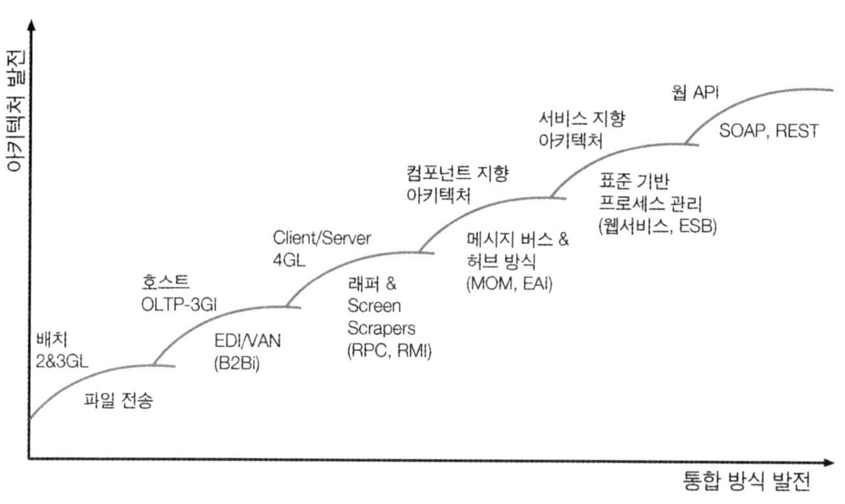

자료: Gartner(http://www.gartner.com).

나 시스템과의 연동은 큰 비중을 차지한다.

미들웨어란 말 그대로 '중간 단계에 위치하여 서비스를 해주는 소프트웨어적으로 운영되는 프로세스'를 말한다. 클라이언트/서버의 2-Tier 환경에서 업무 로직이 클라이언트에 위치하게 되어 'Fat' 클라이언트가 되고 서버에 가해지는 부하도 증가되어 대용량 환경에서는 적합하지 않게 되었다. 이에 대한 해결책으로 비즈니스 로직을 클라이언트에서 분리하고 클라이언트 수가 증가하더라도 서버에 미치는 영향을 최소화하고자 중간에 미들웨어를 두었다. 현재 프로젝트 현장에서 많이 사용되는 EAI/ESB, WAS(Web Application Server)도 웹 환경에서 운영되는 대표적인 미들웨어이다.

≪레드햇 매거진(Redhat Magazine)≫에서 디마지오(Len DiMaggio)는 미들웨어를 다음 4가지 이유를 들어 배관(plumbing)에 비유하고 있

[그림 3.6] C/S, 3-tier C/S, 분산시스템

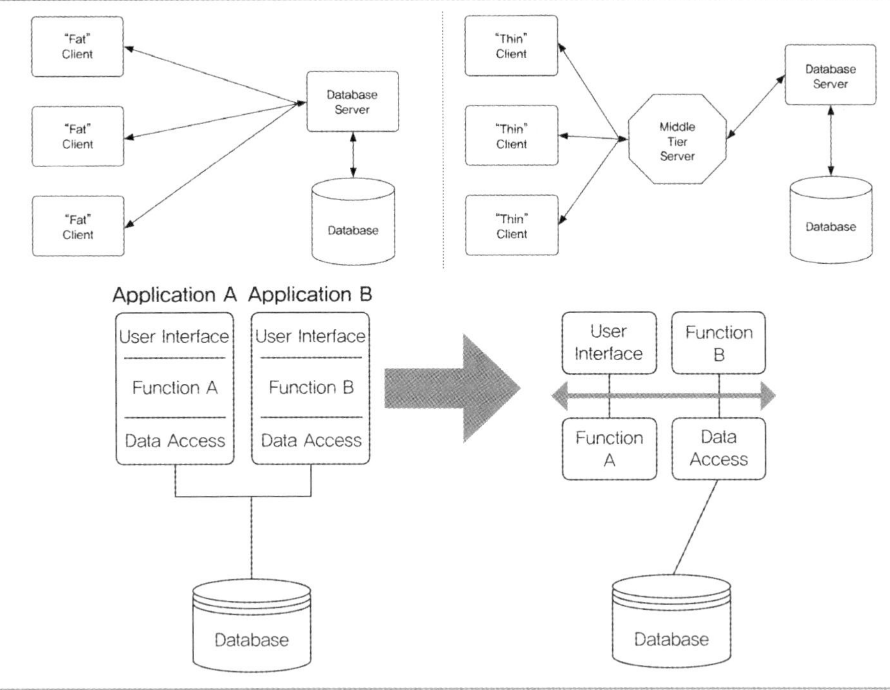

다. 첫째, 대부분 눈에 보이지 않는다. 집 안의 배관 설비는 보이지 않고 배관을 통하여 흘러나오는 물만 보이듯이 논리적 뷰의 상단에 애플리케이션이 위치하고 하단에 데이터베이스 및 운영체제와 같은 소프트웨어가 있게 된다. 중간 부분의 미들웨어를 통하여 전달되는 웹사이트와 정보 흐름만이 눈으로 확인할 수 있는 결과이다. 둘째, 표준업무방식을 제공한다. 자체 배관 설비를 처음부터 개발할 수도 있지만 구입하는 것이 훨씬 간편하다. 표준에 따라 개발된 애플리케이션 서버, 데이터베이스 연결 드라이버, 인증 처리기, 메시징 시스템을 개발할 필요 없이 사용하기만 하면 된다. 이들 미들웨어의 구성요소들은 라이브러리 형식으로 제공되는데 프로그램이 잘 정의된 API를 통

〈표 3.3〉 미들웨어 종류

구분	내용
TP-Monitor	• 이질적인 분산환경에서 트랜잭션을 처리하고 각종 처리절차를 관리하는 기능을 제공 - Tmax, Tuxedo, TopEnd, Encina, CICS 등
Web Application Server	• 웹상에서 트랜잭션 처리, 이기종 간 상호통신 기능(J2EE) - JEUS, WebLogic, WebSphere 등
Messaging Oriented Middleware	• 메시지를 큐라고 불리는 전달 중계소에 넣어 처리하고 큐에 의한 메시지 관리 기능 제공(비동기적) - MS MSMQ, ActiveMQ(JMS), IBM WebSphere M(WMQ), TIB/RV
Database Access System	• 분산환경에서 복수개의 데이터베이스 서버들을 일괄된 방법으로 이용할 수 있도록 하는 환경들을 제공해주는 서비스 - ODBC, IBI EDA/SQL, RDA(Remote Data Access) 등
RPC System	• 네트워크상의 다른 컴퓨터에 있는 프로그램을 실행(동기적) - Entera 등
Object Request Broker	• 클라이언트 객체가 ORB라는 소프트웨어 버스를 이용하여 원격지 서버의 메소드를 호출하는 기능 제공 - Orbix, Visibroker 등

해 호출하는 것으로 간편하게 사용할 수 있게 된다. 셋째, 복잡한 시스템의 구성요소를 연결해준다. 주방, 난방, 욕실, 세탁기, 수도 등이 견고하고 안정적인 배관 설비로 인해 사용하는 데 걱정할 필요가 없듯이 미들웨어는 복잡한 웹 기반 애플리케이션을 통해 정보를 계속적으로 이동시키고 있다. 마지막으로 서로 다른 시점에 구축한 시스템을 재구성 없이 연결할 수 있게 해준다. 새로운 온수 히터를 설치할 때 다른 것들을 업그레이드할 필요가 없듯이 다른 시기, 다른 조직에 의해 개발되고 다른 프로토콜을 통해 통신하는 엔터프라이즈 애플리케이션을 통합하기 위해 하나의 언어를 사용하도록 애플리케이션을 재작성할 필요가 없다. 〈표 3.3〉은 대표적인 미들웨어 유형이다.

많은 트랜잭션과 안정성이 절대적으로 요구되는 제조현장시스템에는 메시지 기반 미들웨어가 많이 사용되며 특히, JMS(ActiveMQ), Highway 101, Tib/RV가 많이 쓰이고 있다.
미들웨어는 분산 응용프로그램을 서로 연결하기 때문에 '배관'으로도 불리며 기본적으로 통신 및 데이터 관리를 수행한다. 일반적으로 웹 서비스, SOAP, REST와 같은 메시징 프레임워크를 사용해 서로 다른 응용프로그램이 통신할 수 있도록 메시지 서비스를 제공하는데, 사용 중인 서비스와 통신해야 할 정보 형식에 따라 선택된다. 여기에는 보안 인증, 트랜잭션 관리, 메시지 큐, 응용 프로그램 서버, 웹서버 및 디렉토리가 포함될 수 있다.
API 경제학으로도 불리는 웹API는 HTTP/HTTPS 프로토콜을 기반으로 하며 느슨하게 연결된 컴포넌트들을 조합해 애플리케이션을 구성하거나 제어한다는 관점에서 2006년 무렵 유행한 서비스지향아키텍처(SOA)인 웹서비스/ESB 기술과 유사하다. SOA가 폐쇄적인 네트워크 안에서 사내 시스템들을 연계하고 제한된 사용자가 이용하는 시스템인데 비해 웹 API는 사내의 데이터를 사외의 SoE(System of Engagement)에 제공함으로써 새로운 비즈니스 창출을 목표로 한다. 웹 API의 통신 방법도 과거에는 SOAP를 이용했으나 요즘은 거의 대부분이 REST 방식으로 전환되는 추세이다. SOAP는 주로 복잡한 비즈니스 로직을 웹 서비스 형태로 제공하는 SOA를 구성할 때 사용하는 기술로 메시지는 XML 형식으로 만든다. 이에 비해 REST는 표준이라기보다는 일종의 사상이나 접근방식으로 URI를 호출할 때 HTTP 메소드를 기반으로 CRUD 조작을 하는 것처럼 비교적 간단한 제어를 할 때 사용하며, 실행 결과를 JASON 형식으로 출력하는 것이 일반적이다. 최근 웹이나 클라우드 분야에서 사실상 표준으로 사용되며 웹 API를 REST API로도 부른다.

3.2 시리얼통신(RS-232C/422/485)

3.2.1 RS-232C/422/485

RS-232C로 대표되는 시리얼통신은 이더넷이 활성화되기 전부터 제조SI 현장에서 설비온라인, PC통신을 위해 반드시 알아야 할 필수 요소기술이었다. 요즘에야 SECS, OPC 등의 방법으로 어렵지 않게 설비와 연동할 수 있지만 십수 년 전만 하더라도 통신포트 달랑 하나 나와있는 장비와 씨름하는 일이 많았다. 오래된 매뉴얼 하나 들고 시행착오를 거쳐 장비와의 통신프로그램을 짜내야 하는 시절이었다. 또, 수십 Km 떨어진 사이트와 모뎀을 통하여 통신을 성공리에 개통한 후 장비 뒤쪽의 LED 불빛이 깜박거림을 확인했을 때의 기쁨이란! 장치와 장치 사이나 장치와 시스템 사이를 접속할 때의 접속 조건을 일반적으로 인터페이스라고 부르지만 그중에서도 특히 데이터 단말장치(DTE: Data Terminal Equipment)와 데이터 회선 종단장치(DCE: Data Circuit- Terminating Equipment)를 접속하는 인터페이스를 DTE/DCE 인터페이스 혹은 단말장치의 인터페이스라고 한다. 3.1장에서 설명된 OSI 참조 모델의 물리층(physical)에 해당한다. DCE는 아날로그 회선에서는 모뎀이며, 디지털 회선을 사용하는 경우에는 DSU(Digital Service Unit, 디지털 회선종단장치)이다.

단말장치의 인터페이스 국제 표준 규격에는 ISO 국제 표준 규격과 ITU-T(CCITT) 권고안이 있다. ISO(International Organization for Standardization, 국제표준화기구) 규격은 1947년에 전송제어 절차나 OSI 규격을 두고 각국의 국내 표준이나 각 통신기기 메이커가 제품화할 때 표준 규격을 결정하는 기준으로 삼고 있다. ITU-T는 국제연합(UN) 전문기관 중의 하나인 국제전기통신연합(ITU)의 전기통신표준화 부문

[그림 3.7] DTE/DCE 사이의 구성도

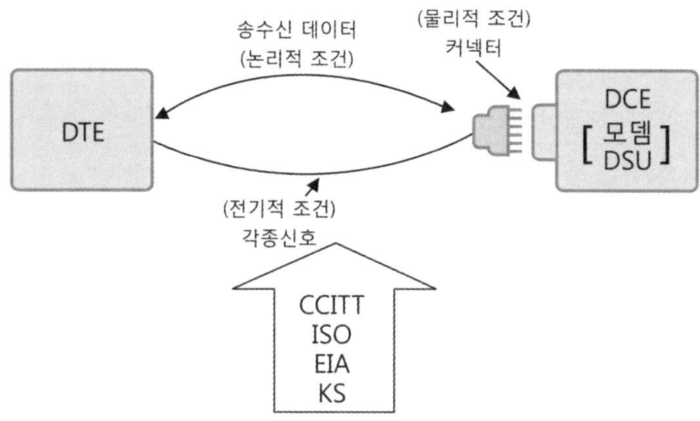

으로서 데이터 통신용 규격인 V 시리즈 권고나 X 시리즈 권고 및 ISDN 권고안이 있으며 각국의 표준 규격을 제정할 때 기준으로 사용된다. 국내 표준 규격으로는 KS(Korea industrial standards, 한국산업규격) 규격이 있는데, ISO 국제 표준 규격이나 ITU-T 권고안을 참조하여 제정함으로써 외국의 다른 통신기기와의 접속에 문제가 없도록 하고 거기에 한국 내 고유의 규격 등을 추가로 만들어 KS 규격을 정하고 있다. 미국 내의 표준 규격은 1924년 창설된 EIA(Electronic Industry Association, 미국 전자공업회)에서 주도적으로 표준 규격을 제정하고 있으며 국제 표준을 결정하는 데도 큰 역할을 하고 있다. EIA에서 결정된 규격에는 "RS-XXX"라는 규격번호가 부여된다. 초창기 설비온라인에 많이 사용되었고 PC통신 분야나 최근의 임베디드 시리얼통신에 널리 사용되고 있는 RS-232-C/D가 EIA 규격의 하나이다(류기한, 2011).

일반적으로 RS-232라 함은 'TIA-232-F: Interface between Data Terminal Equipment'로 대표되는 시리얼 인터페이스를 의미한다. 이

와 비슷한 표준으로는 ITU에서 정한 V.24와 V.28이 있고, ISO에서 정한 ISO 2110 등이 있다. 이런 표준 규격에는 각 신호의 기능과 이름, 신호의 전기적 특성, 기계적인 규격, 핀의 기능 등이 포함된다. 초기 버전에는 이런 기능들이 다 포함되지 않았지만 대중적으로 많이 쓰이는 인기 있는 커넥터 등이 표준에 포함되면서 내용이 점차 추가되었다. 표준 설계에는 25개의 연결선이 있었지만 RS-232 포트에서는 〈표

〈표 3.4〉 PC의 시리얼 포트에서 가장 많이 사용되는 신호 핀 명칭

핀 번호 (9핀 D-sub)	핀 번호 (25핀 D-sub)	신호명	장치명	신호종류	설명
1	8	CD	DCE	제어	신호 감지
2	3	RX	DCE	데이터	데이터 수신
3	2	TX	DTE	데이터	데이터 송신
4	20	DTR	DTE	제어	데이터 터미널 준비
5	7	SG	-	-	신호 그라운드
6	6	DSR	DCE	제어	데이터 셋 준비
7	4	RTS	DTE	제어	송신 요청
8	5	CTS	DCE	제어	수신 준비 완료
9	22	RI	DCE	제어	전화벨 알림
	1, 9~19, 21, 23~25	사용 안 함			

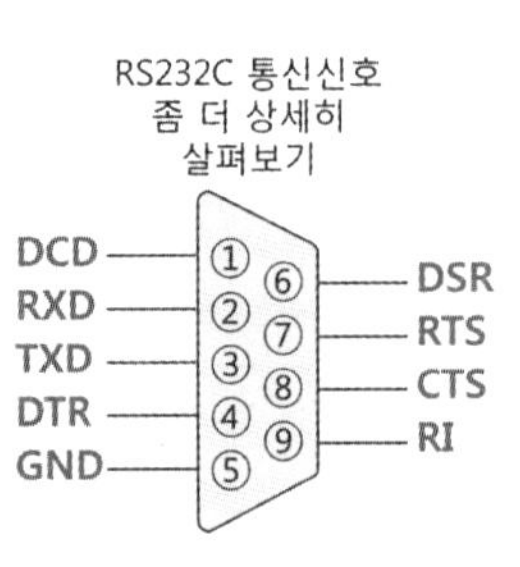

TXD Transmit Data, 통신 데이터 출력 신호

RXD Receive Data, 통신 데이터 입력 신호

RTS Ready To send, 모뎀 통신 등에 사용하며 통신 준비 상태를 표시하는데, 범용 출력 포트로 사용 가능

CTS Clear To send, 모뎀 통신 등에 사용하며 통신 준비 상태를 표시하는데, 범용 입력 포트로 사용 가능

DTR Data Terminal Ready, 모뎀 통신 준비 신호로, 출력 포트로 사용 가능

DSR Data Set Ready, 모뎀 통신 준비 신호로, 입력 포트로 사용 가능

DCD Data Carrier Detect, 입력 포트

RI Ring Indicator, 입력 포트

3.4〉에 표시된 9개의 연결선만 사용된다고 할 수 있다.

3.2.2 데이터 형식

필자가 SI 프로젝트를 수행하던 초창기만 하더라도 2, 3, 5번의 양방향 통신에 필요한 3개의 신호선만 가지고 설비온라인 작업을 수행했다. RS-232 양방향 통신에서 반드시 필요한 3개의 신호선은 다음과 같다.

- TX 데이터를 DTE에서 DCE로 전송한다. TD나 TXD로 불리기도 한다.
- RX 데이터를 DCE로부터 DTE로 보낸다. RD나 RXD라고도 한다.
- SG 시그널 그라운드이며, GND나 SGND로 표기하기도 한다.

나머지 신호선은 흐름 제어나 기타 제어와 상태 확인 등에 쓰인다.

RS-232는 비동기식 통신 방식을 사용하며 비동기식 통신에서 데이터의 처음과 끝에는 반드시 시작 비트와 정지 비트가 붙는다. 시작 비트는 데이터 전송의 시작을 나타내고 정지 비트는 데이터 전송의 종료를 나타낸다. 따라서 이들 두 비트의 추가로 인해 비동기식 통신의 속

[그림 3.8] 일반적인 비동기 통신 Format

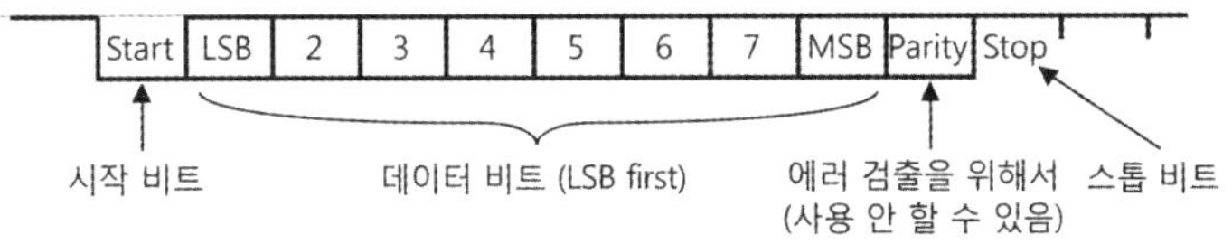

도는 동기식 통신과 비교하여 늦다. 그러나 전송되는 데이터가 없는 대기 상태에서는 idle 문자를 처리할 필요가 없다. 시리얼통신에서는 데이터에 어떤 값이든 실어 보낼 수 있는데, 제어 명령, 센서 값, 상태 정보, 에러 코드, 설정 데이터, 텍스트 파일, 실행 파일 등 매우 다양하다. 그러나 전송되는 모든 데이터는 바이트 형식이거나 다른 길이의 형식일 수도 있지만 시리얼 포트는 8비트 데이터를 사용하는 것으로 간주한다.

[RS-232 통신 프로그램 예(C)]

```
#include <windows.h>
#include <stdlib.h>
#include <stdio.h>

#define BUFSIZE 512

int main(int argc, char* argv[ ])

{

// <step1: 포트열기> 직렬포트를 연다(open).

        HANDLE hComm = CreateFile("COM7", GENERIC_READ | GENERIC
_WRITE, 0, NULL, OPEN_EXISTING, 0, NULL);

        if(hComm == INVALID_HANDLE_VALUE) err_quit("CreateFile( )");

// <step2: 포트 설정값 변경> 직렬포트의 각종 설정값을 변경한다(DCB 구조체).

        DCB dcb;
        if(!GetCommState(hComm, &dcb)) err_quit("GetCommState( )");

        dcb.BaudRate = CBR_19200;
        dcb.fParity = FALSE;
```

```
        dcb.fNull =FALSE;
        dcb.ByteSize = 8;
        dcb.Parity = NOPARITY;
        dcb.StopBits = 2;
        if(!SetCommState(hComm, &dcb)) err_quit("SetCommState( )");

// 〈step3: 읽기와 쓰기 타임아웃 설정〉 읽기와 쓰기 타임아웃을 설정한다.

        COMMTIMEOUTS timeouts;
        timeouts.ReadIntervalTimeout = 0;

        timeouts.ReadTotalTimeoutMultiplier = 1;
        timeouts.ReadTotalTimeoutConstant = 0;
        timeouts.WriteTotalTimeoutMultiplier = 0;
        timeouts.WriteTotalTimeoutConstant = 0;
        if(!SetCommTimeouts(hComm, &timeouts)) err_quit("SetCommTime outs(
)");

// 〈step4: 데이터통신〉 직렬포트로부터 데이터를 읽거나 쓴다.

        while(1){
                ZeroMemory(buf, sizeof(buf));
                printf("₩n[보낼 데이터]");

                if(fgets(buf, BUFSIZE+1, stdin) == NULL)
                        break;

                len = strlen(buf);
                if(buf[len-1] == '₩n') buf[buf-1] = '₩0';
                if(strlen(buf) == 0)break;

                retval = WriteFile(hComm, buf, BUFSIZE, &Bytes Written, NULL);
                if(retval == 0)err_quit("WriteFiel( )");
                printf("[클라이언트] %d 바이트를 보냈습니다. ₩n", BytesWritten);
                retval = ReadFile(hComm, buf, BUFSIZE, &BytesRead, NULL);
                if(BytesRead == 0){
                        printf("[오류] 응답이 없습니다! ₩n");
                        continue;
```

```
                }

            buf[BytesRead] = '₩0';
            printf("[클라이언트]%d 바이트를 받았습니다. ₩n", BytesRead);
            printf("[받은 데이터]%s₩n", buf);
            }

// 〈step5: 포트 닫기〉 직렬포트를 닫는다(close).

        CloseHandle(hComm);
        return 0;
        }
```

RS-232는 통신 속도와 케이블의 종류에 따라 달라지지만 보통 15M 이내의 두 장치 간 간단한 통신을 위해 설계되었다. 규격 중 많은 부분이 컴퓨터 터미널과 외장 모뎀의 통신 표준을 반영했다. 더미 터미널이라 불리던 장치는 키보드와 모니터, 원격 컴퓨터와 연결되는 통신 포트만 달려 있는데 RS-232로 모뎀과 연결되면 전화선을 이용해 원격 컴퓨터와 접속된다. 모뎀이 내장된 PC와 네트워크의 대중화로 최근에는 이런 연결 방식이 사라졌다. 원래의 RS-232 역할 중 소프트웨어적인 활용 예는 최근엔 찾아보기 힘들지만 하드웨어적인 연결은 현재도 유용하게 쓰인다. 근래엔 PC와 임베디드 시스템을 연결하거나 2대의 임베디드 시스템을 연결하는 데 주로 활용한다.

RS-232 통신보다 더 먼 거리 통신을 원하는 경우에는 최대 1.2Km까지 전송이 가능한 RS-485 통신을 사용한다. 우리가 사용하는 컴퓨터에는 RS-232 통신은 기본 장착(요즘에는 USB만 있는 경우가 많음)되어 있지만, RS-485 통신은 없으므로 변환기를 사용한다. RS-232 통신을 사용하는 경우에는 최대 15m 거리 및 1대 1 통신인데, 더욱 먼 거리(1.2Km) 및 여러 대(32대)의 접속을 원하는 경우에 RS-232 to RS-485

변환기를 사용한다. RS-232 통신 포트가 없는 컴퓨터에는 USB to RS-485/422 변환기를 사용한다. 한때 PC 인터페이스의 가장 핵심적인 역할을 담당했던 RS-232 시리얼 포트가 1990년대 후반의 USB 등장으로 사라질 듯이 보였으나 가격 및 프로그래밍의 편리성과 이더넷 방식의 연결로 모니터링이나 제어 분야에 많이 활용되고 있다. 최근의 프로젝트 현장에서 USB 통신에러가 발생하여 이더넷으로 변경한 사례가 보고되고 있다.

초창기 시스템 개발자들은 설비온라인에 비동기 통신인 시리얼 포트(RS-232C)를 많이 이용했다. 요즘은 시스템의 복잡도를 감소시키고 유지보수를 용이하게 하고 비용 측면에서도 장점을 가질 수 있게 다양한 설비들 간의 통신을 위한 국제 산업 표준이 많이 등장했다. 대표적인 것이 OPC와 SECS에서 정의되고 있는 표준 프로토콜이다. OPC(OLE for Process Control)는 프로세스 컨트롤 분야에서 사용자와 공급자 양쪽 모두에게 많은 혜택을 주는 새로운 산업규격으로 출현했다. OPC는 각종 애플리케이션들이 여러 종류의 프로세스 컨트롤 장비들(DCS, PLC 등)로부터 데이터를 수집하는 것을 가능하게 하는 표준 인터페이스라고 정의할 수 있다. 애플리케이션들은 각기 다른 여러 종류의 OPC 호환 서버들(DCS, PLC 등)로부터 데이터를 수집하는데 단지 하나의 OPC 호환 드라이버만 설치하면 된다. SECS 프로토콜은 반도체 생산현장의 자동화 요구에 따라 관련 기술의 표준화를 위해 SEMI(Semiconductor Equipment and Materials International, 국제반도체장비재료협회)의 장비자동화 부문(Equipment Automation Division)에서 반도체 장비와 외부 컴퓨터 간의 인터페이스를 위한 통신규약으로 제정되었다. 반도체 장비 생산업체에게 이를 옵션으로 적용하도록 요구하게 됨으로써 대부분의 반도체 생산 관련 장비가 인터페이스 부문에서 이 표준을 따르게 되었다.

3.3 OPC 표준

3.3.1 OPC란 무엇인가?

OPC는 프로세스 제어 분야, 다시 말해 DCS, SCADA, PLC 시스템에서 아주 적절하게 사용될 수 있다. 마이크로소프트의 기본적인 OLE 기술을 기반으로 Client와 Server 사이에서 통신과 데이터의 변환을 하기 위한 산업표준 메커니즘을 제공하고 있다. OPC 사양의 개발 노력은 WinSEM(Windows for Science, Engineering and Manufacturing)으로 잘 알려진 마이크로소프트 인더스트리 포커스 그룹으로부터 시작되었다. 이 그룹은 마이크로소프트 테크놀로지를 사용하는 제품들을 개발하는 데에 공통의 관심사를 가지고 있는 다양한 회사들로 구성된 그룹이다. 초기에 5개의 회사가 프로세스 컨트롤 산업에 기여하기 위해 오픈 스탠더드의 초기 개발에 이니셔티브를 갖기로 결정했다. 처음에는 비교적 짧은 시간 내에 작고 제한적인 초기 버전을 개발하기 위해 프로세스의 값을 읽고 쓰는 기능으로 제한했고, 알람 처리, 프로세스 이벤트, 배치 구조, 그리고 히스토리컬 데이터 액세스 등은 모두 이 표준의 후속 버전에 포함되었다.

비영리 조직인 OPC Foundation(TM)은 OPC 사양의 첫 번째 릴리즈부터 초기 릴리즈에서 미루어온 부분들(경보 처리, 이벤트 처리, 보안, 배치 구조, 그리고 히스토리컬 데이터 액세스 등)에 대한 표준 확장 작업을 계속해오고 있다. 지금까지 클라이언트 애플리케이션 벤더들(HMI 벤더 등)은 각각의 컨트롤 장비들에 대한 서로 다른 인터페이스 드라이버들을 개발해야만 했다. OPC 표준은 프로세스 컨트롤 장비로부터 데이터를 액세스하기 위해 단지 하나의 인터페이스 드라이버를 개발하면 되는 대단히 큰 장점을 클라이언트 애플리케이션 벤더들에게 제공한다. [그림 3.9]에 이를 표현했다(황남희, 2002).

[그림 3.9] OPC 전과 후

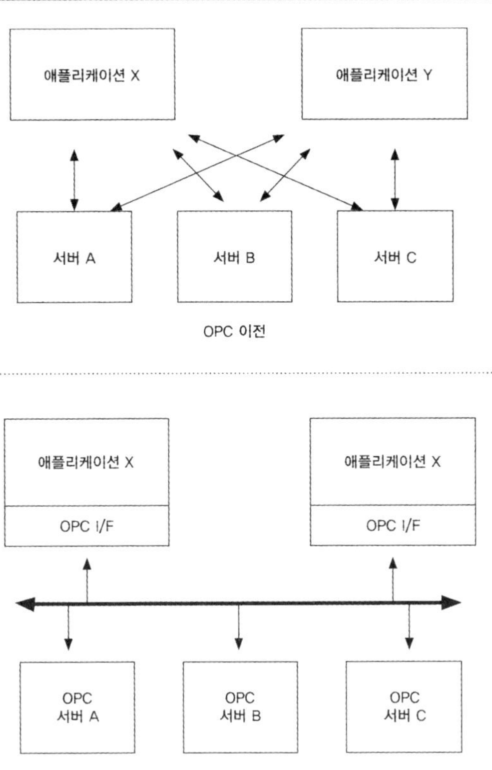

OPC의 출현 이전까지는 컨트롤 장비 벤더가 그 장비의 인터페이스 방식을 수정하면 클라이언트 벤더 또한 이에 따라 클라이언트 드라이버를 수정해야만 했다. 그러나 OPC 이후에는 OPC 인터페이스 이하 서로 다른 여러 종류의 시스템들에 대한 상세한 기술적인 사양에 대해 클라이언트 소프트웨어를 독립시켜준다. 따라서 장비 벤더는 클라이언트 소프트웨어에 영향을 주지 않고 OPC Server Interface 환경 하에서 여러 가지 기능들을 수정/변경할 수 있다. 이로 인하여 클라이언트 벤더들은 각종 장비들에 대한 인터페이스 드라이버의 라이브러리를 유지/보수 및 업그레이드하기 위해 기울였던 지금까지의 노력 대신에 그들 자신의 제품 개발에 더 많은 자원을 투입함으로써 실질적으로 부가가치가 높은 부분에 자원을 활용할 수가 있다.

OPC 이전에는 특정한 컨트롤 장비를 위해 아주 제한적이거나 특정 소프트웨어만이 그 장비와 인터페이스 할 수 있기 때문에 사용자는 클라이언트 소프트웨어의 선택 권한이 극히 제한되는 경우가 종종 있었다. OPC의 경우에는 어떠한 OPC 호환 클라이언트 애플리케이션이든 OPC 호환 서버를 적용한 컨트롤 장비에 쉽게 인터페이스 한다. 따라서 사용자는 자신의 특정한 목적에 가장 알맞은 솔루션을 선택하고 사용할 수 있다. 또 다른 이점으로 저비용의 통합(Integration)과 낮은 위험부담을 들 수 있다. 여러 벤더들로부터 플러그 앤 플레이(Plug & Play) 기기들이 공급됨으로써 시스템 통합자(SI: System Integrator)는 각각의 기기에 따른 인터페이스 드라이버를 개발할 필요 없이 최종적인 통합 목적에 더 많은 시간을 투입할 수가 있게 된다. 이 솔루션이 각 기기별 인터페이스 드라이버의 요구 없이 표준 OPC 컴포넌트에 기반을 둠으로써 사용자의 위험을 한층 더 낮출 수 있게 된다.

3.3.2 OPC 통신의 장점

OPC가 프로세스 제어 분야에서 강점인 이유는 OPC를 사용하는 각 애플리케이션들이 하단의 컨트롤 장비로부터 직접 태그(Tag)를 이용하여 액세스하고 수많은 다른 태그들을 각각 다른 시간, 다른 환경에서도 액세스할 수 있다는 점이다.

OPC 표준은 애플리케이션을 위한 2가지의 인터페이스를 정의하고 있다. 하나는 큰 볼륨과 대단위 정보처리량을 요구하는 C++로 개발된 애플리케이션들을 위해 사용된다. 다른 하나의 인터페이스는 데이터의 액세스를 쉽게 하기 위해 Visual Basic과 VBA(MS사의 오피스

[그림 3.10] OPC 클라이언트/서버 관계

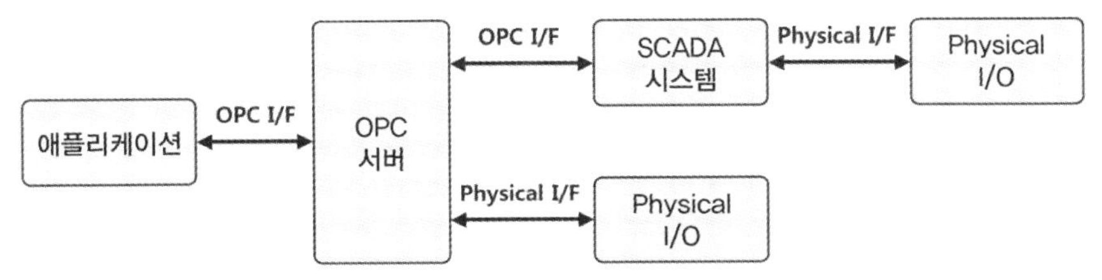

[그림 3.11] OPC 인터페이스

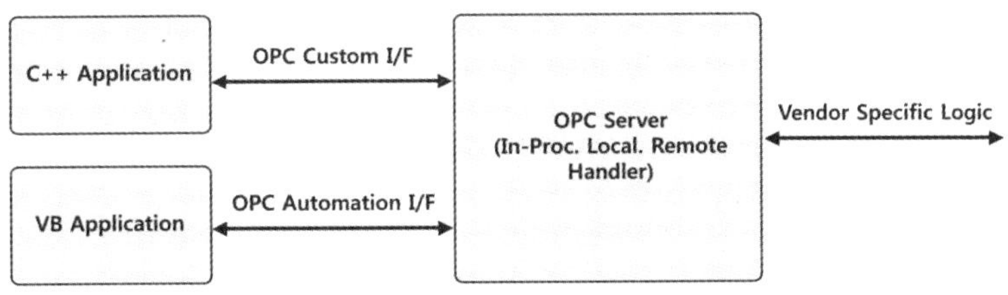

응용 프로그램용 매크로 언어)용으로 사용되도록 디자인되었다. 이것은 OPC 서버로부터 데이터를 액세스하기 위해 별도의 프로그램 지식을 요구하지 않기 때문에, 비주얼 베이직 또는 엑셀 및 워드에서 사용되는 매크로에 익숙한 엔지니어들은 이 인터페이스를 통하여 쉽게 액세스할 수 있다. [그림 3.11]은 이 2가지 인터페이스들을 보여주고 있다.

OPC OLE Automation Interface를 통해 Visual Basic으로 클라이언트 애플리케이션을 개발하는 간단한 예를 살펴보기로 한다(Rockwell Software의 RSServer OPC Toolkit Library 이용).

```
'OPC Server와 연결

Private Sub ReadStart( )
        Dim msg As String
          Set ConnectedOPCServer = New OPCServer
          ConnectedServerName= "RSI.RSView32OPC TagServer"
        ConnectedServerNode = "REMOTE_COMPUTER"
'OPC 서버에 연결한다.
        ConnectedOPCServer.ConnectConnectedServerName,Connected
ServerNode
          Call AddOPCGroup '그룹명을 지정해준다.
        Call AddOPCItems '아이템명(태그명)을 지정해준다.
Exit Sub

'OPC Group 추가
Private Sub AddOPCGroup( )
        Set ConnectedServerGroup = ConnectedOPC Server.OPCGroups
        ConnectedServerGroup.DefaultGroupIsActive = True
        ConnectedServerGroup.DefaultGroupDeadband = 0
        Set ConnectedGroup=ConnectedServer Group.Add("GROUP")
        ConnectedGroup.UpdateRate = 700
        ConnectedGroup.IsSubscribed = True
        Exit Sub
End Sub
```

```
'OPC Item 추가

Private Sub AddOPCItems( )
        Dim i As Integer
          For i = 1 To ItemCount
            ClientHandles(i) = i
        Next i
        Set OPCItemCollection = ConnectedGroup. OPCItems
        OPCItemCollection.DefaultIsActive = True
        OPCItemCollection.AddItems  ItemCount,  OPC  ItemIDs,ClientHandles,
        ItemServerHandles, ItemServerErrors
End Sub
```

OPC Server 오브젝트는 애플리케이션과 가장 먼저 연결되는 COM 오브젝트로 OPC Group의 관리와 제어, 물리적인 디바이스로의 액세스를 최적화하는 기능을 담당하고, OPC Group 오브젝트는 애플리케이션들이 태그 리스트를 확보하거나 속성을 부여하기 위해 다이내믹하게 Item을 생성하는 계층이다. OPC Group에서는 애플리케이션이 필요로 하는 데이터를 보다 간편하게 구성할 수 있는 방법을 제공하는데, 각 Group은 각기 다른 Refresh Rate를 가지고 Polling 혹은 Advising 방식을 모두 지원한다. 마지막으로 OPC Item은 물리적인 디바이스의 값에 의한 연결 포인트를 제공한다. 또한 클라이언트들에게 값이나 양, 질, 시간, 데이터 타입 등과 같은 정보를 전달하는데, 이 Item은 서버와 실제 데이터 사이의 연결을 위해 생성된다. 만약 이러한 OPC 표준 포맷에 맞추어 OPC 클라이언트뿐만 아니라 OPC 서버를 직접 개발하고자 할 경우는 OPC Development Toolkit 등을 이용하여 보다 빠르고 쉽게 개발할 수 있다.

OPC 서버의 가격이 HMI 가격에 비해 10% 정도밖에 차지하지 않으므로 자칫하면 그 중요성을 간과하기 쉽다. 대부분의 서버 프로그램은 외관상 비슷한 형태로 제공되므로 제품 간 차별성을 느끼지 못하는 경우가 허다하다. 주위에서 아무리 좋은 기능의 HMI를 선택했다 할지라도 잘못된 OPC 서버를 선정함으로써 낭패를 보는 프로젝트를 가끔 볼 수 있다. 왜냐하면 제대로 작동되지 않는 서버로 인해 HMI에서 스크립트와 같은 별도의 최적화 작업이 필요하게 되어, 불필요한 성능 손실 및 불안정한 동작을 야기할 수 있기 때문이다. 어떤 프로젝트의 경우에는 많은 양의 상태 읽기 통신 부하로 인해 HMI에서 수행된 명령이 5~6초 이후에야 연결된 기기에 전달되어 작동되는 어처구니없는 성능 곤란을 겪는 경우도 있다. 따라서 최적화된 성능, 다양한 데이터 타입 지원 및 부가기능 지원 여부, 엔지니어링의 편리성, 폭넓

〈표 3.5〉 OPC 서버 선택 가이드

벤더(업체)	선택 가이드
BridgeWare	• 통신 Channel 및 Device 이중화, TCP/IP 및 UDP 지원 • Phase 기능을 통한 통신 load balancing, Access time 지정을 통한 통신 부하 조절 • PLC 지원 대수 제한 없음, iFIX Native driver
Kepware	• 최다의 통신 driver 보유(140여 개) • 뛰어난 Performance & 사용의 편이성 • Intouch SuiteLink, iFix PDB interface 지원
Matrikon	• DCS, Historian 등에 대한 다수의 OPC 보유 • 전 세계적인 브랜드 인지도 - 특히, 중동 & 아시아의 Power & 화학 공장 • 혁신적인 OPC 제품 다수 보유
Takebishi	• Melsec, Omron, Toshiba 등 대부분의 일본산 PLC에 대한 driver 보유 • Intouch DA Server 및 SuiteLink interface 지원
Cogent Real-time System	• 다양한 OPC 관련 기술이 DataHub 한 제품에 적용 - Tunnelling, Bridging, Redundancy, Aggregation - OPC-to-Web, DDE-to-OPC/OPC-to-DDE - OPC DA, A&E, Historian, Web Server, Web HMI
IO Server	• 10+ drivers in a Single OPC Server - Modbus, DNP3, IEC61850, Yokogawa Centum • Master & Slave • OPC Gateway(Bridging software) & Protocol Translator
Software Toolbox	• TOP Server(KepServer의 OEM) - InTouch, WinCC에서 채택 • 다양한 Server & Client Toolkit 제공
Triangle Microworks	• Substation 관련 Protocol driver 제공 - IEC61850/60870/61400, DNP3 & Modbus • Master & Slave • Protocol Translator

자료: OPChub.com(http://www.opchub.com).

은 제품지원, 기술지원의 전문성 등을 따져보고 구입해야 한다. 물론 OPC는 표준 제품이므로 여러 회사에서 개별적으로 구입하여 사용하여도 무방하나, 제품별로 성능 차이가 조금씩 발생하므로 가급적이면 그 성능이 검증된 제품을 구입하는 것이 필요하다(이상기, 2005).

3.4 SECS 프로토콜

3.4.1 SEMI 표준과 E10(RAM)

SEMI(Semiconductor Equipment and Material International, 국제반도체장비재료협회) 산업표준 규격은 세계 반도체 장비 및 재료에 대한 가장 포괄적인 국제 표준 규격이다. 이 SEMI 표준 규격은 수요자, 공급자 및 관련업계 전문가들의 추천과 요구를 수렴하여 집대성한 규격이다. 전 세계 반도체, 태양광, 평판디스플레이 업계로부터 3,000여 명

〈표 3.6〉 SEMI 표준 규격

번호	분류	설명	비고
1	C	Chemicals & Gases	SEMI, LCD, OLED, PV 공정에 사용되는 화학물질과 (불)활성 & 독성(Toxicity)가스에 대한 국제 표준
2	D	FPD(Flat Panel Display) - LCD, PDP, OLED	FPD 제조 시 사용되는 전반적인 국제 표준
3	E	SEMICONDUCTOR (LCD, PDP, OLED, PV)	SEMI, LCD, OLED, PV 산업 장치 하드웨어 및 소프트웨어에 대한 자동화 국제 표준
4	F	Facilities	SEMI, LCD, OLED, PV 산업 전반에 관한 Hardware 부품제조에 관련된 국제 표준
5	G	Packaging	반도체 Package 산업 전반에 관한 공정, Hardware 물질, 규격에 관련된 국제 표준
6	M	Materials	Silicon Wafer & Box Material 전반에 관한 공정, Hardware 물질, 규격에 관련된 국제 표준
7	MF	Silicon Materials	Silicon Wafer의 측정, 검사, 분석 방법에 대한 국제 표준
8	MS	MEMS(Micro Electro Mechanical Systems)	MEMS 국제 표준
9	P	Photo(Lithography)	Reticle & PhotoMask, CD(Critical Dimension), Substrate 제작 및 Material에 관련된 국제 표준
10	PV	Photovoltaic(Solar)	Photovoltaic 산업에 특화된 원재료 및 장비에 관련된 국제 표준
11	S	Safety Guideline	안전에 관련된 국제 표준
12	T	Traceability	생산 LOT(Wafer, Panel)의 이력 및 추적성과 식별을 위한 Bar Code, ID, Marking, Matrix Symbol에 대한 국제 표준

의 자원봉사자들이 동참하여 표준 규격안을 만들고 수요자와 공급자들의 투표로 결정되며 매년 세 차례 신규 표준 및 개정 표준이 배포되고 있다. SECS[1] 규격으로는 현재까지 총 13개 분야 772개의 규격이 제시되고 있다. 대표적인 표준 분야로는 장비자동화 하드웨어(92개 규격), 장비자동화 소프트웨어(54개 규격), FPD(Flat Panel Display, 42개 규격), MEMS(Micro-Electro Mechanical Systems, 3개 규격)[2], 안전 가이드라인(27개 규격) 등을 포함한다.

〈표 3.7〉은 장비제어 프로그램과 관련되어 있는 주요 SEMI 표준들이다. 반도체 생산 자동화를 위한 기능과 유연성을 제공하기 위해 장비가 취해야 할 행동들에 대한 정의나 설비의 성능에 관한 정의, 호스트

〈표 3.7〉 장비제어 프로그램 관련 주요 SEMI 표준

Main Operation	
E94. CJM	Provisional Specification for Control Job Management
E40. PJM	Standard for Processing Management
E33. MMM	Material Movement Management
E87. CMS	Specification for Carrier Management
Management & Reporting to Host	
E42. RMS	Recipe Management Standard
E53. ER	Event Reporting
E90. STS	Specification for Substrate Tracking
E116. EPT	Provisional Specification for Equipment Performance Tracking
E41. EMS	Exception Management
E58. ARAMS	Automated Reliability, Availability, and Maintainability Standard
Communication	
E4. SECS-I	SEMI Equipment Communication Standard 1 Message Transfer
E37. HSMS	High-Speed SECS Message Services
E5. SECS-II	SEMI Equipment Communication Standard 2 Message Transfer
E30. GEM	Generic Model for Communications and Control of Manufacturing Equipment
E5. SECS-II	SEMI Equipment Communication Standard 2 Message Transfer
E30. GEM	Generic Model for Communications and Control of Manufacturing Equipment

1) SECS(SEMI Equipment Communications Standard): SEMI에서 spec화한 통신 규약.

2) MEMS 반도체 칩에 내장된 센서, 밸브, 기어, 반사경, 그리고 구동기 등과 같은 아주 작은 기계장치와 컴퓨터를 결합하는 기술.

Structure	
E39. OSS	Object Service Standard: Concepts, Behavior, and Services
E98. OBEM	Provisional Standard for the Object-Based Equipment Model
E38. CTMC	Cluster Tool Module Communications
E96.	Guide for CIM Framework Technical Architecture
E120. CEM	Specification for the Common Equipment Model
E54. SANS	Sensor/Actuator Network Standard
E125. ESD	Specification for Equipment Self Description

와 장비 사이에서 메시지가 어떻게 전달될 것인가에 대한 정의 및 메시지 내부의 데이터에 대한 정의 등을 기술하고 있다.

최근에는 표기법으로 OMT(Object Modeling Technique) 대신 UML을 사용하고 데이터의 표현은 XML을 이용한다. EDA와 같은 현장에서의 요구사항을 적극 표준으로 반영하고 있으며 한 단계 더 높아진 장비제어를 반영하는 추세이다. 장비 사용자의 인증 및 장비 내의 각종 데이터 수집 정책도 강화되고 있다. [그림 3.12]는 FAB의 MES 구축

[그림 3.12] MES 프레임워크 for 300mm, GEM300

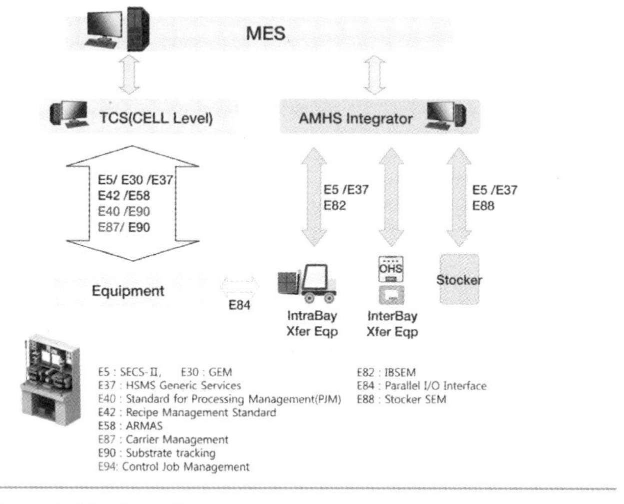

자료: IBM SiView standard(http://www.ibm.com).

[그림 3.13] SEMI E10 vs. 성능 KPI

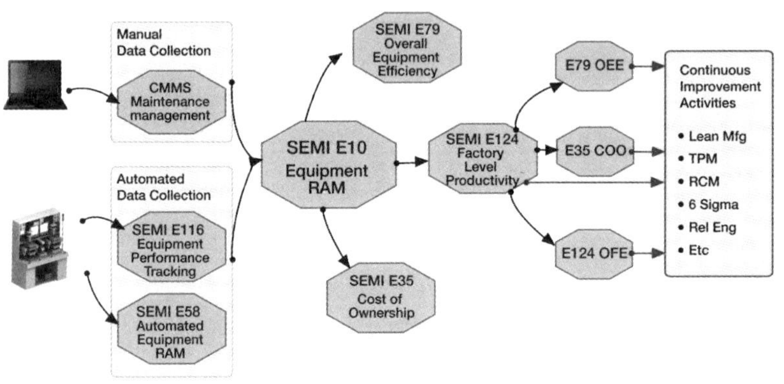

자료: SEMI(http://www.semi.org/en/standards).

시 관련되어 있는 SEMI 표준을 보여준다.

설비의 성능과 관련 있는 SEMI 표준들은 [그림 3.13]과 같은 연관성을 갖는다.

- SEMI E10 – 장비의 신뢰성, 가용성, 보전성에 대한 정의 및 측정에 관해서 다룬다.
- SEMI E116 – MES와 연계된 장비(tool) 자체 데이터를 이용하며 EPT (Equipment Performance Tracking) 상태 데이터(BUSY, IDLE, BLOCKED)를 활용한다.
- SEMI E58 – 작업자에 의한 장비의 직접적인 상태 변경이나 MES/Host Computer에 의해서 유발되는 상태 변경 정보를 다루는데 E10에서 규정한 상태보다 더 상세하다.
- SEMI E79 – 설비종합효율(Overall Equipment Efficiency).
- SEMI E35 – 효율, 생산량, 수율, 소모품 비용에 기반을 둔 소유비용(Cost of Ownership).
- SEMI E124 – 공장 단위의 생산성(Factory Level Productivity).

E10 RAM(Reliability, Availability and Maintainability) 표준은 모든 설비 관련 지표의 중심이 되는 것으로 1986년에 제정되었으며 이후 계속적으로 개정되어오고 있다(이덕권, 2011).

■ PRODUCTIVE TIME

장비가 원래의 기능을 수행할 때의 시간으로, 제품의 Loading과 Unloading을 포함해서 정규 제품을 생산하거나 다른 제품을 위한 작업, 재작업, 엔지니어링 런(Lot Split) 등이 포함된다.

■ STANDBY TIME

장비가 원래의 기능을 수행할 준비는 되어 있는 상태이나 운영하지 않은 시간으로서, 휴식시간 등으로 작업자가 없거나 부품이 없거나 제품을 담는 용기가 없는 경우, 연관된 클러스터 모듈 등이 고장 난 경우 등이 포함된다.

[그림 3.14] SEMI E10 기본 상태

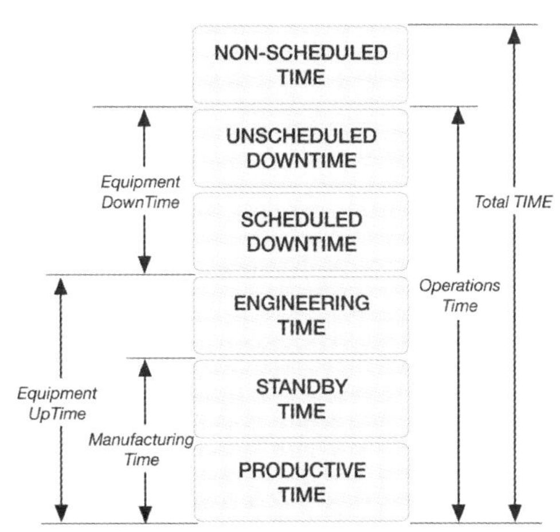

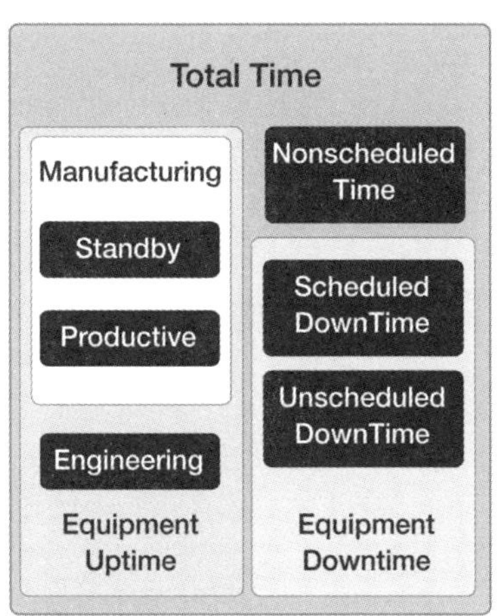

자료: SEMI(http://www.semi.org/en/standards).

■ ENGINEERING TIME

장비나 프로세스상에는 문제가 없으나 엔지니어링 실험을 하기 위해서 운영하는 시간으로, 프로세스 엔지니어링(특성화), 장비 엔지니어링(장비평가 등), 소프트웨어 엔지니어링(소프트웨어 인증 등) 등이 해당된다.

■ SCHEDULED DOWNTIME

다운타임 계획에 의해 장비가 원래의 기능을 수행할 수 없는 시간이며, 정비지연, 제품의 평가를 위해 계획된 장비의 제품 생산 중지 시간, 예방정비, 소모품 및 화학약품 교체, Setup, 환경이나 유틸리티 설치 등의 설비관련 사항이 해당된다.

■ UNSCHEDULED DOWNTIME

장비가 계획되지 않은 사건으로 인해 원래의 기능을 수행할 수 없을 때의 시간이며, 고장수리, 소모품/화학약품의 교체, 사양을 벗어난 것이 투입되어 장비가 기능을 수행할 수 없을 때의 시간 등이 해당된다.

■ NON-SCHEDULED TIME

작업하지 않는 교대시간이나 휴일, 장비의 off-line 트레이닝, 설치/변경/재조립/업그레이드(하드웨어와 소프트웨어)로 인해 장비가 생산계획에서 빠진 시간이다.

[그림 3.15]는 E10 vs. E58 vs. E116 상태 매핑 정보이다.

고객이 요구하는 제품의 품질과 공급자의 요구사항을 만족시키기 위해 장비와 인력을 포함한 자원을 어떻게 잘 활용하는가를 보여주는

[그림 3.15] EPT(E116), E10, E58 상태 매핑

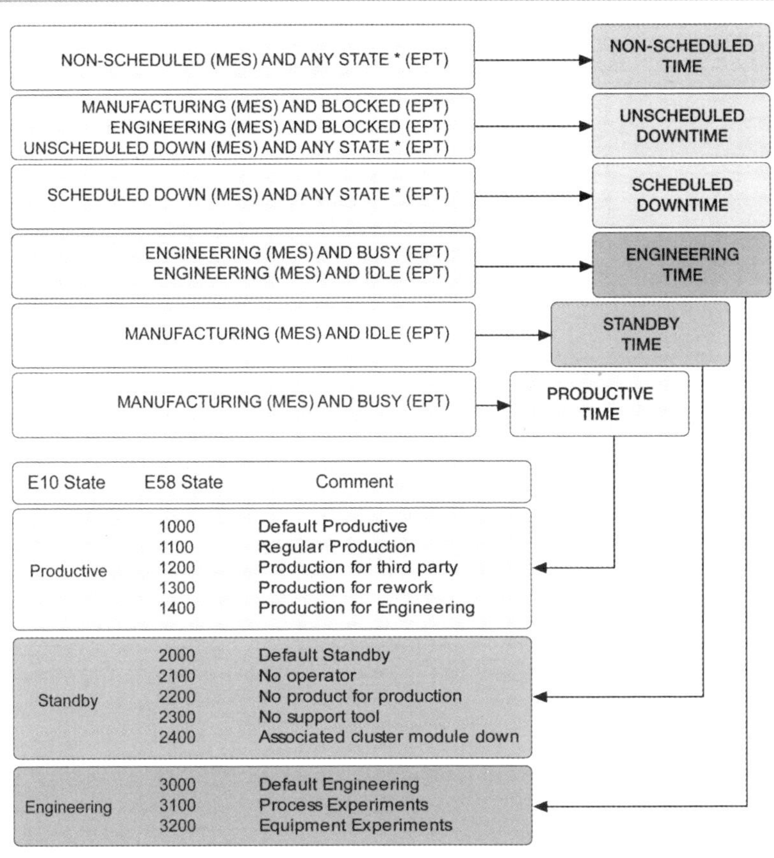

자료: SEMI(http://www.semi.org/en/standards).

지표가 설비종합효율(OEE: E79 Overall Equipment Efficiency)이다. 즉, 프로세스의 유용성과 생산성 그리고 결과물의 품질을 결합하여 전체적인 능률을 측정하는 방법이며, 개념적인 계산식은 다음과 같다.

$$\text{OEE} = \text{Availability Efficiency} \times \text{Operational Efficiency} \times \text{Rate Efficiency} \times \text{Quality Efficiency}$$

- Availability Efficiency = Equipment Uptime / Total Time
  장비가 원래 기능을 수행하기 위한 상태에 있는 시간의 비율
- Operational Efficiency = Production Time / Equipment Uptime
  실제품을 처리한 장비의 Uptime 비율
- Rate Efficiency = Theoretical Production Time for Actual Units / Production Time
  장비가 이론적 효율로 실제품을 작업한 Production Time
- Quality Efficiency = Theoretical Production Time for Effective Units / Theoretical Production Time for Actual Units

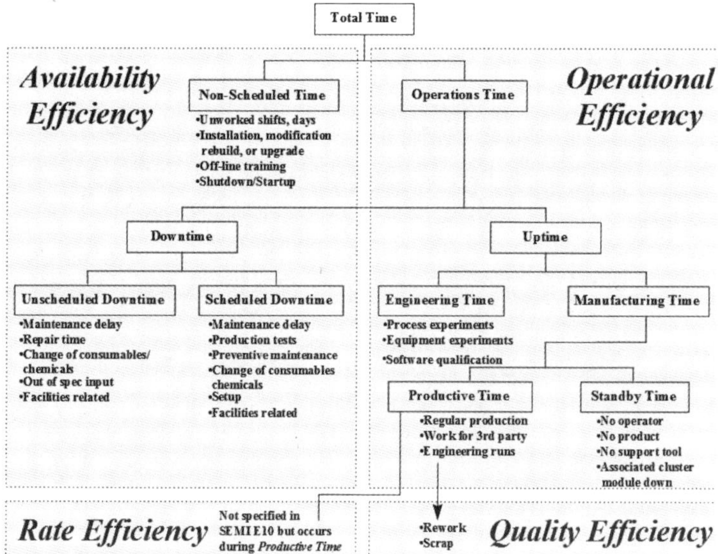

Production Time은 E10에 정의되어 있지 않지만 E10의 Productive Time을 이용한다. 위 식의 Performance Efficiency(Productivity) = Rate Efficiency × Operational Efficiency이다. Theoretical Production Time (for Actual Units or Effective Units)은 엄격한 이론적 효율로 작업되고 손실이 없다고 가정할 때 얻을 수 있는 관찰 주기 동안의 Production Time 이다. Effective Units = (Actual Units) − (Scrap Units + Rework Units).

■ Availability

$$\text{Availability} = \frac{\text{Total Time - Downtime}^{*}}{\text{Total}}$$

* *Downtime* = scheduled downtime + unscheduled downtime(unanticipated failures) + nonscheduled time(holidays, shutdown, for example)

Example:

Total Time =	168hr	Scheduled Time =	28hr
Nonscheduled =	0hr	Unscheduled Time =	8hr

Scheduled downtime consists of

Planned maintenance	10hr
Production setup	12hr
Chemical/gas change	2hr
Maintenance delay	4hr

$$\text{Availability} = \frac{168 - (28 + 8)}{168} \times 100 = \mathbf{78.6\%}$$

■ Performance Efficiency

$$\text{Rate Efficiency} = \frac{\text{Ideal Cycle Time}}{\text{Actual Cycle Time}}$$

$$\text{Operational Efficiency} = \frac{\text{Total Productive State Time(Regular Prod/Engr Prod/Rework)}}{\text{Equipment Operational Uptime(Productive, Standby \& Engr States)}}$$

이론 사이클 타임(ICT: Idle Cycle Time)은 보통 설비공급자가 지정해주는데 minutes/wafer로 나타낸다. 장비별 단위시간당 생산능력 향상 또는 공정 간 물류 이동 사이클 타임의 개선활동은 공정 관리의 주요한 목적 중의 하나이며 OEE를 향상시키기 위해 지속적으로 추진해야 한다.

Example:

Process A (ICT = 2.5min/wafer)			Process B (ICT = 3.3min/wafer)		
E10 State	Run Time	Wafers Processed	E10 State	Run Time	Wafers Processed
Reg Prod	20.4hr	427	Reg Prod	68.7hr	1033
Engr Prod	4.7hr	99	Engr Prod	0.0	0
Rework	3.0hr	47	Rework	5.6hr	68
Total Product A	28.1hr	573	Total Product B	74.3hr	1101

Total Time = 168.0hr
Engineering State = 5.0hr
Standby State = 24.6hr
Production Time = 102.4hr(28.1hr + 74.3hr)

$$\text{Ideal Cycle Time(ICT)} = \frac{2.5\text{min/wafer} + 3.3\text{min/wafer}}{2}$$

$$= 2.9\text{min/wafer}$$

$$\text{Actual Cycle Time(ACT)} = \frac{(28.1 \times 60)/573 + (74.3 \times 60)/1101}{2}$$

$$= 3.5\text{min/wafer}$$

$$\text{Rate Efficiency} = \frac{2.9\text{min/wafer}}{3.5\text{min/wafer}} = 0.829$$

$$\text{Operational Efficiency} = \frac{102.4\text{hr}}{102.4\text{hr} + 5.0\text{hr} + 24.6\text{hr}} = 0.776$$

$$\text{Performance Efficiency} = 0.829 \times 0.776 \times 100 = \mathbf{64.3}\%$$

■ Rate of Quality

$$\text{Rate of Quality} = \frac{\text{Total Wafers Processed - Rejects}}{\text{Total Wafers Processed}} \times 100$$

Guideline:

Rejects include (1) process scrap and (2) reworked wafers.

Example:

Process	Good Wafers	Reworked	Scrap	Total Processed
A	524	47	2	573
B	1030	68	3	1101
Total	1554	115	5	1674

$$\text{Rate of Quality} = \frac{1674 - (115 + 5)}{1674} \times 100 = \mathbf{92.8\%}$$

■ Final Calculation

OEE% = 0.786(Avail) × 0.643(Perf) × 0.928(Qual) × 100 = 46.9%

이렇듯 SEMI의 설비성능 관련 지표들은 반도체 장비의 RAM, 효율, 생산성, 소유비용 등의 의미 있는 정보에 활용된다. 보다 더 정확하고 상세한 데이터를 제공받기 위해 자동화가 필수이기는 하지만 상대적으로 규모가 작고 절대적인 정확성을 요구하지 않는 공장에서는 수작업 데이터들도 여전히 가치 있는 정보를 제공할 수 있다.

3.4.2 SECS 프로토콜 체계, SECS-I & HSMS

반도체/FPD 분야는 다양한 종류의 장비 수요가 증가하고 있는 장치 집약적인 산업이다. 장비 간의 정보 교류에 대한 필요성과 효율적인 장비관리 측면에서 자동화에 대한 필요성은 점점 높아가고 있다. 장비 제공업체 측면에서는 고객별 서로 다른 요구사항으로 개발비용이 증가하고 각 벤더(Maker)별로 서로 다른 시스템이 존재한다. 장비를 사용하는 업체의 경우 각 시스템 간의 서로 다른 통신사양으로 시스템 통합에 문제가 있다. 이러한 생산현장의 자동화 요구에 따라 관련 기술을 표준화하기 위해 국제반도체장비재료협회(SEMI)의 장비자동화 부문에서 반도체 장비와 외부 컴퓨터 간의 인터페이스를 위한 데이터통신 표준 규약인 SECS 프로토콜을 제창했다. 대부분의 반도체 생산 관련 장비들이 인터페이스 부문에서 SECS 프로토콜 표준을 준수하고 있다. 장비 간 상호 연동을 위해서는 장비에서 지원되는 SECS 메시지 기능의 정확한 분석과 검증이 필요하며 기능을 수행할 메시지 내용이 없을 경우 장비 벤더에게 요청하여 추가하는 경우도 있다. 이를 위해 자동화 담당 부서와 공정, 장비, 생산 등 관련 부서 간의 긴밀한 협력 관계가 필요하다.

SECS 프로토콜의 체계를 이해하는 것은 자동화를 위한 인터페이스의 첫 단계에서는 필수적 사항이며, 자동화에 대한 이해와 보다 성숙된 시스템 구현을 위해서 반드시 필요한 절차라 할 수 있다. 〈표 3.8〉의 가장 하위 단계인 SECS-I과 HSMS[3]는 반도체 장비들 간 인터페이스를 위한 프로토콜이며, 이러한 프로토콜을 기본으로 하여, 바로 위 단계에 있는 SECS-II에서 정의한 데이터 포맷에 따라 데이터를 주고받을 수 있다. GEM(Generic Equipment Model)[4]은 다양한 반도체 장비의 구동에 관한 표준을 의미하고 그 위에 존재하는 SEM은 GEM만으로는 부족한 Stoker나 반송장비 등에 적용되는 사양으로 정의되어 있다.

SECS-I 표준은 장비와 호스트 간의 메시지 교환에 적합한 통신 인터페이스를 정의하고 있다. 프로토콜 스택 관점에서 봤을 때 SECS-I 프로토콜은 point-to-point 통신에서 사용되는 Protocol Layer로 생각할 수 있다. 이때 SECS-I 내의 레벨은 물리적 링크, 블록 전송 프로토콜, 그리고 메시지 프로토콜로 구성되어 있다. 또한 SECS-I 프로토콜은 빠른 시간이 요구되는 프로그램이나 많은 데이터를 전송하기에는 부적합하다. SECS-I 표준은 연결자와 전압에 대해 EIA RS-232-C와 JIS C

3) HSMS(High-Speed SECS Message Services)
TCP/IP를 이용한 SECS Message Services이며, SECS-I 대체역할 수행(SECS-I의 확장). 일반적인 message는 SECS-I 또는 HSMS로 전송되며, DCOP 등과 같은 data는 SECS-II로 전송이 된다고 볼 수 있음.

4) GEM
SEMI에서 규정한 반도체 생산설비의 표준 동작 사양. 설비가 반도체 생산을 위해 운용되어야 할 행동 양식을 규정한 것. 기본적으로 이미 지정되어 있는 SECS-II message를 사용해서 통신을 하는데, 설비 상태에 대응하는 SECS 메시지를 전송하고, 수신된 SECS 메시지별로 설비의 동작 내용을 규정.

〈표 3.8〉 SECS 프로토콜 체계

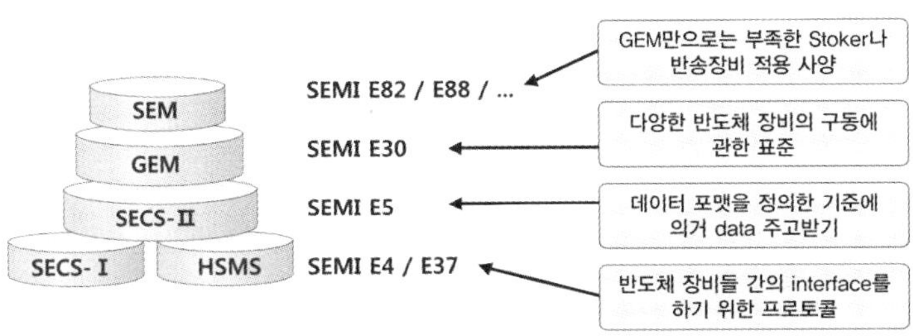

종류	SPEC	특징	비고
SECS-I	E4	반도체 장비와 상위 Host 간의 메시지를 주고받기 위한 통신 인터페이스를 정의	현재 사용하지 않음 RS-232 Cable
HSMS	E37	- 특정한 지식이 필요 없이 기기 연결 - 상호 동작될 수 있도록 고속의 통신 기능을 만들어낼 수 있는 수단 제공	TCP/IP Network SECS-I 대체
SECS-II	E5	설비와 Host 사이에 교환되는 메시지(Stream과 Function으로 구성) 내용에 대한 세부 사항 정의	
GEM	E30	장비의 동작에 대한 시나리오와 장비 구동에 관한 표준	
SEM	E82/ E88	GEM을 전제로 하지만 특별한 장비에 적용되는 사양	- ISEM(Inspection SEM) - IBSEM(Interbay/Intrabay AMHS SEM) - Stocker SEM(AMHS Storage SEM)

6361과 같이 잘 알려진 국제 표준을 사용한 point-to-point 통신을 정의하고 있다. 1-bit 시작과 1-bit 정지 비트를 가지고, 시리얼로 전송되는 8-bit 바이트들로 구성되어 있다. 또 양방향이면서 비동기식 통신 방식을 가지며, 한 순간에 한 방향으로만 흐르는 형태를 보인다. SECS-I 표준에서의 데이터는 254바이트 이하의 블록으로 전송된다. 또 각각의 블록은 10바이트 헤더를 가지고 있다. 전송되는 메시지는 한 방향 통신에서 완전한 통신 단위 형태로 나타나는데, 최소 1개에

〈표 3.9〉 SECS-I 블록 구조

	Header(10 Byte)					0~244 Byte	2 Byte
Length	Device	S/F	Block	System	Byte	Text	CheckSum
0D	00 34	81 05	80 01	00 00	00 01	21 01 01	01 5F

"0D"	16진수이므로 10진수로 수정하면 13이 된다. 즉, HEADER Byte 및 Text Byte의 총 Byte 수가 13 Byte라는 의미.
"00 34"	0000 0000 0011 0100 처음의 "0"은 R-Bit로서 Host와 Equipment와의 통신 방향 의미("0": Host → Equipment/ "1": Equipment → Host). R-Bit를 제외한 모든 숫자를 합산해보면 "52"가 되는데 Device ID가 52라는 의미.
"81 05"	1000 0001 0000 0101 처음의 "1"의 의미는 W-Bit로서 Stream/Function의 Reply 여부를 나타냄("0": Reply 불필요/ "1": Reply 필요). W-Bit를 제외한 각각의 숫자는 "1"과 "5"가 남게 되는데, 이것을 Stream/ Function에 대입하여 "S1F5"라고 읽음.
"80 01"	1000 0000 0000 0001 처음의 "1"의 뜻은 End-Bit로서 현재의 Block 뒤에 연결되는 다른 Block이 있는지의 여부 결정("0": More Block Follow/ "1": Last Block).
"00 00 00 01"	Message의 작성자가 해당 정보를 구별하기(Identifier) 위해 사용하는 일종의 Sign.
"21 01 01"	(ⓐ 00100001 ⓑ 00000001 ⓒ 00000001) 3, 3, 2 Bit로 구분하여 Octal로 계산한다. 마지막 2 Bit는 길이 지정 Byte 수를 지칭. ⓐ 01,10,11로 Max 3 Byte까지 지정이 가능. ⓑ 00000001: 해당 Character의 Size를 나타내는데 18 Byte라는 의미. ⓒ 00000001: 실제 해당 Character로서 Binary로 간주.
"01 5F"	Length Byte를 제외한 Device ID, Stream/Function Byte, Block, System Byte, Text Byte의 Value 합산 값. 전송한 Data가 정확하게 전송되었는가를 확인하기 위한 것.

1 Message = 1~32,767 Blocks
1 Transaction = Request Message + Reply Message(optional)

서 많게는 32,767개 블록들로 구성될 수 있다. 이때 구성된 블록 헤더들은 특정 메시지의 일부분이면서, 블록을 정의하는 정보를 포함하고 있다. 또 이렇게 전송되는 메시지는 트랜잭션이라 불리는 요구와 응답으로 짝지어진다.

HSMS의 스펙은 SEMI E37이다. SEMI E37에는 HSMS-SS와 HSMS-GS가 있는데, HSMS-SS는 Single session의 약자로서 SECS-I을 대체하기

[그림 3.16] HSMS 네트워크 구성

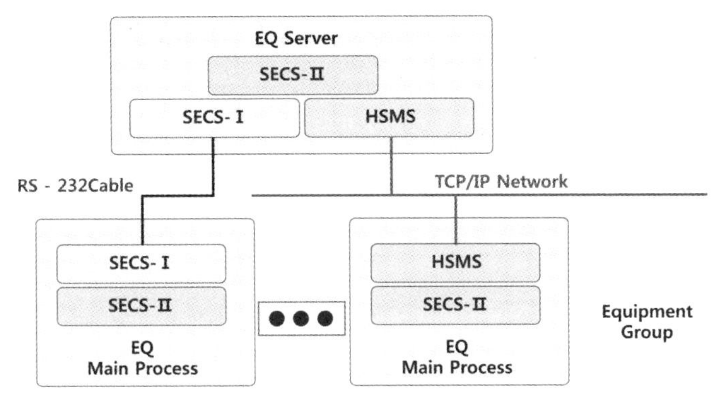

위해 요구되는 서비스의 최소 항목들을 포함하는 추가 표준이고, HSMS-GS는 General session의 약자로서 cluster tool 또는 track system과 같은 복잡한 다중 시스템을 지원하기 위해 필요한 서브셋(subset)을 제공하는 추가 표준이다. RS-232를 이용한 SECS-I을 대체하기도 하는데 이는 장비에 대한 특정한 지식이 없어도 기기들을 연결하고 상호 동작할 수 있도록 고속의 통신 기능을 만들어내는 수단을 제공한다. TCP/IP 네트워크를 이용하기 때문에 장비가 위치한 FAB과 멀리 떨어진 전산실 내에 서버를 설치하여 장애 시의 접근성을 향상시킬 수 있다.

〈표 3.10〉은 SECS-I과 HSMS의 비교이다.

〈표 3.10〉 SECS-I과 HSMS 비교

특징	SECS-I	HSMS
Protocol Base	RS-232	TCP/IP
Physical Layer	25-pin connector and 4-wire serial cable	Physical Layer가 정의되어 있지 않으며, HSMS는 TCP/IP가 지원되는 매체면 된다. 전형적으로는 Ethernet(IEEE 802.3)과 Thin Coax(10-Base-2)이다.

속도	1K Bytes/sec(9600 Baud)	10M Bits/sec
연결	한 개의 RS-232 Cable은 한 개의 SECS-I Connection을 지원한다.	한 개의 N/W Cable이 여러 HSMS Connection을 지원할 수 있다.
Msg Format	- SECS-II - Block(256 Bytes) 단위로 전송 - · 1 Byte Block Length · 10 Byte Block Header · 0~244 Byte Text · 2 Byte Checksum	- SECS-II - TCP/IP Byte Stream으로 전송 - 4 Byte Message Length 10 Byte Message Header Text ·TCP/IP Layer의 Blocking Limit는 사용되는 Physical Layer에 의존되며 따라서 TCP/IP API와 관계있고, HSMS Scope와는 거리가 멀다.
Header	각 Message Block마다 10 Byte의 Header가 있으며, E-Bit와 Block Number가 있다.	전 Message에 대해 하나의 10 Byte Header가 있으며, PType과 SType이 있다.
최대 Msg 크기	7.9Million Byte (32,767 Blocks × 244 Texts)	4G Bytes
Protocol Parameters(공통)	T3 Reply Timeout Device Id	T3 Reply Timeout Session ID (Device ID와 유사)
Protocol Parameters (SECS-I Only)	- Baud Rate - T1 Inter-Character Timeout - T2 Block Protocol Timeout - T4 Inter-Block Timeout - RTY Retry Count - Host/Equipment	
Protocol Parameters (HSMS Only)		- IP Address와 Passive Entity의 Port - T5 Connect Separation Timeout - T6 Control Transaction Timeout - T7 NOT SELECTED Timeout - T8 N/W Inter-character Timeout

3.4.3 SECS-II

SECS-II는 장비와 호스트 간의 메시지 전송 규약에 따라 교환되는 메시지가 해석될 수 있도록 그 구조 및 의미를 규정한다. 이 표준에서 정의된 메시지는 일반적인 반도체 제조에 필요한 대부분의 내용을 포함하고 있으며, 정의되어 있지 않은 장비 고유의 필요한 메시지를 정의해서 사용할 수 있도록 허용하고 있다.

■ Stream과 Function

모든 메시지의 이름은 Stream과 Function의 조합으로 표현된다. 이 정보는 전송되는 메시지 블록의 헤더에 메시지 ID로 표현되며 각각에 부여된 번호로써 구분된다.

- Stream: 비슷한 기능을 하거나 서로 관련되는 메시지의 범주(그룹)를 하나의 Stream으로 구분한다.
- Function: Stream에 속하는 각각의 메시지를 Function으로 구분하며, 1차 전송 메시지의 Function 번호는 항상 홀수 번호가 부여되고 이의 응답인 2차 메시지의 Function은 여기에 "1"이 더해진 짝수가 된다(예: 1차가 SnFm일 경우 2차는 SnFm+1).

〈표 3.11〉 Stream과 Function 번호의 할당

[표준에 정해 놓은 것]

Stream	Function
In Stream 0	Functions 0 - 255
In Streams 1 - 63	Functions 0 - 673
In Streams 64 - 127	Function . 0

[사용자가 정의할 수 있는 것]

Stream	Function
In Streams 1 - 63	Functions 64 - 255
In Streams 64 - 127	Function 1 - 255

[각 Stream에서 다루는 내용]

Stream 1	Equipment Status
Stream 2	Equipment Control and Diagnostics
Stream 3	Material Status
Stream 4	Material Control
Stream 5	Exception Reporting (equipment alarms)
Stream 6	Data Collection
Stream 7	Process Program Management
Stream 8	Control Program Transfer
Stream 9	System Errors (수신된 메시지가 에러임을 호스트에게 알려줌)
Stream 10	Terminal Services (장비 터미널에 텍스트 메시지를 전달함)
Stream 11	Removed from the 1989 standard
Stream 12	Wafer Mapping
Stream 13	Unformatted Data Set Transfers

■ Transaction 및 Conversation 프로토콜

SECS-II Protocol에 준하는 메시지 교환을 위해서는 트랜잭션의 형태와 각 트랜잭션 간의 관계에 필요한 Conversation Protocol을 따라야 한다.

■ Transaction 프로토콜

하나의 트랜잭션은 SECS-II에서 모든 정보교환의 기본이다. 트랜잭션은 주 메시지인 1차 메시지와 필요에 따라 선택적으로 요구되는 응답 메시지인 2차 메시지로 구성되며, 이와 관련하여 SECS-II 규정을 준수하기 위해 필요한 사항들은 다음과 같다.

- S1F1에 대한 응답은 항상 S1F2이어야 한다(SnFm → SnFm+1).
- 장비가 수신 메시지를 처리하지 못할 경우 Stream 9에 있는 적절한 에러메시지를 보낸다.
- SECS-II에서 제공하는 메시지에 대해서는 규정된 형태를 따라야 한다.
- 장비에서 수신을 기다리는 제한시간 초과 시 S9F9 메시지를 보낸다.
- 응답메시지로서 Function 0의 메시지를 수신하면 관련 트랜잭션을 종료한다.

■ Conversation 프로토콜

Conversation은 하나의 업무수행을 위해 필요한 여러 트랜잭션들의 조합이다. SECS-II에서 모든 정보교환의 형태를 구분하는 대화의 종류에는 7가지가 있다.

① 응답을 요구하지 않는 대화. 가장 단순한 대화의 형태로, 단일 블록으로 구성
② 응답으로서 어떤 데이터를 요청하는 형태의 대화
③ 단일 블록 메시지 송신 후 정확한 수신 여부를 확인하는 형태의 대화
④ 여러 블록의 메시지를 송신할 경우 수신측으로부터 사전에 송신 허락을 받아 수신 준비를 시킨 다음 메시지를 송신하고 송신 후에는 수신 여부를 확인함

⑤ 장비와 호스트 간에 정해지지 않은 데이터 셋을 송신하는 경우(Stream 13).
⑥ 장비 간의 물류 이동과 관련된 기능의 대화
⑦ 송신 측에서 요구하는 응답을 위해서 수신측에서 데이터를 준비하는 절차나 시간이 필요하여 여러 트랜잭션을 거쳐 응답을 하게 되는 경우

SECS 규정에 따라 전송되는 모든 데이터는 Item과 List의 2가지 내부 구조를 갖게 된다.

[그림 3.17] 전송 데이터 내부구조

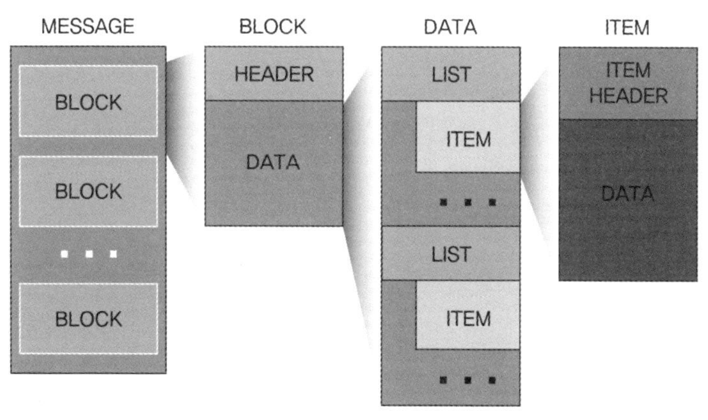

■ Item

Item은 전송되는 데이터의 특징을 기술하는 헤더와 실제 데이터 내용으로 구성된다. Item 헤더는 [그림 3.18]과 같이 데이터의 형태를 구분해주는 Format Byte와 데이터의 길이를 표시하는 Length Byte 부분으로 구성된다.

[그림 3.18] ITEM Header 내부구조

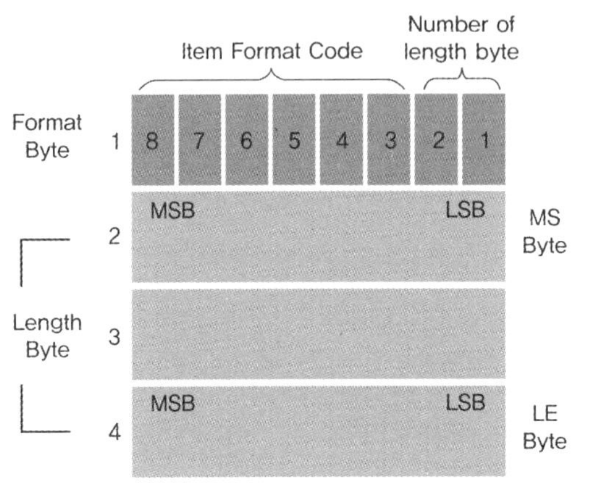

다음은 ITEM 포맷 코드(Item Format Code)의 종류를 나타낸 것이다.

〈표 3.12〉 ITEM 포맷 코드의 종류

Format Code 876543	Octal	데이터 형태의 의미
000000	00	LIST (length in element)
001000	10	Binary
001001	11	Boolean
010000	20	ASCII
010001	21	JIS-8
011000	30	8-byte integer (signed)
011001	31	1-byte integer (signed)
011010	32	2-byte integer (signed)
011100	34	4-byte integer (signed)
100000	40	8-byte floating point
100100	44	4-byte floating point
101000	50	8-byte integer (unsigned)
101001	51	1-byte integer (unsigned)
101010	52	2-byte integer (unsigned)
101100	54	4-byte integer (unsigned)

⟨ type [count] value ⟩

Format	SEMI(octal)	Hexadecimal			SML
		1-LB	2-LB	3-LB	
List	00	01	02	02	L
Binary	10	21	22	23	B
Boolean	11	25	26	27	Boolean
ASCII	20	41	42	43	A
JIS-8	21	45	46	47	J
8-byte Signed Integer	30	61	62	63	I8
1-byte Signed Integer	31	65	66	67	I1
2-byte Signed Integer	32	69	6A	6B	I2
4-byte Signed Integer	34	71	72	73	I4
8-byte Floating-Point	40	81	82	83	F8
4-byte Floating-Point	44	91	92	93	F4
8-byte Unsigned Integer	50	A1	A2	A3	U8
1-byte Unsigned Integer	51	A5	A6	A7	U1
2-byte Unsigned Integer	52	A9	AA	AB	U2
4-byte Unsigned Integer	54	B1	B2	B3	U4

■ List

유사한 내용의 여러 Item을 묶어 하나의 List로 표현한다. List의 헤더는 Item의 헤더와 구조가 같으며, 단지 포맷 바이트가 0으로 표현되고 길이를 나타내는 Length Byte는 Item의 개수를 표현한다.

⟨표 3.13⟩은 장비에서 호스트로 전송되는 S5F1 Alarm 메시지에 대한 하나의 예를 해석한 것으로, "Alarm 17번인 T1 HIGH가 발생했음"을 호스트로 통보하는 의미의 메시지라는 것을 알 수 있다.

〈표 3.13〉 SECS 메시지 해석 예

구조	메시지	의미
Block Header	10000000	R = 1(장비에서 호스트로)
	00101010	Device ID = 66
	00000101	W = 0(응답 불요), Stream 5
	00000001	Function 1
	10000000	E = 1(메시지의 마지막 블럭임)
	00000001	메시지의 첫 번째 블럭
	00000000	System bytes = 0
	00000000	
	00000000	
	00000000	
List Header	00000001	List 헤더임을 의미함
	00000011	3개의 item을 갖는 List
Item #1 Header	00100001	첫 번째 Item
	00000001	1 바이트의 길이를 갖는 Item
Body	10000100	데이터(Alarm set, category 4)
Item #2 Header	01100101	두 번째 Item
	00000001	1 바이트의 길이를 가짐
Body	00010001	데이터(Alarm #17)
Item #3 Header	01000001	세 번째 Item
	00000111	7 바이트의 길이를 가짐
Body	01010100	데이터(ASCII "T")
	00110001	데이터(ASCII "1")
	00100000	데이터(ASCII "space")
	01001000	데이터(ASCII "H")
	01001001	데이터(ASCII "I")
	01000111	데이터(ASCII "G")
	01001000	데이터(ASCII "H")

3.4.4 EDA/Interface A, TDI

2000년대 들어서는 SECS와는 어느 정도 구별되는 인터페이스 규약이 출현하게 된다. 반도체/FPD 산업에 주로 이용되는 설비온라인 기술의 표준이 SECS/GEM이라면 EDA(Equipment Data Acquisition)는 생산

[그림 3.19] 설비데이터 수집 유형

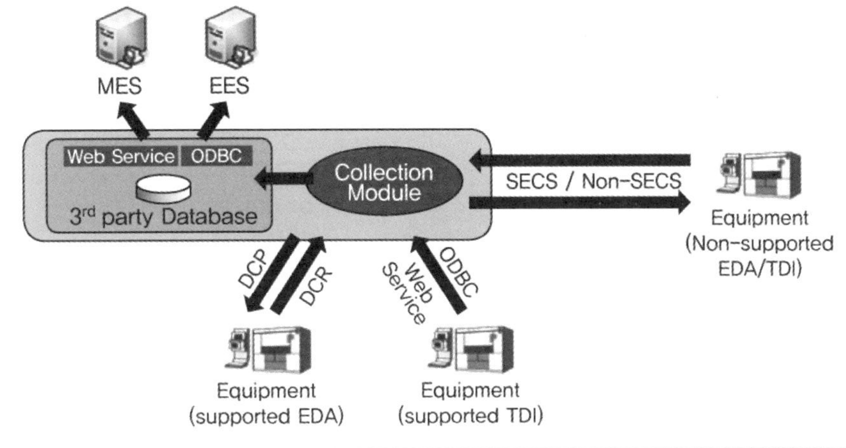

설비의 정보를 쉽고 빠르게 수집하는 기술이다. 과거에 비해 설비구조와 정보처리의 복잡성이 증대되었고 밀리세컨드(ms) 이하의 짧은 시간에 수집해야 할 정보의 양도 증대되었다. 공장 내부에서뿐만 아니라 밖에서도 네트워크를 통하여 장비를 유지·보수할 필요성도 증대되었다. 이렇듯 EDA는 SECS를 통한 데이터 수집 방법의 한계를 극복하기 위한 방법으로서 설비 자동화의 4대 요소라고 할 수 있는 Event, Alarm, Trace, Control 중 Event, Alarm, Trace를 담당한다. EDA에는 SEMATECH(Semiconductor Manufacturing Technology)에서 제안된 Interface A와 SELETE/JEITA에서 제안된 TDI(Tool Data Interface)가 있다. EDA가 지원되는 설비는 DCP(Data Collection Plan)/DCR(Data Collection Request), TDI가 지원되는 설비는 웹서비스나 ODBC, 그 외 설비는 SECS/Non-SECS 등의 인터페이스 방식으로 설비데이터가 집계된다.

[그림 3.20] SECS/GEM과 Interface 규약

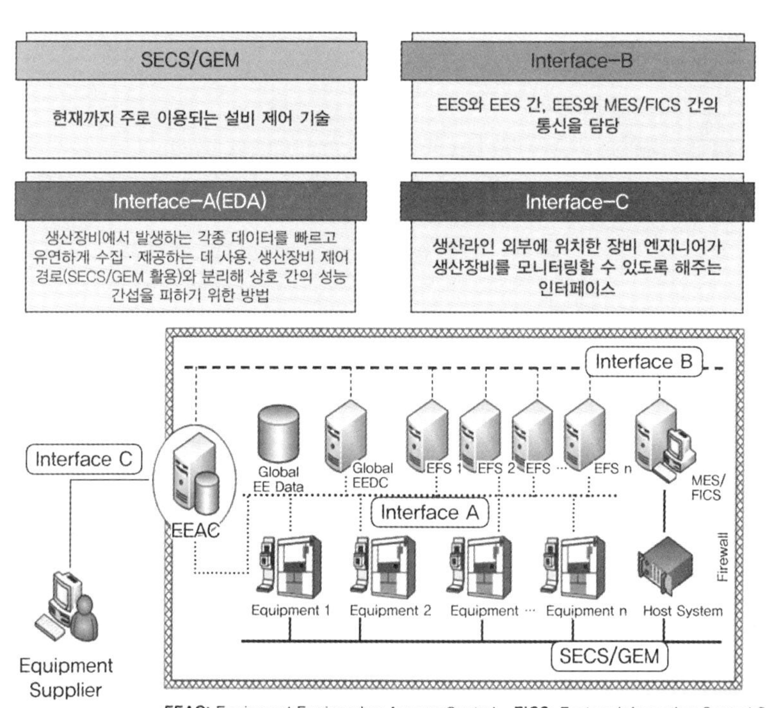

자료: ISMI(http://ismi.sematech.org).

현재 Interface 규약은 Interface A가 완료된 상태이며, Interface B, Interface C는 아직 완료되지는 않고 논의가 지속되고 있다. 이 Interface 규약은 웹의 사용이 일상화되면서 기존 반도체 생산라인의 정보 데이터를 웹과 연결하고자 하는 방안으로 제시된 것이다. SEMI에서 제시하고 있는 반도체 장비 관련 통신 표준으로는 (1) SECS로 대표되는 일반화된 통신 표준, (2) 300mm 웨이퍼 프로세싱 표준, (3) Interface A, B, C 표준으로 분류할 수 있다. 반도체 장비에서의 일반화된 통신 표

준인 SECS는 SECS-I(E4), SECS-II(E5), HSMS-SS(E37), GEM(E30) 및 GEM에서 파생한 SEM이 있다. SECS-II에는 현재 300~400개의 메시지가 정의되어 있다. 그리고 이 메시지를 어떻게 전송할 것인가를 다룬 표준 규약이 SECS-I과 HSMS이다. 앞서 설명했듯이 GEM은 반도체 장비 운영에 대한 시나리오를 다루고 있으며, GEM에서 파생한 SEM은 또 다시 무인반송차 및 호이스트, 핸들러 장비, 검사 장비, 클러스터 툴 등 일반 반도체 장비와 다른 특수한 성격이 있는 개개의 제조 장비군에 대한 표준을 정의하고 있다. SEM군에는 PSEM, STKSEM, IBSEM, HSEM, ISEM, CTMC 등 다수의 규약이 정해지고 있다.

300mm 웨이퍼 프로세싱 표준은 E84 Enhanced Handoff Parallel I/O

[그림 3.21] EDA/Interface A 규약

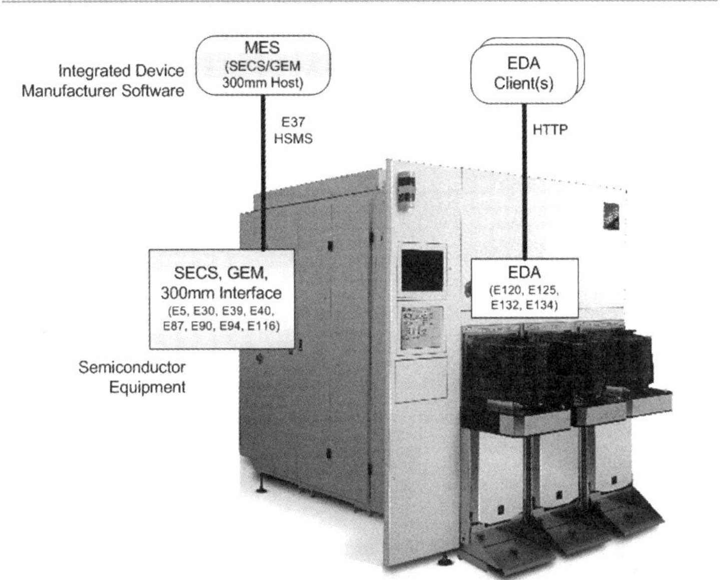

자료: Cimetrix(http://www.cimetrix.com/interfacea).

Interface, E87 CMS, E40 Process Job Management, E94 Control Job Management로 구성된다. CMS는 캐리어 매니지먼트 서비스를 의미하며, 특히 E40과 E94는 프로세스 및 컨트롤과 관련한 관리 규약으로 300mm 웨이퍼에서 완전한 표준으로 자리 잡았다. 어찌 보면 단순히 웹을 통한 모니터링이라는 설비 관리자 및 운영자의 편의성을 위해 제시된 Interface A 규약은 반도체 장비 정보 및 데이터 수집 정보를 SOAP/HTTP를 통해서 외부의 클라이언트에 제공하는 기능을 가진다. 여기에서 모든 데이터는 XML 문서를 통해서 데이터 전송이 이루어진다.

〈표 3.14〉 Interface A/EDA와 SECS/GEM 비교

시장의 요구	EDA의 특징
정보량의 증가	• 1개의 EDA 클라이언트가 수신하는 데이터의 수신량 - 접속한 EDA 장비의 수: 100대 (n = 100) - Parameter 평균 용량: 4 byte/parameter (m = 4) - 데이터 수신량 = 100 × 4 × 36MB/hour = 14,400MB/hour = 14.4GB/hour
설비 구조의 복잡성 증가	• 데이터 수집 계획을 위한 설비 구조 제공
정보 처리의 복잡성 증가	• 설비에 클라이언트 동시 접근 제공 • 설비와 클라이언트 직접 연결
운용 실패에 따른 기회비용의 증가	• FAB 내, 외부의 설비 벤더 접근 경로 제공(원거리 유지 보수)

SECS/GEM	Interface A/EDA
설비:클라이언트는 1:1 연결	설비:클라이언트는 1:N 연결
프로토콜: SECS/GEM	프로토콜: SOAP/XML, HTTP
보안이 없는 연결	클라이언트의 권한 및 인증 필요
설비와 Consumer 사이의 Bridge 필요(예: TC)	설비와 Consumer 직접 연결
물리적인 경로를 통한 센서 데이터 수집	논리적인 경로를 통한 센서 데이터 수집
DCP 변경이 어려움	엔지니어가 원하는 DCP를 직접 수정
Consumer별로 데이터를 다르게 전송하기 어려움	엔지니어별로 원하는 데이터를 전송하기 용이함

Interface A는 인터넷이 연결된 곳이면 어디서나 접속이 가능하기 때문에 장비 및 데이터 정보에 대한 모니터링에 사용되고 있으며, 장비가 언제 에러가 발생했는지를 진단하는 FDC나 인터넷을 통한 원격 장비 진단 등에 활용될 수 있다. 따라서 Interface A는 SECS 프로토콜을 대체할 목적으로 개발된 것은 아니지만, 기존 SECS에 비해 상당히 저렴하게 구축이 가능하여 SECS를 점차적으로 대체해나갈 것이라는 것이 전문가들의 견해이다. 하지만 당장 대체하기에는 무리가 있다. 원래 Interface A는 웹을 통한 장비 데이터의 모니터링이 목적이었으므로 가장 중요한 제어 기능은 고려하지 않았기 때문이다. 지금은 SECS /GEM 인터페이스보다 적은 데이터를 제공하고 있으나 장차 상태 정보, 센서 피드백, 액추에이터 상태, 프로세스를 위해 필수적인 원시 데이터, 제품, 장비분석 데이터 제공이 기대된다.

EDA는 SECS-I에서 HSMS로 전환되었지만 Multi-Session 지원과 설비 Controller 수정 없이 원하는 설비데이터의 수집을 목적으로 진화 중인 SEMI 표준 스펙이다. SOA(또는 웹서비스) 기반 IT를 접목하여 특정 프로그램 언어에 대한 의존성이 없는 특징이 있다. 인증을 위한 E132 ECA(Equipment Client Authentication and Authorization), 설비 모델링을 위한 E120 CEM(Common Equipment Model), 데이터 모델링을 위한 E125 EqSD(Equipment Self Description), 데이터 수집을 위한 E134 DCM(Data Collection Management)으로 구분된다.

현재 완료된 표준은 아니지만 Interface B와 Interface C도 주목된다. B는 반도체 장비 간 데이터 공유에 대한 표준 규약이며, C는 장비의 현재 상태를 반도체 팹 라인 밖에서 모니터링하기 위한 기준을 제시한다. 이는 대부분의 반도체 장비가 전문업체에 의해 개발되고 설치되기 때문에 칩 메이커 설비 담당자가 쉽게 처리하지 못하는 장비에서 발생할 수 있는 문제들을 개발업체 전문가들이 원거리에서도 직접

[그림 3.22] EDA/Interface A Client Operations

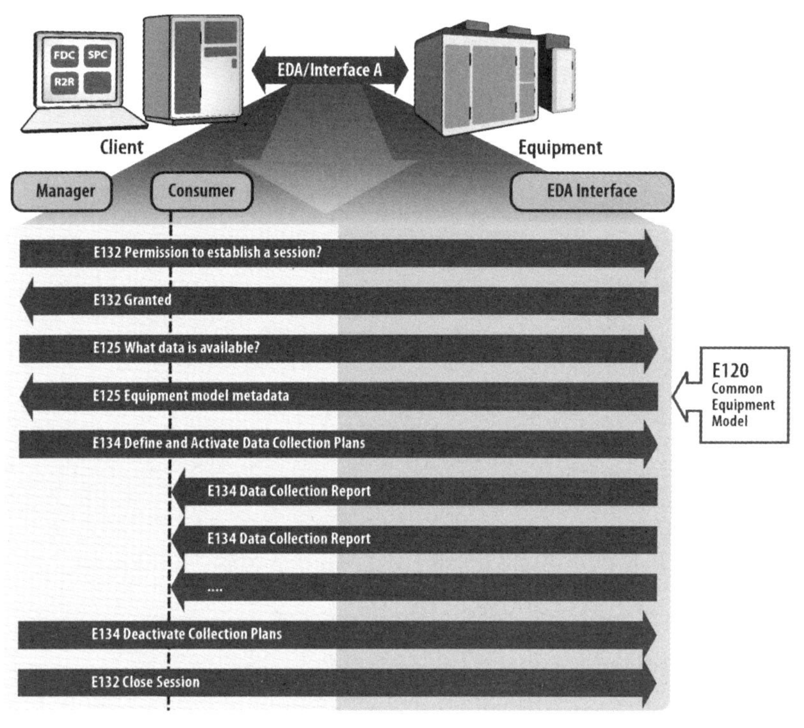

자료: Cimetrix(http://www.cimetrix.com/interfacea).

웹을 통한 모니터링으로 장비 진단을 할 수 있도록 한다는 진일보한 구상이기도 하다. 이 구상은 현실적으로는 무리가 있어 보인다. 현재 반도체 라인의 모든 데이터는 보안상의 이유로 외부 공개가 제한되어 있다.

3.5 무선통신

3.5.1 무선통신 기술의 종류

마이크로컨트롤러가 PC, PDA, 다른 마이크로컨트롤러, 센서 등과 무선으로 데이터를 주고받기 위해 활용할 수 있는 무선통신 기술은 무선 랜, 블루투스, 지그비, 그리고 Z-웨이브 등이 대표적인 기술이다.

무선 랜(WLAN: Wireless Local Area Network)은 이더넷 기반 랜의 무선 버전으로 Wi-Fi(Wireless Fidelity)라고도 부른다. WLAN은 IEEE802.11 표준으로 정의되어 있고, 그중에서도 IEEE 802.11b 서브타입이 가장 흔하게 사용된다. IEEE 802.11b는 2.4GHz 주파수를 이용하고, 최대 11Mbps의 대역폭을 가지고 있다. 시중에 나와 있는 제품들은 사방이 트여 있는 옥외에서는 100미터까지 신호가 닿을 수 있는데, 외장 안테나를 사용하면 그 거리는 300미터까지 늘어난다. WLAN은 널리 사용되는 표준으로 많은 PDA와 노트북, PC가 지원하고 있다. WLAN은 이더넷 LAN과 같은 네트워크 소켓으로 프로그래밍하면 된다.

W-PAN(Wireless Personal Area Network)이란 비교적 짧은 거리(약 10m)에서 사용하는 저전력 휴대기기 간의 개인 무선 네트워크의 구성을 말한다. 블루투스, 지그비, Z-웨이브 등의 기술이 있다. 블루투스(Bluetooth)는 유선 네트워크를 대체할 수 있는 방법을 찾고 있던 에릭슨(Ericsson)사의 연구 산물이다. 이 기술은 에릭슨, 노키아, IBM, 도시바, 인텔에 의해 IEEE 802.15.2 표준으로 채택되어 오늘에 이르고 있다. 블루투스라는 이름은 10세기경 스칸디나비아 반도의 대부분을 통일했던 덴마크 바이킹의 왕인 하랄드 블라탄드(Harald Blatand, 영어로 Bluetooth)에서 유래했다. 블루투스는 모바일 장치와 고정 장치를 네트워크로 구성할 때 저렴한 가격에 케이블을 대체하려는 목적으로

개발되었다(쿼너, 2009).

지그비(ZigBee)는 새로운 무선통신 기술이다. 지그비는 필립스, 지멘스, 삼성, 모토롤라, 텍사스 인스트루먼트 등이 주축이 돼서 구성된 지그비 연합(http://www.zigbee.org)에 의해 제안됐고, IEEE 802.15.4 표준으로 자리 잡았다. 'ZigBee'라는 이름은 벌통 안에서 다른 벌과 의사소통을 하기 위해 꿀벌이 지그재그로 움직이는 모습에서 따왔다. 지그비를 이용하면 각종 센서, 근거리에 있는 기기를 제어할 수 있다. 지그비의 주요 특징 중의 하나가 아주 적은 양의 전력으로 작동하는 장비에 적용하는 것이다. 그러므로 지그비 기술을 적용한 센서의 경우 한 번 배터리를 교체하면 수명이 수개월간 지속될 수 있다. 지그비의 데이터 전송 속도는 250Kbps로 느린 편인데, 이는 데이터 전송능력보다는 낮은 전력 소비를 더 우선하기 때문이다. 게다가 고작 전기 스위치를 조작하는 데에 높은 데이터 전송 성능을 요구하지 않기 때문이기도 하다. IEEE 802.15.4(지그비)의 데이터 전송 범위는 20~100미터이고, 단일 지그비 네트워크에 최대 250개의 디바이스가 연결될 수 있다(블루투스의 경우 7개가 한계이다).

Z-웨이브(Z-Wave)는 덴마크 회사인 젠시스(Zensys)와 Z-웨이브 연합에 의해 개발된 무선통신 표준이다. Z-웨이브 연합에는 홈오토메이션 기기와 관련이 있는 160개 이상의 기관이 가입해 있고, 그중에서도 Levition, Intermatic, Honeywell 등이 핵심 멤버로 활약하고 있다. Z-웨이브는 가정용 기기 제어와 자동화 시장을 주 공략 대상으로 하는 독자적인 형태의 프로토콜이다.

〈표 3.15〉는 위에서 설명한 4가지 무선통신 기술의 특징을 비교해서 보여주고 있다. 표에서 알 수 있듯이 WLAN이 가장 강력하지만 가장 많은 양의 리소스를 필요로 하고 가격도 높다. 이런 기술은 모두 특정

〈표 3.15〉 WLAN, 블루투스, 지그비, Z-웨이브의 비교

특성 분류	W-LAN (Wi-Fi)	W-PAN		
		블루투스	지그비	Z-웨이브
산업 표준	IEEE 802.11	IEEE 802.15.1	IEEE 802.15.4	Zensys 자체 기술
최대 대역폭	11Mbps	1/2.1Mbps	0.2Mbps	0.1Mbps
전력 소비 (배터리 수명)	많음 (1~3시간)	중간 (4~8시간)	매우 낮음 (2~3년)	매우 낮음 (여러 해 지속)
최대 송수신 거리	100/300m	10/20/100m (클래스 3/2/1)	20/100m	10/75m
하드웨어 비용	높음	중간	낮음	아주 낮음
프로토콜 스택의 크기	100KB 이상	대략 100KB	대략 32KB	32KB
주파수 대역	2.4GHz	2.4GHz	2.4GHz	900MHz
최대 연결 가능한 노드 수	거의 무제한	7 (일반적으로는 2)	250	232
적용 대상	많음(PC, 노트북, PDA)	많음(PC, 노트북, PDA, 스마트폰, 휴대폰)	적음(센서, 액터)	적음(센서, 액터)
적용 사례	PC 네트워킹, 무선 인터넷, 비디오 스트리밍	케이블 대체, 무선 USB, 헤드셋, 무선 파일 전송	홈오토메이션, 산업기기 제어, 원격제어, 센서, 스위치, 화재경보기	홈오토메이션

한 목적에 맞게 최적화되어 있으므로 개발하고자 하는 애플리케이션에 따라서 가장 적합한 것을 선택하면 된다.

3.5.2 무선통신 기술 활용

무선기술들마다 속도, 전송 거리, 전력 소모 특성들이 서로 달라 특정 애플리케이션별로 적합한 무선기술들을 선택할 수가 있다. 와이파이 네트워크에서는 모든 기기들이 AP(액세스 포인트)를 통하여 인터넷에 연결되고, 와이파이 기기들끼리는 AP를 거치지 않고 직접 서로 대화

[그림 3.23] 제조현장의 무선기술 활용

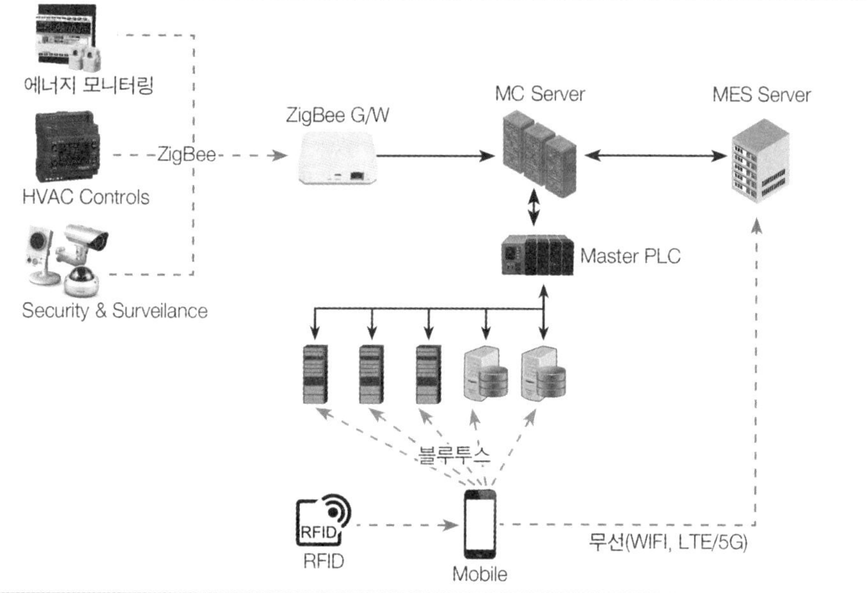

하는 ad-hoc 네트워크를 생성할 수도 있다. 보통 실내에서는 약 10~30m의 전송 범위를 지원하지만 벽과 같은 장애물에 의해 제한을 받는다. 근거리 기기 간 유선 연결을 대체하도록 설계된 블루투스는 와이파이와 마찬가지로 2.4GHz 주파수 대역을 사용하지만, 전력 소모를 줄이기 위해 훨씬 짧은 거리와 더 느린 데이터 속도로 동작한다. 블루투스는 일반적으로 휴대전화와 무선 헤드셋 연결 및 PC와 무선 키보드 및 무선 마우스 연결에 사용되는데 제조현장에서는 기기 간 파일 전송에도 사용될 수 있다. 모바일 기기(휴대폰)로 RFID나 바코드의 데이터를 읽어 블루투스 통신으로 [그림 3.23]처럼 설비 컨트롤러에 전달하는 방식이다. 향후에는 웨어러블 전자기기, 사물인터넷 같은 새로운 애플리케이션이 블루투스 기술의 수요를 이끌 것으로 보인다.

지그비와 Z-웨이브는 센서와 제어장치들이 매우 작은 배터리로 수 년 동안 작동할 수 있어야 하는 홈 자동화 같은 애플리케이션을 위해 만들어진 초저전력 무선통신 기술이다. 두 시스템 모두 저비용과 최소 전력을 사용하도록 설계되기에 비교적 낮은 대역폭에 10여 미터의 짧은 범위를 갖는다. 오염경보에서부터 산업 제어, 조명 스위치, 온도 조절기 및 유사한 센서/제어에 이르기까지 간헐적 데이터 전송을 하는 느린 데이터 속도의 애플리케이션에 적합하다. Z-웨이브는 지그비보다 대역폭은 조금 낮지만, 범위는 더 넓다. Z-웨이브는 특성이 보다 단순해 시스템을 개발하기가 수월한데, 이는 지그비만큼 활용도가 유연하지 않다는 의미이기도 하다.

3.6 자동인식 및 데이터 수집(AIDC)

3.6.1 AIDC의 개요

SI 프로젝트를 수행할 때 입고, 저장, 분류, 출고, 조립을 위한 자재 취급이나 재공품 관리, 주문 처리 및 제품에 대한 물류 추적 시 바코드나 RFID를 많이 사용하게 된다. 키보드를 사용하지 않고 데이터를 시스템에 직접 입력하기 때문에, 데이터 수집과 입력 시의 오류를 줄일 수 있고 시간 절약 및 이에 따른 인건비 절감 효과가 있다. 이러한 자동인식 및 데이터 수집(AIDC: Automatic Identification and Data Collection)에 가장 널리 쓰이고 있는 기술이 바코드와 RFID이다.

무엇보다 AIDC를 사용하면 수집된 데이터의 정확성이 상당히 높아진다. 바코드 에러율은 키보드 입력보다 1만 배 정도 적다. 자동인식 기술을 사용하는 또 다른 이유는 데이터 입력 시간을 절감하기 위해서이다. 손으로 작성한 문서의 데이터 입력 속도는 5~7문자/초이고 키보드를 사용할 경우는 10~15문자/초이다. 이에 비해 자동인식 방법은 초당 수백 개의 문자를 인식할 수 있다. 공장에서의 시간 절약은 인건비 절감을 의미한다(Groover, 2009).

〈표 3.16〉 AIDC 기술과 키보드 입력의 비교

기술	입력시간	에러율	장치 비용	장점(단점)
키보드 입력	느림	높음	낮음	낮은 초기 비용, 사람이 필요 (느린 속도, 높은 에러율)
바코드: 1D	보통	낮음	낮음	빠른 속도, 유연성 (낮은 데이터 집적도)
바코드: 2D	보통	낮음	높음	빠른 속도, 높은 데이터 집적도 (높은 비용)
RFID	빠름	낮음	높음	레이블이 노출될 필요 없음, 읽고 쓰기 가능, 높은 데이터 집적도 (고가의 레이블)

마그네틱 띠	보통	낮음	보통	많은 데이터 저장 가능, 데이터 변경 가능 (자기장에 취약, 판독하려면 접촉이 필요)
광학문자인식	보통	보통	보통	사람이 판독 가능 (낮은 데이터 집적도, 높은 에러율)
머신 비전	빠름		매우 높음	(고가의 장치, 일반적인 AIDC에는 부적합)

자료: Palmer(1995).

대부분의 AIDC 기술은 세 개의 주요 부분으로 구성되어 있다.

- 데이터 인코더: 코드화된 데이터는 사람이 읽을 수 없는 알파벳과 숫자의 조합문자로 표시되는 기호와 신호들의 집합이다. 이러한 코드화된 데이터를 갖고 있는 레이블이나 태그를 붙여서 인식한다.
- 판독기 또는 스캐너: 이 장치는 코드화된 데이터를 읽어서 보통 아날로그 전기 신호로 바꾸어준다.
- 데이터 디코더: 이 장치는 아날로그 전기신호를 디지털 데이터로 변환하고 원래의 알파벳과 숫자의 조합문자로 복원시킨다.

자동인식과 데이터 수집에는 다양한 기술들이 사용되는데 바코드만 해도 250여 가지의 유형이 있다. AIDC 기술은 다음과 같이 6가지로 분류할 수 있다.

- 광학: 대부분의 광학기술은 광 스캐너로 인식할 수 있으며 고대비 그래픽 기호를 사용한다. 1D 바코드, 2D 바코드, 광학문자인식(OCR), 머신 비전(Machine Vision) 등이 해당한다.
- 전자기: 대표적인 기술은 무선인식(RFID: Radio Frequency Identifica-

tion) 방식인데 바코드보다 많은 데이터를 저장할 수 있는 전자태그를 이용한다.

- 자성: 신용카드나 은행카드에 많이 사용되는 마그네틱 띠와 은행에서 수표 처리에 많이 사용되는 자성잉크 문자인식으로서 데이터를 자기로 부호화한다.
- 스마트카드: 칩카드나 IC카드라고 불리며 많은 양의 정보를 저장하는 마이크로 칩을 내장한 플라스틱 카드를 말한다.
- 접촉: 터치스크린 등이 있다.
- 생물학적 측정: 음성인식, 지문인식, 망막스캔 등으로 사람을 인식하거나 음성명령을 인식하는 데 사용한다.

3.6.2 바코드 기술

바코드의 역사는 1949년 노먼 우드랜드(Norman J. Woodland)라는 대학원생이 '점과 줄을 가지고 정보를 표현하면 상품정보를 손쉽게 인식할 수 있지 않을까' 하는 고민에서부터 시작되었다. 그는 3년 후 지금과 같은 형태의 바코드를 고안해 특허를 출원했다. 이후로 작은 변화가 있긴 했지만, 우드랜드가 고안했던 바코드의 기본적인 아이디어는 지금까지 이어지고 있다(주민영, 2010).

바코드(bar code)는 2가지 기본형으로 분류된다. (1) 선형(일차원): 데이터를 선형으로 지나가며 읽는다. (2) 이차원: 데이터를 직각 양방향으로 읽는다. 가장 널리 쓰이는 기법은 선형(일차원) 바코드로서 너비가 다른 바와 공간을 배열하여 숫자나 알파벳 문자를 코드화하는 것이다. 이러한 너비 변조 방식과는 다르게 높이가 다른 바를 같은 간격으로 배열하여 표시하는 높이 변조 방식도 있는데 미국 우정국의 우편번호 인식에 쓰이고 있다.

〈표 3.17〉 많이 사용되는 선형 바코드

바코드	연도	설명	적용 분야
Codebar	1972	16문자: 0~9 - : . $ / +	도서관, 혈액은행, 택배업체
UPC[5]	1973	숫자만, 길이 = 12자리	미국, 캐나다의 식품 및 유통업계에서 널리 사용
Code 39	1974	알파벳과 숫자	미국 국방성, 자동차 업계, 기타 제조업
Code 93	1982	Code 39와 비슷함, 높은 집적도	Code 39와 같은 분야
Code 128	1981	알파벳과 숫자, 높은 집적도	Code 39를 일부 대체
Postnet	1980	숫자만*	미국 우정국에서 우편번호에 사용

* 이 코드만 높이변조 코드, 나머지는 모두 너비변조 코드.
자료: Nelson(1997).

2차원 바코드는 1987년에 최초로 등장한 이후 좁은 면적에 더 많은 데이터를 입력할 수 있다는 장점 때문에 유통물류 부문에 많이 활용되고 있다. 1차원 바코드가 바의 굵기에 따라 가로 방향으로만 정보를 저장할 수 있는데 비해, 2차원 바코드는 기존 1차원 바코드(20바이트)에 비해 100배나 많은 정보를 저장할 수 있다. 정사각형 모양에 검은색과 흰색으로 표시되는 이차원 데이터 셀들로 구성되는 이차원 행렬 바코드는 코드 39에 비해 30배 정도 더 높은 데이터 집적도를 갖는다. 정보가 훼손되어도 에러 교정 기능이 탁월하여 상당 부분 복구가 가능하고 360도 방향에서 인식이 되는 것도 2차원 바코드의 장점이다. 1차원 바코드는 저장할 수 있는 데이터에 한계가 있기 때문에 제품코드나 설비ID 등의 제한된 정보만 레이블 형태로 인쇄하여 데이터베이스(DB)와 연계 후 정보를 제공하는데, 2차원 바코드는 대용량의 데이터와 고밀도 인쇄가 가능하기에 DB와 연동할 필요 없이 많은 정보를 제공할 수 있다.

국내 바코드 표준은 1988년에 국가 표준인 KAN으로 규격화되었으며 현재까지 KAN-8, KAN-13, Interleaved 2 of 5, Code 39 및 Code 128 등의 1차원 바코드 심벌들이 규격화되었다. 2차원 바코드는 전 세계

5) UPC(Universal Product Code)
IBM에서 이전에 개발된 기호를 기초로 1973년에 식품업계에서 채택, 유럽에서도 1978년에 European Article Numbering(EUN)이라는 비슷한 표준 코드를 개발.

〈표 3.18〉 1차원/2차원 바코드 비교

구분	1차원	2차원	비고
정보량 (수록밀도)	1KB	3~20 문자	30bit ~ 8KB
심벌 크기	심벌화로 비교적 작다	비교적 크다	
정보 종류	영문, 숫자, 한글	영문, 숫자	
판독 속도	정보량에 따름	비교적 빠름	
비접촉 판독	판도권과 광원과 일치, 접근 범위: 수십 cm	판독면과 광원과 일치, 접근 범위: 수 mm	
오류 처리	○	×	1차원 바코드는 심벌과 별도로 필요한 정보를 표기하는 방법으로 복원 기능 보완
비용	비교적 저렴	비교적 저렴	2차원의 경우 프린트 업그레이드 필요
판독기 가격	상대적으로 고가	상대적으로 저가	현재 Hand-Held 기준으로 최대 10배까지 가격 차이를 보이고 있음

적으로 표준화가 많이 되어 있고 국내에서는 기술표준원의 주도로 4가지 ISO 표준을 정하여 사용하고 있다(QR Code, PDF417, Data Matrix, MaxiCode).

최근에는 이미지 센서와 바코드 리더 기능이 확장된 원격 디스플레이 제품들도 출시되고 있다. 손이 닿기 힘든 위치에 센서를 배치해야 하는 경우, 이러한 장치들은 설치 및 검사 모니터링을 원격 제어 위치에서 수행하고 하나의 디스플레이 장치를 통해 다수의 센서를 제어하고 감시하는 것이 가능하다. 자동차, 패키징, 자재 취급, 제약, 플라스틱, 전자(PCB 및 조립), 가전, 금속 가공 등 다양한 산업에 적용될 수 있다. 검사 중인 품목의 패턴이 일치하는지 여부를 결정하는 매치센서, 특정한 제품 특징의 존재 유무를 결정하는 에어리어 센서, 그리고 움직임에 따라 조절되는 모션 에어리어 센서까지 포함하여 부품의 유형,

〈표 3.19〉 2차원 바코드 비교

구분	PDF-417	Data Matrix	MaxiCode	QR Code
심벌				
개발업체	미국 심벌로지사	미국 ID Matrix사	미국 UPS	일본 덴소사
코드 유형	스택 방식	매트릭스 방식	매트릭스 방식	매트릭스 방식
정보의 종류	영문 및 숫자, 한글, 도형, 화상, 아스키(128문자) 2진 데이터	영문 및 숫자, 한글, 도형, 화상, 아스키(128문자) 2진 데이터	아스키(128문자) 2진 데이터	영문 및 숫자, 한글, 도형, 화상, 아스키(128문자) 2진 데이터
최대 정보량	숫자 2,725 영문숫자 1,850 2진 1,108바이트	숫자 3,116 영문숫자 2,335 2진 1,556바이트	숫자 138 영문숫자 93	숫자 7,366 영문 숫자 4,464 2진 3,096바이트
오류정정 기능	오류정정 기능 0~8단계, 최대 80% 정도에서도 판독 가능	28% ~ 62.5% (EOC200의 경우)	25%, 50%의 2단계	7%, 15%, 25%, 30%의 4단계
특징	1차원 바코드 판독기(레이저 스캐너)로 판독이 가능, 2차원 심벌 중에서 시장의 70% 이상 점유	매우 높은 정보화 밀도, 심벌의 극소화 가능(정사각형), 레이저 또는 이미지 판독 방법	심벌 한가운데 3종의 파인더에 의한 고속판독 가능, 심벌의 크기는 고정(28.14mm × 26.65mm), 레이저 또는 이미지 판독 방법	심벌 모서리 각에 3개의 파인더에 의한 고속판독 가능, 일본에서 개발된 심벌로지, 레이저 또는 이미지 판독 방법
이용분야	행정 및 군사용, 유동서비스, 제조, 인터넷 우표까지 폭넓은 분야	액정 PCB, IC 칩, 웨이퍼 등의 제조 분야와 인터넷 우표, 구분, 추적 등의 물류 분야	물품관리, 구분, 추적 등의 물류 분야	부품관리, 자동차 등의 제조물류 분야
ISO/IEC 외의 표준화	AIMI, ANSI, AIAG, EIA, AFMA, USD OD, UPU 등	AIMI, ANSI, SEIM, EIA, AIAG, UPU 등	AIMI, ANSI, EIA, AIAG 등	AIMI, JIS, JEIDA 등

크기, 배열, 형상 및 위치를 감시할 수 있게 된다.

다음은 자바를 이용한 바코드 생성 프로그램(데이터 인코더) 예제이다. 이러한 코드화된 데이터를 갖고 있는 심벌(레이블이나 태그)을 인식하고자 하는 대상물에 붙이게 된다. 바코드 리더는 바코드 판독기로도 불리는데, 광학적으로 표현된 바코드 심벌을 컴퓨터가 수용할 수 있는 디지털 데이터로 변환하는 기능을 가진 장비를 말한다. 바코드 리더는 스캐너와 디코더로 구성되는데 심벌의 판독에 필요한 핵심기능 부문과 데이터 I/O 및 사용자의 상호작용에 필요한 보조기능 부문으로 세분할 수 있다. 리더 내에서 해독된 데이터는 RS-232C 등의 프로토콜을 사용하여 곧바로 컴퓨터로 전송되거나, 또는 리더 내의 버퍼에 임시 저장된 후 한꺼번에 보내지거나, 리더 내에 머무르는 응용 프로그램에 의해 이용될 수 있다.

```
<%@ page contentType="text/html;charset=EUC-KR" %>
<%@ page import="net.sourceforge.barbecue.BarcodeFactory" %>
<%@ page import="net.sourceforge.barbecue.Barcode" %>
<%@ page import="net.sourceforge.barbecue.BarcodeException" %>
<%@ page import="net.sourceforge.barbecue.BarcodeImageHandler" %>
<%@ page import="java.io.File" %>
<%@ page import="java.io.FileOutputStream" %>
<%@ page import="java.io.IOException" %>
<HTML>
<HEAD>
<TITLE>Barbecue Barcode</TITLE>
</HEAD>
<BODY>
<center>
<%
    Barcode barcode = null;
    // 바코드 번호
```

```
        String  reqData = "1234567890";
        reqData = reqData.toUpperCase( );
        try {
        // 39 바코드 선택
        barcode = BarcodeFactory.create3of9(reqData, false);
        } catch (BarcodeException e) {
        }
        try {
        // 이미지 파일 생성될 경로
        String dirPath = "D:₩₩Down₩₩";
        String filePath = dirPath+reqData+".jjpg";
        File cImg = new File(filePath);
        FileOutputStream fos = new FileOutputStream(cImg);
        //이미지 생성
        BarcodeImageHandler.outputBarcodeAsJPEGImage(barcode,fos);
        } catch (IOException e) {
        }
%>
<img src="./<%=reqData%>.jpg" >
</BODY>
</HTML>
```

자료: barbecue(http://barbecue.sourceforge.net).

1234567890

3.6.3 RFID 기술

무선인식(RFID: Radio Frequency Identification)은 바코드의 가장 강력한 경쟁 상대이다. 제품의 재고 수준을 실시간으로 파악함으로써 최소 재고 수준 유지가 가능하고 입출고 리드타임 및 검수 정확도를 향상 시킬 수 있다. 그리고 반품이나 불량품 수량 및 처리현황을 실시간으로 추적/조회할 수 있어 고객 만족도를 향상시킬 수 있다. RFID는 리더를 통하여 접촉하지 않고 태그의 정보를 판독하거나 기록하는 시

[그림 3.24] RFID 시스템 주요 구성 요소

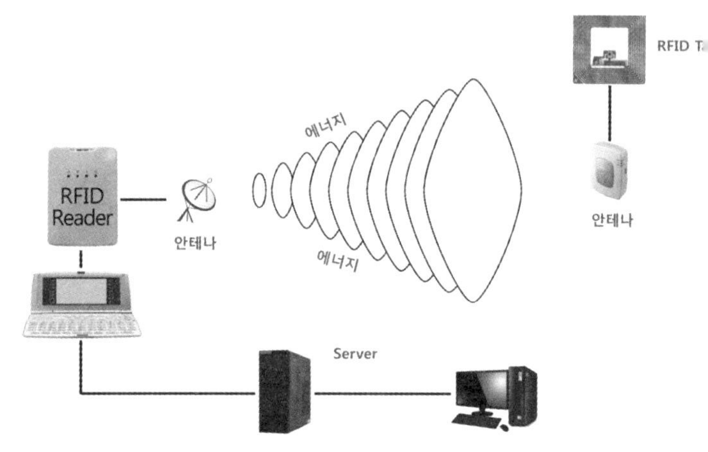

〈표 3.20〉 RFID 시스템 주요 구성 요소와 기능

구성요소	기능
[태그]	• 박스, 팔레트에 부착되며 데이터가 입력되는 칩과 안테나로 구성 • 주파수에 반응해 입력된 데이터를 안테나로 전송 • 배터리 내장 유무에 따라 능동형과 수동형으로 구분됨
[안테나]	• 무선 주파수를 발사하며 태그로부터 전송받은 데이터를 변조해 리더로 전달함 • 다양한 형태와 크기로 제작 가능하며 태그의 크기를 결정하는 중요한 요소임
[리더]	• 주파수 발신을 제어하고 태그로부터 수신된 데이터를 해독함 • 용도에 따라 고정형, 이동형, 휴대용으로 구분 • 안테나 및 RF회로, 변/복조기, 실시간 신호처리 모듈, 프로토콜 프로세서 등으로 구성
[서버]	• 한 개 또는 다수의 태그로부터 읽어 들인 데이터를 처리함 • 분산되어 있는 다수의 리더 시스템을 관리함 • 리더부터 발생하는 대량의 태그 데이터를 처리하기 위해 에이전트 기반의 분산 계층 구조로 되어 있음

자료: 남상엽 외(2008).

스템으로서, 주로 ISM(Industrial, Scientific and Medical) 주파수 대역을 통하여 태그의 IC 칩에 있는 데이터를 인식하여 관리 및 제어를 할 수 있는 기술이다. RFID 시스템은 크게 4가지 요소로 구성된다. 상품이나 물건에 부착되어서 데이터가 입력되는 IC 칩과 안테나로 구성되는 전자태그, 태그와 리더 사이에 위치하여 태그로부터 전송된 정보를 데이터 신호로 변환해 리더로 전달하는 안테나, 태그로부터 수신된 데이터를 판독하는 리더, 그리고 데이터를 처리하는 서버(호스트 컴퓨터)가 그것이다(남상엽 외, 2008).

RFID는 사물 인식을 무선/자동/비접촉으로 한다는 통신 모델이지 새로운 것은 아니다. RFID 리더는 수동형 태그에 RF 전력과 명령어를 전송하고 수동형 태그의 응답을 복원 후 이 정보를 미들웨어로 전송하게 된다.

[그림 3.25] RFID 통신 채널

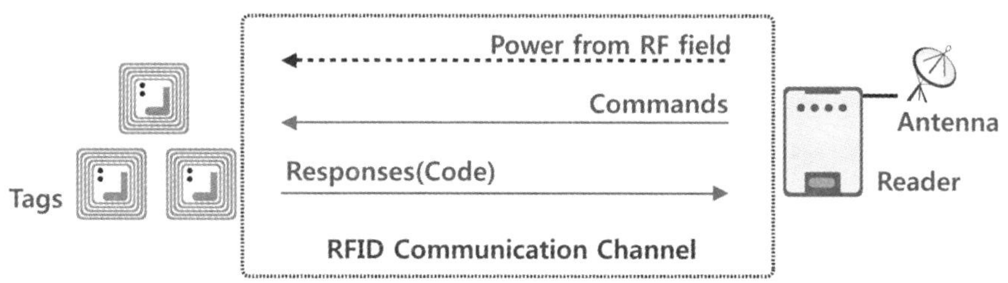

■ 단계1: 독립형

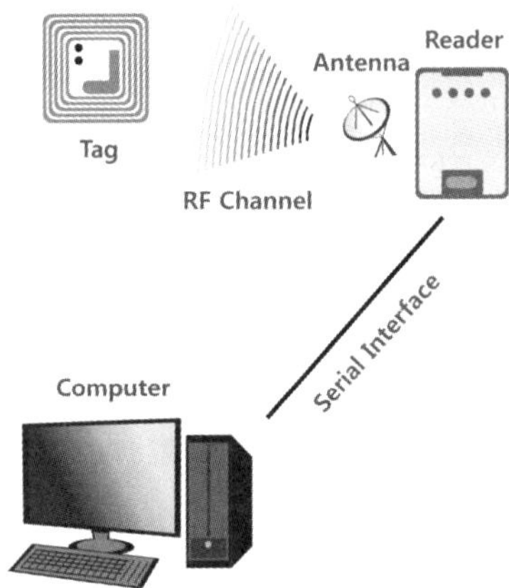

- 사물코드: 한정된 공간에서만 구별
- 연결: 한정된 공간 수준에서 연결
- 응용범위: 제한된 영역에서만 응용
- 응용 예: 미술관 소장품 관리

- RF Field에 tag 등장
- RF Signal Power tag에 전달
- Tag가 reader에 ID+(data) 송신
- Reader가 data capture
- Reader가 computer에 send
- Computer가 action 결정
- Computer reader에 명령 송신
- Reader가 tag에 data 송신

■ 단계2: LAN형

- 사물코드: LAN 연결 공간에서만 구별
- 연결: LAN 연결에 중앙컴퓨터 존재
- 응용범위: LAN 연결 규모에서 응용
- 응용 예: 출입통제

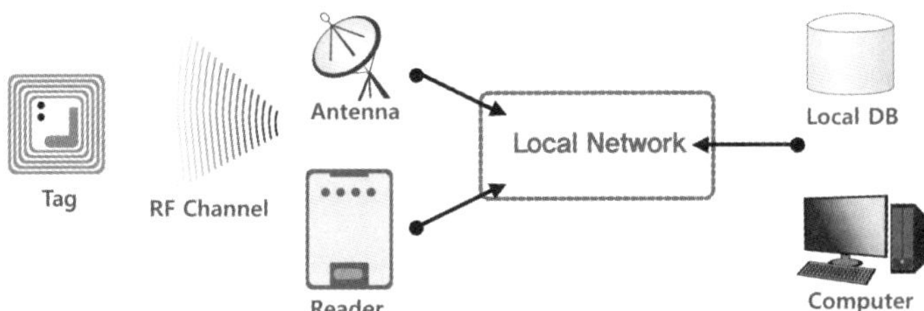

■ 단계3: 기업군 내 Network형

- 사물코드: 기업용 수준에서 구별
- 연결: WAN 규모로 기업용 S/W와도 연결, 분산처리
- 응용범위: 대기업 이상 수준 영역에서 응용
- 응용 예: 대기업 물류

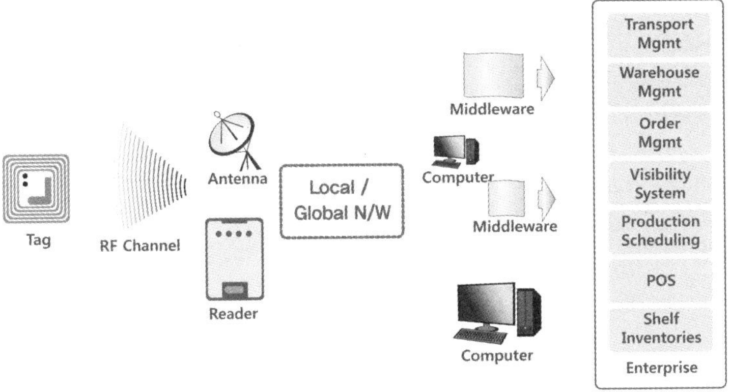

■ 단계4: 국제적 Network형

- 사물코드: 국제적으로 구별되어야 함
- 연결: 인터넷에 연결(전 세계와 연결됨을 의미)
- 응용범위: 국제적인 규모로 응용
- 응용 예: 바코드

* 전자상품코드 개념 출현: EPC(Electronic Product Code)

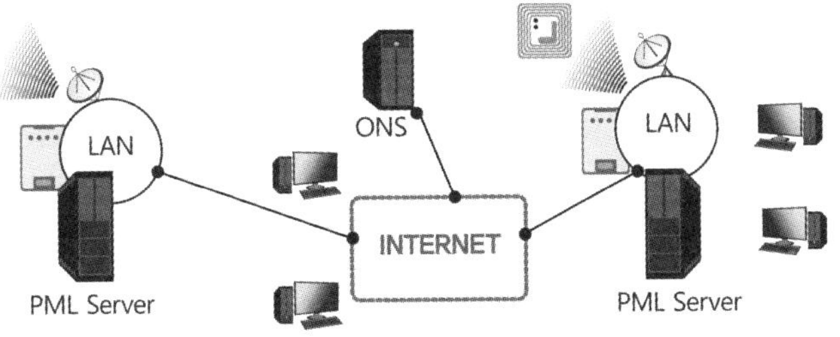

PML(Physical Markup Language): 전자상품코드와 연동하여 상품의 정보를 기술하기 위한 표준 언어

ONS(Object Name Service): 인터넷의 DNS와 비슷한 개념으로, PML을 어디서 찾아야 하는지 알려줌

■ 단계5: 센서 Network형

- 사물코드: EPC뿐 아니라 Sensor 기능 융합
- 응용범위: 모든 사물에 적용
- 연결: 전자태그 간 연결, 태그 간 정보를 송수신
- 응용 예: 지능형 홈 네트워크 등(사물 간 정보교환 지능형 제어)

* 사물 구별뿐 아니라 Sensor를 통한 환경정보 등 다양한 정보를 포함한다는 의미

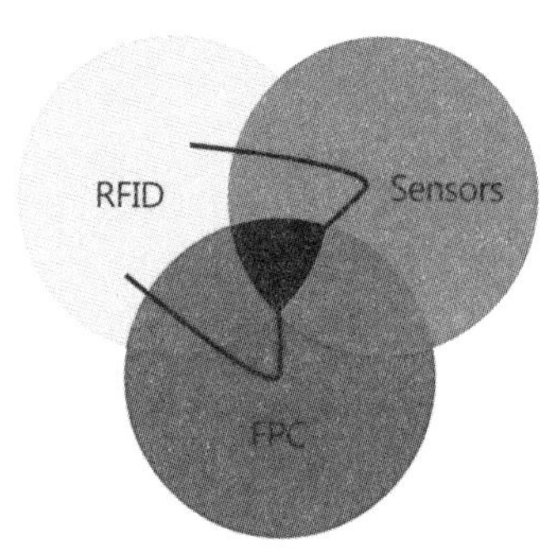

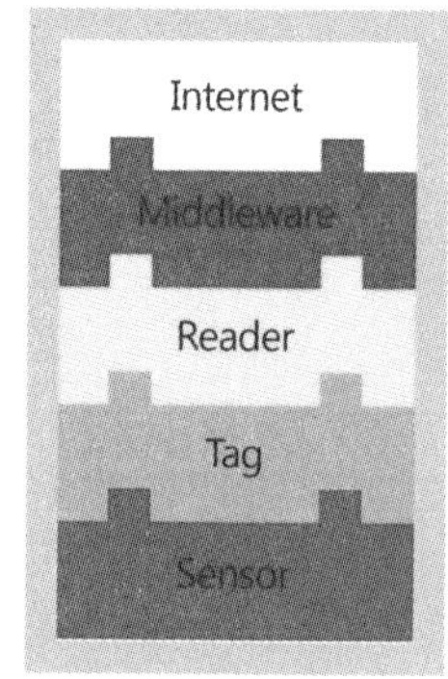

정보통신부에서 Ubiquitous Sensor Network라고 명명한 개념

바코드가 한 번에 하나의 제품 정보만을 읽을 수 있는 데 비해 RFID는 여러 개의 제품정보를 동시에 인식할 수 있어 정보를 읽는 속도가 월등히 뛰어나다. 바코드처럼 찢어지거나 훼손될 염려가 거의 없다는 것도 장점이다. 이렇듯 RFID는 기존의 바코드와 같은 자동식별 매체에 비해 인식 속도, 인식 거리, 인식률, 데이터 저장량, 보안능력, 재활용 등의 장점이 많으나, 단점은 태그와 H/W 값이 다른 AIDC 기술보다 비싸다는 점이다. 하지만 사람과 사람, 사람과 사물, 사물 간 의사소통이 가능한 유비쿼터스 사회의 실현을 위한 가장 대표적인 핵심 기반기술이 RFID/USN이기 때문에 정부에서도 30원대 저가 태그를 2014년까지 개발·보급하고, 2.5m 이상에서 99.9%에 달하는 인식률을 보일 수 있도록 관련 내용들을 준비하고 있다(김유활, 2012).

RFID/USN이 우리나라에 소개된 지 7년이 흐른 지금 유통물류 산업을 중심으로 생산자동화, 상품위치 추적, 팔레트/박스, 컨테이너, 물류, 식품 유통, 의료 유통, 항공수하물, 의약품 유통, 도서/도서관, 우정, SCM 관리 등에 광범위하게 사용되고 있다. RFID는 리더의 요청에 따라 태그가 응답을 보내는 수동적인 시스템인 데 반해, USN은 센서 노드들이 수집한 데이터를 사용자에게 제공하는 능동적인 시스템이다. 필요한 모든 사물에 센서를 붙여 그 사물 및 주변 환경 정보를 자동으로 알아내어 네트워크를 통해 정보를 공유하고, 이를 통해 특정 정보를 수집해 서비스를 제공하게 된다. 현재 u-City 핵심 서비스를 위해 사용 가능한 외국의 USN 기술로는 ZibBee 기술과 IEEE 802.15.5 기술이 있고 국내의 USN 기술로는 IP-USN 기술과 WiBEEM(와이빔) 기술이 있다(표철식 외, 2008).

IV
데이터 모델링

추상화된 실세계의 요구를 컴퓨터가 이해하기 쉬운 수학적인 방법으로 표현하는 것이 바로 모델링이다. 모델링의 목표는 좋은 모델을 구축하는 것으로 데이터 무결성과 데이터베이스 성능을 높이는 것이 양대 축이다. 그리고 확장하기 좋은 유연한 모델을 만드는 것이 추가적으로 요구된다.

4.1 모델링의 기본 개념

4.1.1 좋은 모델은?

앞 장에서는 생산시스템과 자동화에 대한 소개 및 데이터를 수집하는 방법에 대해 살펴보았다. 이제는 고객의 요구를 어떻게 시스템으로 구현할 것인가를 고민할 때이다. 복잡한 고객의 요구를 시스템의 목적과 무관한 부분을 제거시켜가면서 우리의 관심 부분에만 집중시켜 나가는 일련의 과정을 추상화라고 한다. 현실 세계의 복잡한 문제를 추상화 과정을 통하여 최대한 단순하게 만드는 능력이 가장 크게 요구된다고 할 수 있다. 이렇게 추상화된 실세계의 요구를 컴퓨터가 이해하기 쉬운 수학적인 방법으로 표현하는 것이 바로 모델링이다. 시스템은 관점에 따라 모습과 용도가 달라지며 어떤 관점도 현실 세계의 모습을 완벽히 담아내지는 못하여 불안전하고 부정확하다. 따라서 하나의 모델을 통하여 모든 관점을 담아내기는 어려우며 용도에 따라 다르게 표현되고 사용된다. 대표적인 모델링 기법에는 프로세스 모델링(PHD: Process Hierarchy Diagram, DFD), 데이터 모델링(ERD), 이벤트 모델링이 있다. 프로세스 모델링은 업무 프로세스를 계층구조로 나누어 가장 작은 단위의 프로세스가 되는 단계까지 분해하는 것이다. 데이터 모델링은 업종 지식을 바탕으로 협업과 인터뷰 및 분석 작업을 반복하면서 데이터 모델구조를 형성하는 과정이다. 프로젝트를 진행하면서 모델러(보통, 분석/설계자)는 사용자와 개발자를 계속적으로 이해시키고 설득시켜야 하는 역할을 담당한다.

모델링의 목표는 좋은 모델을 구축하는 것으로 데이터 무결성과 데이터베이스 성능을 높이는 것이 양대 축이다. 그리고 확장하기 좋은 유연한 모델을 만드는 것이 추가적으로 요구된다. 데이터의 무결성은 데이터에 결점이 없는 상태를 의미한다. 엔티티에 중복 데이터를 제거하는 것이 매우 중요한데, 같은 값을 의미하면서 여기저기 존재하거나 같은 속성이 여기저기 사용되는 모델 구조의 중복을 제거하는 것이 필요하다. 정규화(Normalization)와 유사하며 데이터를 통합(Generalization)할수록 확장하기 좋은 유연한 모델이 된다. 간혹 화면별로 엔티티가 도출되어 화면이 삭제되거나 추가되면 모델에도 많은 영향을 미치게 되는데, 화면의 변화와는 무관하게 데이터 정체성의 변화에 의해서만 엔티티가 관리되게 해야 한다. 엔티티가 애매하거나 관계가 불분명하면 가독성이 나빠지기 때문에 ERD의 표기법에 맞게 표현하여 단순하고 명확한 모델을 만드는 것이 요구된다(김기창, 2010). 데이터 무결성이 완벽히 갖춰진 상태라면 다음 단계로 모델러는 데이터베이스 성능에 중점을 두어야 한다. 성능에 대해서는 4.3절의 '데이터베이스 설계와 튜닝'에서 자세히 살펴보도록 하겠다.

4.1.2 엔티티, 관계, 속성

데이터 모델링은 무엇이고, 왜 하는지, 그리고 어떤 것이 좋은 모델인지를 살펴보았다. 모델링은 엔티티를 정의하는 것으로 시작해서 속성을 정의하는 것으로 마무리된다. 엔티티, 관계, 속성은 데이터 모델링에서 사용하는 기본적인 용어임으로 그 의미를 정확히 이해하는 것이 중요하다.

■ 엔티티(Entity)

엔티티(Entity)의 정의 및 특징

엔티티란 "데이터베이스 내에서 표현되는 작은 세계의 실체"라고 할 수 있다. 엔티티는 의미 있는 유용한 정보를 제공하기 위해 관리하는 데이터로서 물리적으로 존재하지 않는 개념적인 것(예를 들어 사람, 사물, 장소, 개념, 사건 등)을 포함한다. 엔티티는 영속적으로 존재하는 단위이기도 하다.

실세계에서는 제품정보, 고객정보와 같이 물리적인 실체를 가진 것과 고객의 주문내역과 같이 물리적인 실체가 없는 개념적인 것들도 존재한다. 이러한 실세계를 컴퓨터가 관리할 수 있는 데이터베이스라는 작은 세계로 옮겨 놓을 때 제품정보, 고객정보, 주문내역 같은 것들을 표현한 것이 엔티티(Entity)이다.
엔티티는 다음과 같은 특징을 가지고 있다.

① 구축하고자 하는 시스템을 통해 사용자가 관리하고자 하는 업무정보여야 한다. 아무리 좋은 정보라도 구축하고자 하는 시스템에 맞지 않거나 사용자가 관리하기를 원하지 않는다면 엔티티가 될 수 없다.
② 식별자에 의해 유일한 엔티티로의 식별이 가능해야 한다. 즉, 각각의 엔티티가 유일한 식별자에 의해 구분될 수 있어야 한다. 따라서 도출된 엔티티가 식별자에 의해 오직 한 개씩만 존재하는지 확인해보아야 한다.
③ 엔티티는 속성을 가지고 있어야 한다. 속성이 없는 엔티티는 업무분석이 부족하여 속성이 누락되었다고 볼 수 있다.
④ 엔티티와 엔티티 간에는 최소 한 개 이상의 관계가 있어야 한다. 그러나 실제 모델링을 하다 보면 관계가 없는 엔티티가 발생한다. 주로 코드성의 엔티티는 너무나 많은 관계를 가짐으로써 이를 생략하는 경우가 있고 통계 등의 업무를 위해 추가되는 집계성의 읽기 전용 엔티티들에서도 관계를 생략하는 경우가 많기 때문이다.

엔티티의 수집 및 분류
엔티티 후보들을 수집하는 방법은 다음과 같다.

① 엔티티가 될 가능성이 있는 모든 대상을 수집한다.
② 너무 깊게 생각하지 말고 엔티티 자격 유무(有無)만 판단하도록 한다.
③ 비슷한 동의어가 있더라도 함부로 버리지 말고 후보로 수집한다.
④ 개념을 확실하게 파악해두는 것이 중요하다. 너무 일반적이고 상식적이라고 쉽게 생각하지 말아야 한다. 사람마다 서로 다른 의미로 받아들일 수 있으므로 의미를 명확히 해두는 것이 좋다. 또한 일단 엔티티 대상으로 선정했다면 그 핵심적인 특징을 파악해두는 것이 중요하다.
⑤ 프로세스나 예외 경우(Exception Case)에 너무 집착하지 말아야 한다. 기본적인 업무 프로세스에 중점을 두어 수집하도록 한다.
⑥ 사용자의 설명에 의존하지 말고 자신의 이해를 바탕으로 엔티티를 수집해야 한다.
⑦ 항상 자신이 구현할 시스템의 본질을 생각해야 한다.

후보로 선정된 엔티티들의 분류가 끝났다면 수집되고 분류된 엔티티의 후보들이 모두 엔티티가 될 수 있을지 엔티티의 선정 기준과 검증을 통해 최종 엔티티를 확정해야 한다.

엔티티의 검증과 확정
엔티티를 선정하는 기준은 다음과 같다.

① 수행하는 업무의 영역을 구분한다.
② 각 업무 영역에 존재하는 유일한 식별자를 도출한다.
③ 각 업무에서 사용하는 서식 및 장표, 업무기술서, 인터뷰 내용으로부터 명사를 도출한다.
④ 기존의 정보시스템이 있다면 기존 시스템을 분석하여 엔티티 정보를 참조할 수 있다.
⑤ 회사의 마스터플랜, 중장기계획, 전략을 고려하여 시스템의 확장이 가능하도록 엔티티를 선정한다.
⑥ 개념이 불분명한 것과 광범위한 것은 제거한다.
⑦ 중복되거나 포괄적인 명사는 제거한다.
⑧ 엔티티의 특성이나 속성에 해당하는 명사는 제거한다.
⑨ 누락된 엔티티는 없는지 유추해본다.

■ 관계(Relationship)

관계(Relationship)의 정의 및 표현
관계(Relationship)란 하나 이상의 엔티티 간에 존재하는 연관성으로 해당 실체와 관련된 업무가 수행되는 규칙으로부터 정의된다. 또한 관계는 두 개의 엔티티 사이의 논리적인 관계, 즉 엔티티와 엔티티가 존재의 형태나 서로에게 영향을 주는 형태를 말하기도 한다. 다음은 관계를 표현하는 방법이다.

① 마름모꼴 또는 실선을 이용하여 엔티티 간의 관계를 표시한다. 요즘은 마름모 대신 대부분 실선을 이용한다.
② 연결된 엔티티 간의 관계에 따라 적당한 관계명을 부여한다. 관계명은 가능한 구체적으로 표현하며 관계 내용을 양방향으로 표시한다.
③ 일반적이거나 애매모호한 관계명은 사용하지 않도록 한다. 즉, '~에 관계되어', '~에 속하여' 등의 말과 같이 모든 관계에 부여할 수 있는 이름은 사용하지 말아야 한다.
④ 누구나 이해할 수 있는 일반적이고 객관적인 용어를 사용한다.

[그림 4.1] 엔티티 간 관계의 표현

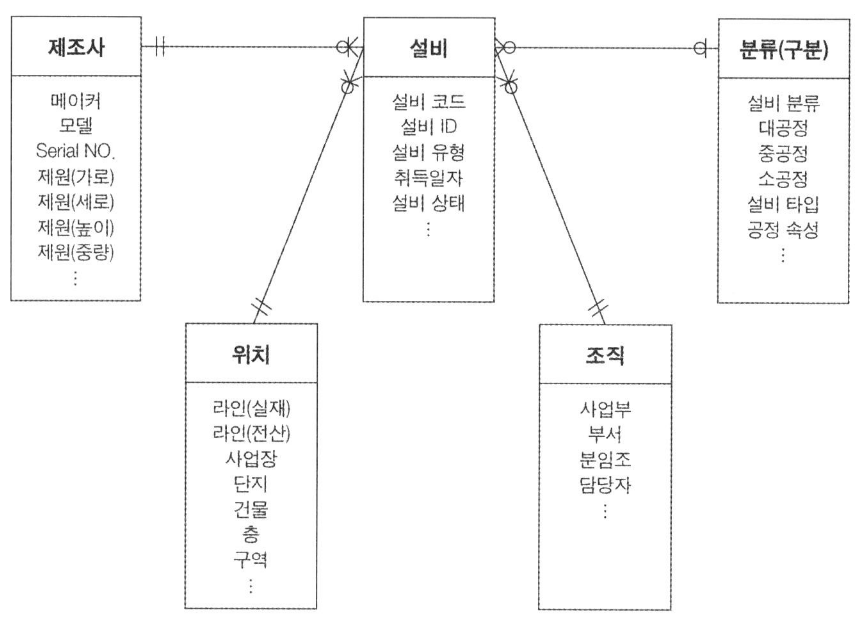

[그림 4.1]은 엔티티 간의 관계를 실선으로 표현하고 양방향으로 관계명을 부여한 모습이다. 두 엔티티에 연결된 실선을 자세히 보면 나뭇가지 또는 새 발 모양의 선과 동그라미를 볼 수 있다. 이는 관계의 기수성과 선택성을 나타내는 기호이다.

관계의 기수성(Cardinality) 과 선택성(Optionality)

관계의 기수성(Cardinality)이란 두 개의 엔티티 간 관계에서 참여자의 수를 표현하는 것을 말한다. 즉, 특정 실체와 관련된 대상 실체의 최대 인스턴스의 수를 의미한다. 가장 일반적인 기수성 표현방법은 1:1(One to One), 1:M(One to Many), M:N(Many to Numerous)의 관계이다.

[그림 4.2] 관계수의 종류

A
B
A의 어커런스는 반드시 B의 한 어커런스와 연관된다.
A
B
A의 어커런스는 B의 한 어커런스와 연관되거나 안 될 수도 있다.
A
B
A의 어커런스는 B의 한 개 또는 다수의 어커런스와 연관된다.
A
B
A의 어커런스는 B의 다수의 어커런스와 연관된다.
A
B
A의 어커런스는 반드시 B의 다수의 어커런스와 연관된다.

1:1의 관계는 양쪽 방향 모두 하나씩의 참여자만을 갖는 경우로 매우 드물게 발생한다. 1:1의 관계는 동일한 성질의 Entity일 확률이 높다. 따라서 1:1의 관계가 많이 나타난다면 엔티티가 명확하게 정의되었는지 다시 한 번 확인해봐야 한다. 1:M의 관계는 한쪽 방향은 하나의 참여자만 다른 방향은 하나 이상의 참여자를 갖는 경우로 가장 일반적인 관계의 형태이다. 보통은 하나의 참여자를 갖는 쪽은 필수참여(Mandatory)이고 하나 이상의 참여자를 갖는 쪽이 선택참여(Optional)인 경우가 많으나 양쪽 모두 필수참여인 경우도 있다. M:N의 관계는 양쪽 방향 모두 하나 이상의 참여자를 갖는 경우로 실제 업무에서 자주 발생하는 형태이다. 이러한 M:N의 관계는 상세 모델링 단계에서 1:M, N:1의 관계로 분할되어야 한다. 만약 두 엔티티 간의 관계가 M:N의 양쪽 모두 선택참여의 관계라면 두 엔티티 간의 관계가 실제로 존재하는지 다시 한 번 점검해봐야 한다. [그림 4.1]은 위치에 소속된 설비는 없거나 한 개이거나 여러 개 일 수 있다는 업무규칙을 나타낸다. 그리고 설비는 반드시 하나의 위치에 소속돼야 하며 소속된 위치가 없을 수 없고 위치에 존재하지 않는 임의의 위치에 속할 수도 없다는 것을 나타내고 있다.

■ 속성(Attribute)

속성(Attribute)의 정의

속성이란 "업무에 필요한 엔티티 내에서 관리하고자 하는 항목들로 더 이상 분리되지 않는 최소의 데이터 단위"라 말할 수 있다. 엔티티는 두 개 이상의 어커런스(Row)가 존재하고 각각의 어커런스는 고유의 성격을 표현하는 속성 정보를 한 개 또는 그 이상 가질 수 있다.

속성의 분류

속성은 그 속성이 지닌 특성에 따라 다음의 3가지로 분류할 수 있다.

① 기본속성(Basic): 업무로부터 도출된 기본적인 속성을 말한다. 엔티티에 가장 일반적이고 많은 속성을 차지한다. 기본속성의 예로는 제품 엔티티의 제품코드, 제품명, BOM, 라우팅 등이 있다.
② 설계속성(Designed): 업무에 필요한 데이터 이외에 데이터 모델링을 위해 업무를 규칙화하려고 속성을 새로 만들거나 변형하여 정의하는 속성을 말한다. 즉, 설계자의 필요에 의해 만들어지는 속성들이 여기에 속한다. 설계속성의 예로는 주로 내부관리용 코드들이 있다.
③ 파생속성(Derived): 다른 속성에 영향을 받아 발생하는 속성으로서 보통 계산 등의 가공처리에 의해 생성되는 값을 말한다. 기존에 존재하는 원본(Raw) 속성의 값을 읽어서 Sum, Count, Min, Max, First, Last, Average 등의 연산을 통해 생성되는 속성이다. 데이터의 조회 시간을 단축하기 위해서지만 데이터 정합성을 맞춰야 하는 부가적인 부하가 필요해 조회 속도가 문제가 되지 않는 한 사용하지 않는 것을 원칙으로 해야 한다.

속성의 명명 방법

① 해당 업무에서 사용하는 이름을 부여하도록 한다.
② 의미가 명확하고 내용을 함축성 있게 표현하도록 한다(속성명은 애매모호해서는 안 된다).
③ 서술식의 속성 이름은 너무 길어 사용하지 않도록 한다.
④ 약어 사용은 가급적 피하도록 한다.
⑤ 엔티티에서 유일하게 식별 가능하도록 지정한다.
⑥ 엔티티명을 속성명으로 사용하지 않는다.
⑦ 속성명 부여에 대한 표준을 마련하여 사용토록 한다(여러 사람이 작업하는 경우 매우 유용하다).
⑧ 가능한 복합명사를 사용하여 의미를 보다 명확히 표현하도록 한다.

4.2 정규화(Normalization)의 필요성

4.2.1 함수 종속(Functional Dependency)

정규화를 하는 가장 근본적인 이유는 중복 데이터(속성, 엔티티)를 제거하기 위함이다. 데이터베이스를 사용하는 가장 큰 목적이 데이터를 효율적으로 관리하기 위해서인데 데이터가 중복되어 있다면 데이터의 일관성이 깨질 가능성이 존재한다. 물론 설계가 잘못되어 있더라도 똑똑한 개발자가 구현을 완벽하게 하면 데이터 이상 현상(아노말리, Anomaly)은 발생하지 않을 수도 있다. 그러나 문제는 항상 소수의 데이터에서 발생한다. 아무리 완벽하게 애플리케이션에서 처리를 해주었다고 해도 다른 릴레이션에서 10만 건의 데이터 중에 10건만 데이터 정합성 처리에 문제가 생겨도 데이터는 신뢰를 잃게 된다. RDB는 관계(Relationship)라는 개념이 존재하여 중복을 완전하게 제거하지 못하지만 최소화는 시켜야 한다. 정규화는 함수 종속에 따라 이루어지므로 극히 이론적인 부분이다.

결정자 X의 값은 반드시 하나의 Y값과 연관된다. X값에 의존하는 Y값은 하나뿐이지 다른 Y값이 있을 수 없다. 이때 X는 Y를 함수적으로 결정한다고 하며 기호로는 X→Y, 또는 y=f(x)라고 표현한다.

X→Y

y=f(x)

X: 결정자(Determinant), Y: 종속자(Dependent)

결정자 X의 값은 반드시 하나의 Y값과 연관된다. 예를 들어 설비 릴레이션에 속해 있는 속성(Attribute), 즉 설비명, 입고일자, 제원은 속성 설비 ID에 각각 함수 종속이다. 어떤 설비 ID가 정해지면 그 설비

ID에 대응하는 설비명, 입고일자, 제원의 값은 오직 하나만 있기 때문이다.

설비 ID → 설비명

설비 ID → 입고일자

설비 ID → 제원

줄여서, 설비 ID → (설비명, 입고일자, 제원)

'설비 ID가 설비명, 입고일자, 제원을 함수적으로 결정한다' 또는 '설비 ID가 설비명 등을 유일하게 결정한다'라고 말할 수 있다. 함수 종속은 키(Key)와 밀접한 연관이 있다. 함수 종속의 결정자(Determinant)가 키가 되도록 릴레이션을 분해하는 과정이 정규화(Normalization)이기 때문이다. 키가 아닌 모든 속성이 키에 직접 종속되도록 분해하는 것이 정규화이다. 임의의 릴레이션에서 결정자를 찾지 못하면 정규화를 할 수 없고 키가 없이는 엔티티가 될 수 없으므로 키와 함수 종속은 밀접한 관계가 있다고 할 수 있다.

4.2.2 정규화(Normalization)와 비정규화

정규화(Normalization)란 불필요한 데이터의 중복을 제거하여 데이터 모형을 단순화하는 작업으로, 다양한 검사를 통하여 데이터 모델을 보다 구조화하고 개선시켜 나가고자 하는 일련의 과정이다.

정규화의 목적은 자료 저장 공간을 최소화하고, DB 내 데이터의 불일치 위험을 최소화하는 데 있다. 또한 자료의 수정, 삭제에 따른 예기치 않은 오류(아노말리, Anomaly)를 최소화하여 데이터 구조의 안정성을 최대화하는 것이 그 목적이다. 우리는 정규화를 통하여 다음과 같은 효과를 기대할 수 있다.

① 데이터의 중복을 제거하고 데이터의 일관성을 유지할 수 있다.

② 데이터 모형의 단순화가 가능하다.

③ 속성의 배열 검증이 가능하다. 즉, 식별자와 속성과의 종속성 여부를 판단할 수 있다.

④ 데이터베이스 설계가 용이하며, 엔티티(Entity)와 관계(Relationship)의 누락을 방지할 수 있다.

그러나 정규화가 항상 좋은 것만은 아니다. 정규화를 통하여 야기될 수 있는 문제점도 다음과 같이 발생할 수 있다.

① 정규화로 인한 테이블의 개수 증가로 인해 JOIN이 많이 발생하여 응답 속도의 지연이 있을 수 있다.

② 특정 시점의 정보를 표현하기 위해 이력관리 엔티티의 발생 및 업무규칙 수용 난이도가 증가할 수 있다.

③ 데이터 공간의 비효율적인 활용이 발생할 수 있다(제3정규화 이상의 정규화를 수행하는 경우).

따라서 대부분 실무에서는 제3정규화까지만 수행하고 필요에 따라 비정규화(Denormalization) 과정을 수행한다. 일반적으로 사용되는 제1정규화, 제2정규화, 제3정규화는 다음과 같다.

■ 제1정규화(1NF)

제1정규화란 반복 또는 복수 값을 갖는 속성을 제거하여 모든 속성은 반드시 하나의 값만을 갖도록 하는 것이다.

정규화 전
예비주문서 ⇒
@주문번호 + 주문일자 + 부서번호 + 관리자명 + 부서명칭 + 전화번호 + 배달일자 + (상품번호 + 상품내역 + 단가 + 재고수량 + 주문수량 + 금액)

이 경우 상품번호 개수만큼 주문내역이 반복 값을 갖는다. 이처럼 어떤 속성이 다수의 반복적인 값을 갖는다면 1:M 관계의 새로운 엔티티를 추가해야 한다.

정규화 후
주문 ⇒
@주문번호 + 주문일자 + 부서번호 + 관리자명 + 부서명칭 + 전화번호 + 배달일자
주문상세 ⇒
@주문번호 + @상품번호 + 상품내역 + 단가 + 재고수량 + 주문수량 + 금액

앞의 주문서라는 엔티티가 주문과 주문상세라는 엔티티로 분리되어 1:M 관계를 가진 모습을 확인할 수 있다.

■ 제2정규화(2NF)

제2정규화란 기본 키에 종속되지 않는 속성을 제거하는 것이다. 즉, 모든 속성은 반드시 엔티티 식별자에 전부 종속되어야 한다는 뜻이다.

정규화 전
주문 ⇒
@주문번호 + 주문일자 + 부서번호 + 관리자명 + 부서명칭 + 전화번호 + 배달일자
주문상세 ⇒
@주문번호 + @상품번호 + 상품내역 + 단가 + 재고수량 + 주문수량 + 금액

위의 엔티티 내의 속성들 중 주문수량은 주문번호와 상품번호의 복합 식별자에 종속적이지만 상품내역은 상품번호에만 종속적인 것을 볼 수 있다. 이와 같이 어떤 속성이 식별자의 일부 속성에만 종속적이라면 속성의 위치가 잘못된 것을 의미하며 새로운 엔티티를 추가해야 한다.

정규화 후

주문 ⇒
@주문번호 + 주문일자 + 부서번호 + 관리자명 + 부서명칭 + 전화번호 + 배달일자
주문상세 ⇒
@주문번호 + @상품번호 + 주문수량 + 금액
상품 ⇒
@상품번호 + 상품내역 + 단가 + 재고수량

상품번호에 종속된 속성만을 모아 하나의 엔티티로 하고 주문번호와 상품번호 모두에 종속되는 속성만을 모아 또 하나의 엔티티로 분리된 모습을 볼 수 있다.

■ 제3정규화(3NF)

제3정규화란 기본 키가 아닌 속성에 종속적인 속성을 제거하는 것이다. 즉, 식별자가 아닌 모든 속성들 간에는 서로 종속될 수 없다.

정규화 전

주문 ⇒
@주문번호 + 주문일자 + 부서번호 + 관리자명 + 부서명칭 + 전화번호 + 배달일자

주문상세 ⇒
@주문번호 + @상품번호 + 주문수량 + 금액
상품 ⇒
@상품번호 + 상품내역 + 단가 + 재고수량

위의 그림에서 부서명칭이라는 속성은 식별자인 주문번호에 종속되지 않고 일반 속성인 부서번호에 종속적인 것을 볼 수 있다. 이처럼 속성 간에 종속성이 있는 경우에는 별도의 엔티티를 추가해야 한다.

정규화 후

주문 ⇒ @주문번호 + 주문일자 + 부서번호 + 배달일자
부서 ⇒ @부서번호 + 관리자명 + 부서명칭 + 전화번호
주문상세 ⇒ @주문번호 + @상품번호 + 주문수량 + 금액
상품 ⇒ @상품번호 + 상품내역 + 단가 + 재고수량

속성 간의 종속성을 가진 속성을 별도의 엔티티로 분리함으로써 모든 엔티티의 속성들이 항상 식별자에 대해서만 종속적이게 해야 한다.

비정규화(Denormalization)를 간단하게 설명하면 데이터의 중복을 허용하는 것이다. 그러나 비정규화를 사용하는 유일한 목적을 조회 성능 향상에만 두어야 한다. 데이터웨어하우스 시스템에서 대량의 조회일 때 대부분 발생하나 많은 경우 편의성 때문에 사용하고 있다. 최근에는 비정규형을 선호하는 경향이 줄어들긴 했지만 아직도 비정규형이 편하다는 생각이 지배적이다. 별다른 고민 없이 사용할 때는 좋았는데 시간이 흐르고 담당자가 바뀔수록 어느 속성 값이 맞는지 확신할 수 없게 된다. 애플리케이션에서 아무리 체크하더라도 하드웨

- 클러스터링(Clustering)이나 IOT(Index Oriented Table) 같은 특수 형태의 테이블 사용 검토
- 인덱스를 조정하거나 힌트 등으로 해결할 수 있는지 검토
- DBMS의 최신 기술을 적용해 해결할 수 있는지 검토

어나 네트워크, 사람의 실수, 임의 조작, 예외 처리 등으로 정합성이 깨질 수 있다. 비정규화를 채택하기 전에 고려해볼 수 있는 대안은 다음과 같다.

- 뷰(View)를 사용해 원천(Raw) 데이터 중복 관리 방지
- 파티션(Partition)으로 데이터를 나눠서 해결할 수 있는지 검토

비정규형은 정규화 과정을 통해 생성된 정규형에 성능 요구사항에 의해 중복을 허용하는 것이므로 반드시 정규화를 한 후에 비정규화를 거쳐야 할 것이다.

4.3 데이터베이스 설계와 튜닝

4.3.1 설계 수행절차

이번 장에서는 시스템 성능에 큰 영향을 미치는 데이터베이스의 설계와 튜닝에 대해 간략히 살펴보겠다. 데이터베이스의 설계는 분석 단계에서 정의된 데이터 모델링 결과를 선택된 DBMS의 특징에 부합하도록 실제 물리적 스키마를 생성하고 이를 데이터 액세스 성능을 고려하여 튜닝된 스키마로 전환하는 과정이다.

데이터베이스를 설계한다는 것은 적용되는 방법론에 따라 [그림 4.3]에 제시된 일부 절차가 생략될 수는 있지만 분석 단계의 ERD가 테이블로 전환되는 것이다. 많은 분석/설계자들이 논리모델링, 물리모델링, 테이블 전환 과정에서 엔티티의 개수가 눈에 보일 정도로 차이 나는 것 때문에 어려움을 겪는다. 각 단계를 진행하면서 추가되고, 통합되고, 사라지는 엔티티가 있을 수 있다. 차이가 발생하는 것이 문제가 될 수는 없지만 각 단계별 충분한 검토 및 분석이 이루어져야 한다. 관계형 데이터베이스의 특징과 장점을 살림으로써 나중에 개발자의 업무량을 1/10로 줄이면서도 10배 이상의 수행 속도를 향상시킬 수 있는 마법이 바로 ERD에서 테이블로 전환되는 단계라는 것을 명심해야 한다. 물리적 설계는 분석 단계에서 작성된 논리적 데이터 모델을 관계형 데이터베이스로 전환하는 기본설계와 이를 데이터 액세스 성능 등을 고려하여 튜닝된 스키마로 전환하는 상세설계로 이루어진다.

분석/설계자는 DBMS의 기본적인 특징을 알아야 하고 성능 관점의 구체적인 지식을 습득해야 한다. 개발자보다 SQL 작성 능력이 뛰어나야 하고 PLAN을 분석해 효율적인 구조의 모델을 선택할 수 있어야 한다.

[그림 4.3] 데이터베이스 설계 수행절차

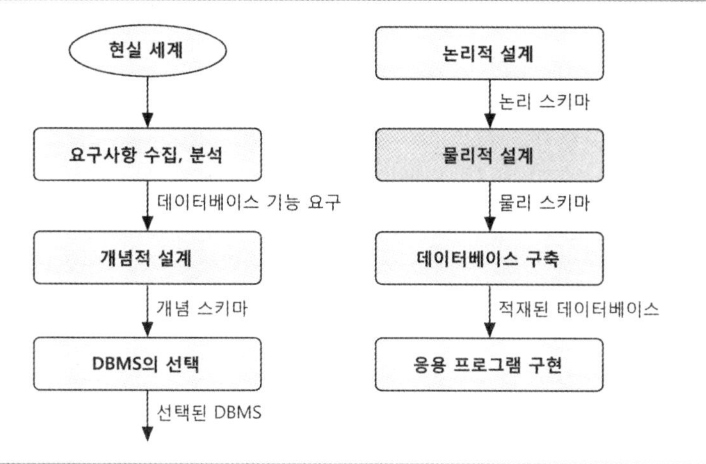

〈표 4.1〉 물리적 설계

<table>
<tr><td rowspan="2">물리적
데이터베이스
설계</td><td>기본설계</td><td>• 물리적 구조 전환
- 테이블(Table) 정의
- 칼럼(Column) 정의
- 제품 환경에 맞는 데이터 구조의 적용
- 엔티티에 대한 업무규칙 설계
- 관계(Relationship)에 대한 업무규칙 설계
- 속성에 대한 부가적인 업무규칙 설계</td></tr>
<tr><td>상세설계</td><td>• 데이터베이스 튜닝
- 물리적 액세스 방법의 선택
(스캔 효율성을 위한 튜닝, 클러스터링에 대한 순서 정의, 해시 키 정의, 인덱스 추가)
- 물리적 구조 재정의
(중복 데이터 추가, 열/테이블 재정의)</td></tr>
</table>

4.3.2 관계형 DB 튜닝

튜닝이란 DBMS에 대한 정확한 이해를 바탕으로 객체(Object)의 최적 관리와 자원의 효율적인 활용 및 성능 향상을 도모하는 시스템 사용 기법을 말한다. 튜닝 필요성이 대두되는 시점은 기능 개발이 대부분

완료되고 성능테스트를 하는 프로젝트 막바지일 경우가 많다. 그러나 실제적인 원인은 시스템 분석 단계인 모델링에서부터 개발 단계에 이르기까지 지속적으로 나타난다. 성능 향상을 위해서는 프로젝트 각 단계별로 고려사항을 염두에 두어야 한다.

■ 계획(착수 단계)

시스템 확장을 감안한 H/W 및 S/W 아키텍처가 중요하다. 시간이 지남에 따라 데이터 건수가 증가하고 업무의 확장이 지속적으로 이루어진다고 가정해야 한다.

■ 분석/설계 단계

성능을 감안한 데이터 모델링 및 데이터베이스 설계가 이루어져야 한다. 성능에 영향을 미치는 중요한 단계이지만 실천하기는 어려운 단계이다. 업무에서 요구하는 데이터를 분석해서 엔티티를 명확하게 정의하는 것이 정규화인데, 정규화가 중요하다고 모든 분석/설계자들이 이해는 하지만 막상 성능 측면에서 비정규화를 강조하는 것을 많이 본다. 그러나 성능보다는 데이터 무결성이 우선한다. 비정규화가 많이 반영된 시스템은 데이터 무결성을 해결하기 위해 더 많은 프로그램 로직이 필요하고 그에 대한 오버헤드가 더 증가하는 경우가 많다. RDBMS를 이용한다면 무결성 규칙(엔티티 무결성 규칙, 참조 무결성 규칙, 속성 무결성 규칙)을 반드시 적용해야 한다. 참조 무결성 규칙은 설계 단계에서 프로그램 로직이나 제약조건(Constraints)을 이용하여 처리하는 방법이다. 인덱스는 설계 단계에서 명확하게 나타나지 않고, 프로그램 개발 후 충분한 Access Path 검토 및 애플리케이션 튜닝 작업 후 최종 인덱스가 확정될 수 있다. 설계 단계에서는 확실한 인덱스와 Primary Key 정도만 기술한다. 마지막으로 데이터 모델과

UI(User Interface) 간의 적합성 검증이 필요하다. UI를 충족할 수 없는 데이터 모델은 무의미하다.

■ 개발 단계

데이터베이스를 사용하는 애플리케이션의 제작에 있어서 아직까지는 JAVA, C/C++, Cobol, Fortran, Ada, Pascal과 같은 3GL 기반의 프로그램을 주로 사용하는 것이 일반적이다. 특히 오라클에서 사용하는 SQL 및 PL/SQL을 C언어와 병행하여 사용할 수 있도록 하는 전처리 컴파일러를 ProC/C++이라 부른다. 그러나 관계형 데이터베이스의 모든 데이터 처리는 SQL에 의해서만 가능하다. 따라서 SQL을 처리하는 Access Path가 시스템 수행 속도에 미치는 영향은 거의 절대적이다. 인덱스는 RDBMS를 구성하는 기본적인 객체 중의 하나로서, 실제 데이터를 가지고 있는 것은 아니고 데이터를 빠르게 액세스하기 위한 객체로서 성능에 절대적인 영향을 미친다. 대부분 프로그램 기능 중 약 80%가 데이터 조회인데 애플리케이션 수정 없이 적절한 인덱스의 지정만으로도 약 60% 이상의 액세스 효율성을 향상시킬 수 있다. 프로젝트에 참여하는 단 몇 명만이라도 그 능력 배양에 힘써야 하는 이유이다. 다음은 인덱스 선정 시 고려사항이다.

- 칼럼의 분포도는 10~15%를 넘지 않아야 한다(예를 들어, 5개의 사업장을 가진 회사의 '사업장' 칼럼은 그 값의 종류가 5가지이므로 분포도는 (1/5) × 100 = 20%이다).
- 자주 조합되어 사용되는 칼럼은 결합 인덱스 생성을 고려한다.
- 수정이 빈번히 일어나지 않은 칼럼을 인덱스로 사용한다.
- Access Path에 의해 인덱스를 결정한다.
- 지나치게 많은 인덱스는 오버헤드를 발생시킨다.
- 칼럼의 조합이나 순서가 다른 유사한 인덱스에 의해 Access Path가 의도하지 않은 방향으로 선택되어지는 경우가 있다.

다음으로 SQL 최적화와 함께 옵티마이저(Optimizer)의 이해와 선택이 중요하다. 프로젝트의 특성, 개발자의 SQL 구사능력, 운영능력에 따라 선택할 수 있고, 경우에 따라서는 혼용을 할 수도 있다. 일반적인 DBMS에서는 2개의 옵티마이저가 제공되는데 규칙기준(RBO: Rule Base Optimizer)과 비용기준(CBO: Cost Base Optimizer)이다. Rule은 SQL의 수행이 정해진 규칙에 따라 실행되는 경우로서 SQL의 구사능력이 비교적 우수한 개발자가 다수 존재할 때 유리하다. 물론 주기적인 튜닝은 해야 하지만 데이터가 증가되어도 규칙에 의해 작성된 SQL의 수정은 거의 이루어지지 않는다. Cost는 미리 작성된 테이블의 통계 데이터에 의해 옵티마이저가 실행계획을 수행한다. 즉, 통계 데이터에 의해서 SQL이 수행되는 경우로서 최악의 결과는 나오지 않을 수 있지만 통계 데이터의 주기적인 갱신 작업이 반드시 필요하다. 예를 들어 100건의 데이터가 있을 때 작성된 통계 데이터가 그 후 데이터가 증가하여 100만 건이 되었는데도 통계 작업(Analyze 수행)을 수행하지 않으면 옵티마이저는 100건을 기억하고 있을 뿐이다. 따라서 옵티마이저는 인덱스 스캔보다는 전체 범위를 스캔하는 경우가 발생하여 성능 문제가 발생할 수 있다. 어떤 선택을 하느냐에 따라 프로그램 작성 방법이 달라진다. 선행 테이블(Driving Table)의 위치가 변경되어야 한다. Rule Base일 경우 SQL 문의 FROM 절 맨 뒤에 선행 테이블이 위치하고 Cost Base일 경우 반대의 경우가 된다. 결국 어떤 옵티마이저를 선택할지는 최초 프로그램이 개발되기 전에 많은 고민과 향후 운영방안을 고려하여 선택해야 한다(이화식, 1996).

■ 테스트 및 운영 단계

실제 운영환경에 견줄 만한 대량의 테스트 데이터가 필요하다. 완벽하게 튜닝을 했어도 실제 운영환경과 동일하게 시스템을 구성하고 테스트를 수행해야 한다. 운영 단계에서도 주기적인 튜닝 작업이 필요하고 시스템 성능에 대한 지속적인 감시가 필요하다. 모니터링을 통하여 문제되는 SQL을 보여주는 상용 Tool의 활용도 도움이 된다.

애플리케이션의 성능 향상을 위해서는 각 단계별 튜닝 시 고려사항을 이해하고 테이블 구조 재정의를 통한 성능 향상과 함께 프로그램 개발 시 개발자들이 용이하게 코딩을 할 수 있는 방법을 이해해야 한다. 실질적인 애플리케이션의 튜닝 담당자는 개발자가 되어야 한다. DBA가 도와줄 수는 있지만 자기가 코딩한 SQL 문은 수시로 실행계획(Execution Plan)을 통하여 확인하고 최적의 SQL을 지향할 수 있어야 한다.

V

설비제어 및 물류자동화

연속생산이나 배치생산의 플랜트 산업에서는 현장 계기나 PLC 또는 DCS로부터 자동으로 프로세스 데이터를 수집하여 저장하고 이를 공정 개선이나 최적 운전에 활용한다. 전자제조 산업에서는 MC(혹은 EC)가 설비제어를 수행하는데 MES로부터 작업지시를 받아 설비가 작업을 수행하게 하고 설비의 가동상태나 공정 조건 등의 파라미터를 MES로 전송하여 분석/활용하게 한다. 물류자동화에서는 MCS가 이송장치 및 이송대상인 자재를 제어하고, 최적 반송에 필요한 라우터 및 스케줄링 그리고 물리적 이송 과정에서 발생하는 예외 상황을 총체적으로 실시간 제어한다.

5.1 공정설비제어(Level 2)

5.1.1 공정제어(화학장치)

전용 장비가 설치되어 제품이 연속적으로 생산되는 연속생산(continuous production)이나 자재가 제한된 수량(즉, 한 묶음)으로 가공 또는 처리되는 배치생산(batch production)의 형태를 가진 플랜트 산업에서는 제조현장을 운영하기 위해서 필요한 시스템이 전자제조 산업과는 다른 모습을 갖는다. Purdue CIM Reference 모델의 LEVEL 3에 해당하는 시스템 이름도 플랜트 산업에서는 전자제조의 MES와 달리 OIS (Operation Information System, 운전정보시스템)로 불린다. 철강산업을 포함한 화학장치 산업의 공정설비제어(Level 2)는 현장 계기나 PLC 또는 DCS로부터 자동으로 프로세스 데이터를 수집하여 저장하고 이를 공정 개선이나 최적 운전에 활용한다. 퍼지 로직과 PI제어기의 복합형 제어 알고리즘을 활용한 유리 용해로 온도 제어나 철강산업의 자동 연소 제어, 압연 수식 모델 등은 대표적인 프로세스 제어 분야이다. OIS(운전정보시스템) 외에도 DCS의 시스템 상태 및 공정이상을 알려 주는 Alarm 관리, DCS의 제어루프의 상태를 분석하여 문제점을 알려주고 튜닝 값을 제공하는 제어루프 관리, 리얼타임 성격의 공정 데이터를 관리하는 RTDB, 시험 장비 데이터 수집 자동화와 시험데이터 정보(시료, 실험값)를 관리하는 LAS/LIMS 등이 있다. LAS(Laboratory Automation System)는 시험기기에 연결하여 시험데이터를 수집하고 수집한 데이터를 저장하고 그 데이터로부터 원하는 결과를 원하는 형식으로 가공하고 저장하여 LIMS나 다른 정보시스템으로 전송하는 전 과정이 자동으로 이루어지는 체계이다. 부가적으로 시험기기의 제어 기능이나 결과 계산 기능이 포함되기도 한다. 데이터 수집방식은 실험기기의 종류에 따라 다양하다.

- 실험기의 PC에서 Export 기능을 이용해 생성되는 데이터 파일(텍스트 데이터)을 일정 시간 간격으로 읽고 결과를 전송한다.
- 실험기의 PC에서 프린트 포트로 출력되는 내용(이미지 데이터)을 중간에서 캡처해서 결과를 전송한다.
- 실험기의 아날로그 출력 값을 A/D 컨버터를 사용해 수치로 변환한 후 처리한다.
- 실험기의 출력포트(RS-232C or Printer)를 통해 분석한 후에 자동 혹은 수동으로 출력되는 ASCII 형식의 데이터를 캡처/해석한다.

LIMS(Laboratory Information Management System)는 실험실 데이터를 저장, 가공, 검색, 그리고 분석하기 위한 중앙화된 데이터베이스로서, 검사, 분석, 시험 업무를 수행하는 실험실을 위해 특별히 고안된 컴퓨터 시스템 또는 소프트웨어를 말한다(ASTM[1]-E1578). 실험실의 목적에 따라서 다양한 LIMS 제품이 존재하며, 특히 정보기술이 발달한 현재의 실험실에서 대량의 데이터를 처리하고 법규를 준수하며 빠르게 업무를 처리하기 위해서는 실험실 목적에 맞는 LIMS 제품이 필요하다.

화학장치 산업인 정유 및 석유화학 공정은 원료(Feed)를 가지고 원하는 제품을 만들기 위해 반응, 증류, 흡착, 추출 등의 복잡한 화학 공정을 거친다. 이러한 공정은 대부분 열에너지를 수반하기 때문에 고온, 고압의 위험한 조건에서 운전을 해야 하는 제약조건도 발생한다. 좁은 의미에서의 최적화 운전은 엔지니어의 기술과 숙련된 운전자의 경험들을 통해서 이루어지고 있다. 경험적이기 때문에 실질적이고 효과적인 적용이 될 수 있겠지만, 외란을 포함한 여러 운전 상황에 대한 사람의 판단이 다르고 한정된 인력으로 복잡한 공정을 다루기 때문에 최적 운전이 일관되게 이루어지지 못하고 그 범위도 단위 공정에 국한되는 경우가 많다. 넓은 의미에서의 최적화 운전은 [그림 5.1]과 같이 원료의 수급에서 제품의 공급까지 위에 언급된 제약 조건들을 고

1) ASTM(American Society for Testing and Materials, 미국 재료 시험 협회)
미국의 재료 규격 및 재료 시험에 관한 기준을 정하는 기관. 1898년에 창립했으며 본부는 필라델피아에 있다. 아스템이라고 읽는다.

[그림 5.1] 화학장치 산업의 최적화 솔루션

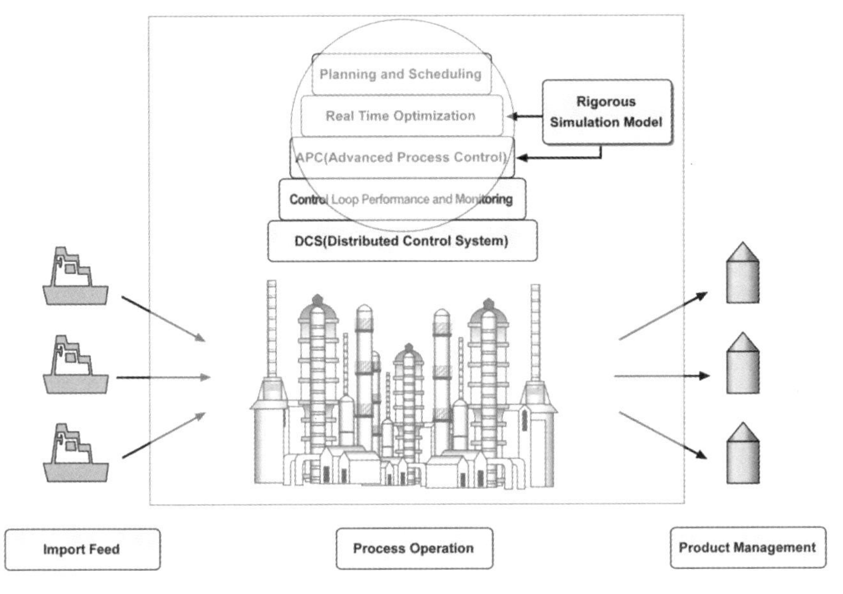

자료: 한국 하니웰(http://www.honeywell.co.kr).

려하여 이루어진 목적 함수를 계산하여 최적의 운전 조건을 찾게 된다. IT 기술의 발달로 현재는 실시간으로 측정된 공정 데이터를 이용하여 최적의 운전 조건을 계산하고 그 결과도 실시간으로 적용하는 것이 가능해졌다. 최적화 운전을 지속적으로 유지하기 위해서는 모든 솔루션을 적용하는 것이 효과적이지만 필수 조건은 아니다.

대표적인 최적화 솔루션에는 다음과 같은 것들이 있다.

- 제어루프 성능 감시(Control Loop Performance Monitoring)
- APC(고급 공정 제어, Advanced Process Control)
- 실시간 최적화(Real Time Optimization)

■ 제어루프 성능 감시(Control Loop Performance Monitoring)

DCS에서 기본적으로 제공되는 제어루프는 일반적으로 PID 제어기이다. PID는 비례(P), 적분(I), 그리고 미분(D)의 튜닝 파라미터를 통해서 원하는 설정치(Set Point)를 유지하기 위해 밸브를 조작하게 된다. PID는 최소한의 파라미터 조작으로 효과적인 제어 성능을 유지할 수 있는 장점이 있다. 하지만 장치의 성능 저하, 밸브의 크기 문제 및 막힘, 공정 특유의 지연시간, 잘못된 튜닝, 그리고 루프 간 영향 등으로 인해 지속적인 튜닝을 하지 않으면 제 역할을 하지 못하는 경우를 볼 수 있다. 또한 담당자가 관리해야 할 루프 수는 많고, 공정제어 개념을 이해하는 데 어려움이 있기 때문에 결국에는 문제가 발생하는 루프에 대해서만 우선 조치하게 되고 성능 저하된 루프는 수작업(Manual)으로 바꾸거나 관리 대상에서 제외된다. 이러한 문제를 해결하기 위해 도입된 것이 제어루프의 성능 감시 솔루션이다. 이 솔루션은 모든 제어루프를 분석하고 성능이 저하되거나 문제점이 있는 것을 우선으로 나열하고 이를 해결하기 위한 신규 튜닝 값을 제시해준다. 실제 산업현장의 운전에서는 APC(Advanced Process Control)를 통하여 구현된다.

■ 고급 공정 제어(Advanced Process Control)

화학 공정의 고유한 특성인 시간 지연, 역반응, 상호 간섭 및 공정의 제약 조건 등을 고려한 최적화 운전을 APC를 통해서 달성할 수 있다. 경험적 또는 수학적으로 얻은 공정 모델을 기반으로 외란 변수(DV:

Disturbance Variables)를 고려하여 제어 변수(CV: Controlled Variables)의 움직임을 예측하여 원하는 설정치 또는 범위 제어를 하기 위해서 조작 변수(MV: Manipulated Variables)를 최적으로 조절하는 제어기이다. APC의 특징은 다음과 같다.

- 공정 모델을 기반으로 하여 제어 변수의 미래를 예측한다.
- 단일 입·출력인 PID 제어와는 다르게 다변수 입·출력 제어기이다.
- 대상 공정의 제약 조건을 고려한다.

- 기본 설계: 대상 공정의 흐름 및 운전 목적을 분석하고 APC가 실제적으로 사용할 MV의 PID 루프 성능을 검증하고 최종적으로 APC를 구성하는 CV, MV, DV를 설정하는 단계이다.
- 공정 테스트: 모델을 얻기 위해서는 실제 공정의 MV, DV를 계획에

[그림 5.2] APC 구축 절차

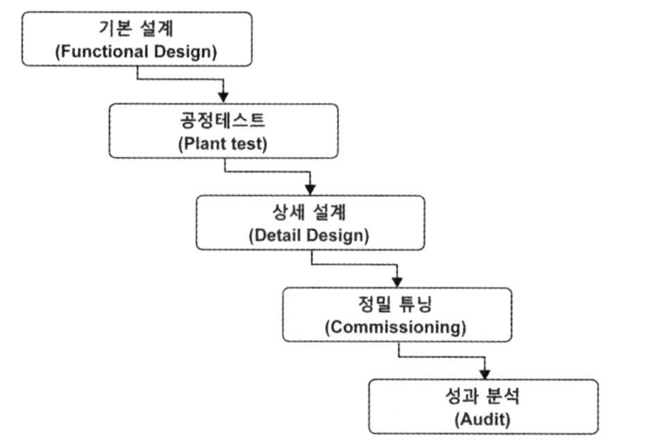

맞추어 적절한 주기와 진폭으로 변화를 주어 CV의 움직임을 확인하는 공정 테스트 단계가 필요하다.

- 상세 설계: 공정 테스트를 통해서 얻어진 데이터를 이용하여 기본 설계에서 선정된 CV, MV, DV를 다시 한 번 최종적으로 선정하고 이에 대한 동적 모델을 구축하는 단계이다. 구축된 모델은 오프라인 툴을 이용하여 APC의 성능을 간접적으로 확인하게 된다.
- 정밀 튜닝: 실제 APC를 온라인으로 구축하여 공정 안정 및 최적화 운전을 하도록 하는 단계가 정밀 튜닝이다.

■ 실시간 최적화(RTO: Real Time Optimization)

APC는 단위 공정 범위에서 최적화 운전을 수행하기 때문에 넓은 의미에서 보았을 때 APC 구축 공정 간의 상호 관계는 고려하지 않는다. 다시 말하면 APC가 구축된 공정으로 보았을 때 최적화 운전을 하고 있지만, 이것으로 인해 다른 공정에 오히려 외란이 되는 경우가 발생할 수 있다. 또한 APC가 선형 모델을 사용하고 있더라도 실제 공정과의 오차에 대해 보정하는 기능이 있어 극복 가능하지만, 반응기와 같은 비선형이 심한 공정이거나 정기 보수 및 설비 투자로 인해 기존 운전 조건과 크게 다를 경우에는 APC의 성능 저하가 발생할 수 있다. 이러한 APC의 단점을 극복하고 상위 단계에서 최적화 운전을 할 수 있도록 도입된 것이 실시간 최적화 솔루션(RTO)이다.

[그림 5.3] RTO 시스템 구성도

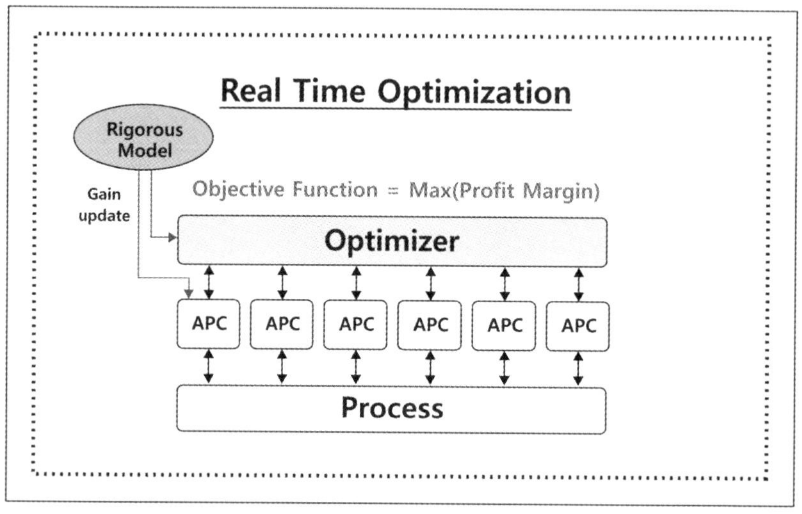

RTO의 특징은 다음과 같다.

- 기 구축된 APC 모델을 결합하여 상위 최적화기(Optimizer)를 구성하는 것으로 APC의 동적 모델을 이용하기 때문에 현재의 공정 상태를 빨리 파악하고 최적화 계산도 쉽게 할 수 있는 장점이 있다.
- 실제 공정의 비선형성(Non-Linear)을 극복하기 위해 시뮬레이터를 활용한다.

공정설비제어(Level 2)에는 실적 데이터를 관리하는 RDBMS와 더불어 각종 센서로부터 수집한 개별 공정 정보(생산투입, 설비가동, 공정운전 상황, 이상 상황)를 관리하는 RTDB(Real Time Database)가 많이 활용된다. 플랜트에 사용되는 RTDB의 목적은 다양한 하부 시스템에서 실시간으로 데이터를 수집·저장하여 별도의 검증 절차를 거치지 않고 공정 분석이나 필요한 보고서를 만드는 데 있다. RTDB는 다음과 같은 기능을 기본으로 채택하고 있다.

- Real time: 프로세스 데이터를 실시간으로 수집·저장하는 기능
- Data Confidence: Recovery, Reconciliation된 데이터의 정확도를 파악하기 위해 수집된 데이터에 대해 신뢰도(정확도) 표시 기능
- RDBMS 연계: 데이터의 Import/Export가 쉽도록 RDBMS와 연계가 용이해야 함(경영정보, 실험실정보, 기준정보 등의 공유)
- Calculation: 별도 코딩 없이 태그에서 연산 및 Logic 처리 가능
- Manual Tag: 자동으로 수집이 어려운 데이터를 수동으로 입력할 수 있는 기능
- Scheduling: 리포트 발행 및 다른 응용프로그램의 실행을 제어하는 예약 기능
- Tag Modification Auditing: Tag 정의에 대한 수정을 자동 기록
- Client 툴: 사용자가 원하는 작업을 쉽게 할 수 있도록 다양한 라이브러리 지원
- API: 다른 응용 프로그램과 인터페이스가 용이(Visual Basic, C++, JAVA, Visio 등)
- OPC: 최근 공장정보 데이터의 인터페이스 표준으로 자리 잡고 있는 OPC(OLE for Process Control) 기능 제공

5.1.2 설비제어(전자제조)

ISMI 컨소시엄[2)]은 [그림 5.4]에서 보듯이 장비 제조사 및 칩 메이커에 적용되는 각 공정별 작업절차를 정의하고 있다. 이러한 시나리오들은 수차례 제·개정 작업을 거쳐 SEMI 표준으로 확정되게 된다. 그리고 다음과 같은 정의들을 포함하고 있다.

- 반도체, LCD, OLED, PV 등의 생산자동화를 위한 기능
- 유연성을 제공하기 위해 장비가 취해야 할 행동들에 대한 정의
- 설비의 성능에 관한 정의
- 호스트와 장비 사이에서 메시지가 어떻게 전달될 것인가에 대한 정의
- 메시지 내부의 데이터에 대한 정의

반도체에 적용되는 설비제어(Level 2) 솔루션은 생산현장 자동화의 필수 시스템으로서 MES의 작업지시에 의해서 설비제어를 수행하는데 MC(Machine Controller) 혹은 EC(Equipment Controller)로 불린다. 설비

2) ISMI 컨소시엄
International SEMATECH Manufacturing Initiative, 국제반도체장비 표준화 기구 산하기관.

[그림 5.4] 300mm Operational Flowcharts/Scenarios

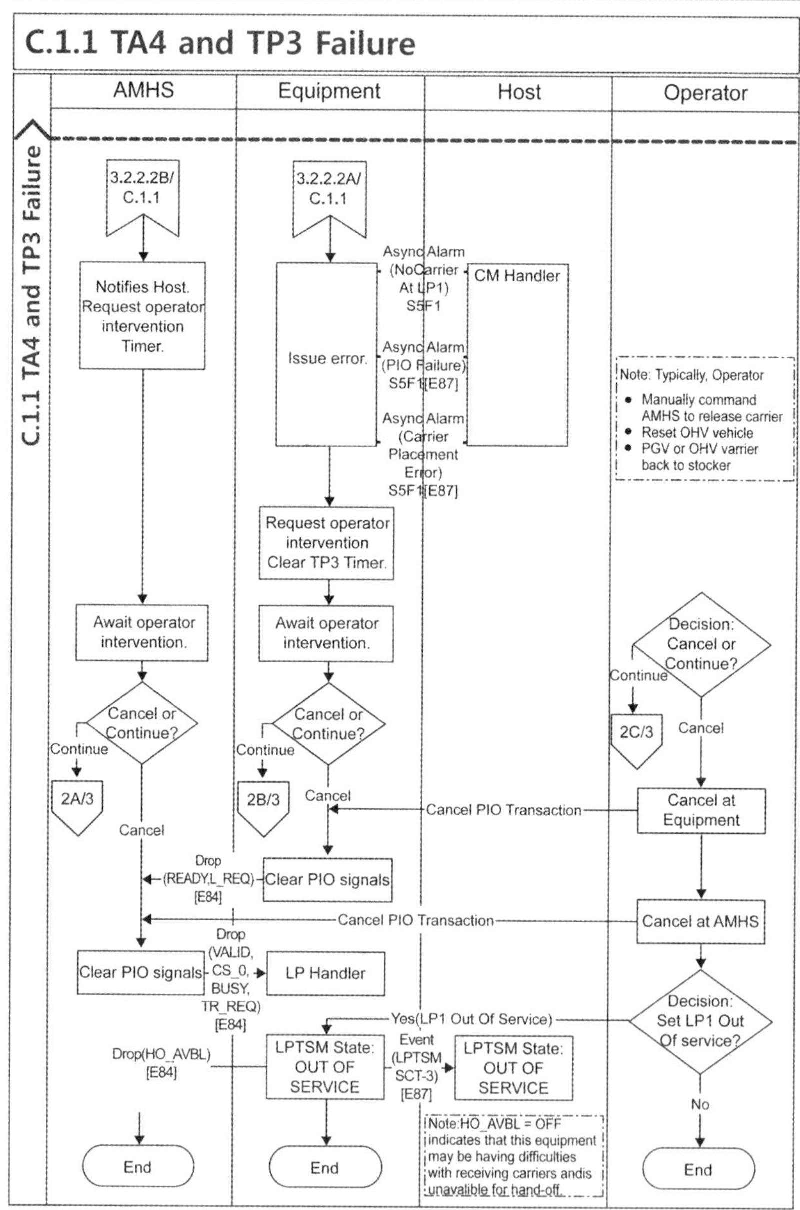

자료: ISMI(http://ismi.sematech.org).

가 공정작업 수행을 위해 MES로부터 작업지시를 받거나 설비의 가동 상태나 공정 조건 등의 파라미터 데이터를 MES로 전송하여 분석/활용될 수 있도록 한다. 반도체/디스플레이 산업에 적용되는 공정제어는 효율적인 장비관리를 위해서 안정적인 SECS 프로토콜 지원이 필수이며 그래픽 기반의 직관적인 장비 모델링 기능을 지원한다. 타 시스템과의 용이한 통합을 위해서 워크플로우를 통한 유연한 확장성이 요구되고 다양한 외부 프로토콜(DB Adaptor, Application Adaptor, File Adaptor, XML/EDI Adaptor, Web service Adaptor) 지원이 필수적이다.

국내에서 많이 활용되고 있는 공정제어 솔루션에는 nanoMMC와 FAMate가 있다. [그림 5.5]은 nanoMMC 솔루션의 시스템 구조 및 지원 기능을 보여준다.

[그림 5.5] nanoMMC 솔루션 구조, SDS

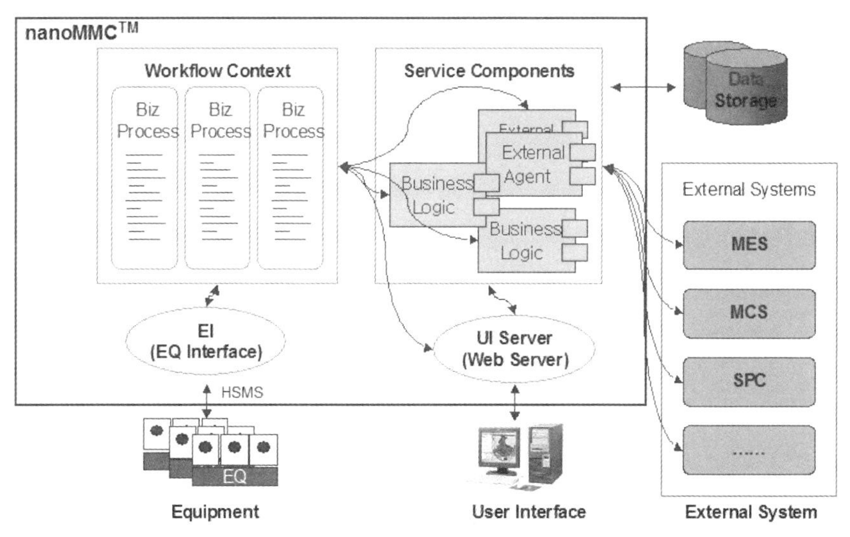

- SECS-I / SECS-II / HSMS 통신 사양 지원
- Run-Time 중 통신 Parameter 변경(Hot Deploy)
- Graphic 기반의 쉬운 SECS 메시지 작성
- Drag & Drop 방식의 장비 모델링
- Excel을 통한 대량의 장비 모델링 지원
- 개발(Customizing)을 용이하게 하기 위한 MES 기본 Class 제공
- Workflow 기반의 Transaction 처리
- Component 모니터링 및 Re-loading 기능
- Host Interface Utility 제공
- Test를 위한 장비 Simulation 제공

[쉬어가기] Workflow 기반 설비 운영 시나리오

설비와 MES 시스템 간의 다양한 운영 시나리오를 MC 솔루션의 워크플로우 모델리을 활용한 사례이다. 코드를 직접 수정하지 않고 워크플로우를 사용하면 시나리오 개발/수정이 비교적 용이하며, 기존 이벤트 재사용으로 개발 업무를 최소화 할 수 있게 된다.

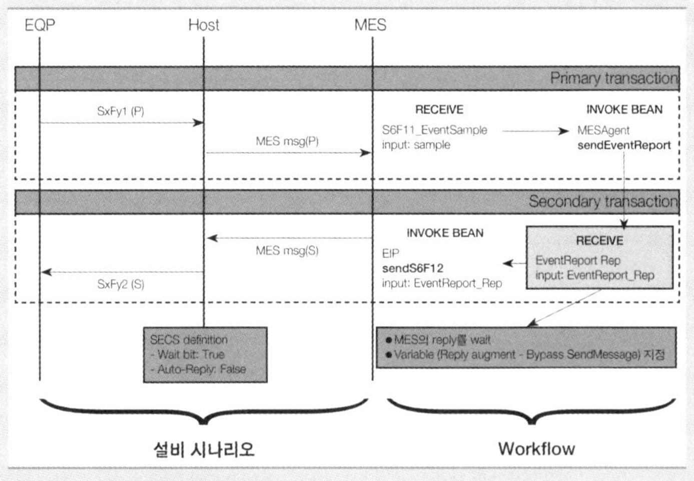

5.1.3 유틸리티제어(SCADA)

유틸리티제어란 생산 또는 물류현장에서 필요한 각종 유틸리티, 즉 전력, 공조/배기, 수(水), 폐수 및 GAS, 스팀, 보일러, 기타 설비에 대한 연계를 통하여 감시 데이터를 수집하고 이를 가공하여 모니터링 및 제어하는 것이다.

〈표 5.1〉은 감시 제어 대상 공정의 기능 및 그 요소들이다.

SCADA(Supervisory Control And Data Acquisition, 원방감시제어)는 현장 계기 및 센서로부터 원격단말장치(RTU: Remote Terminal Unit)가 데이터를 수집한 후 유무선 통신망을 통해 중앙감시실에 설치된 감시제어용 컴퓨터에 전송하여 현장의 상황을 온라인으로 감시·제어하는 시스템이다. 주로 석유화학 플랜트, 제철공정 시설, 공장자동화 시설, 발전·송배전 시설 등 여러 분야의 원격지 시설장치를 중앙집중식으로 감시·제어한다. 화학장치 산업의 공정제어에도 SCADA가 많이 쓰이고는 있지만 전력 등 유틸리티제어에 더 널리 쓰이고 있다. 필자도 초창기에 송유관 SCADA 프로젝트를 수행했었는데 SCADA는 전력사

[그림 5.6] 유틸리티제어 시스템 구성도

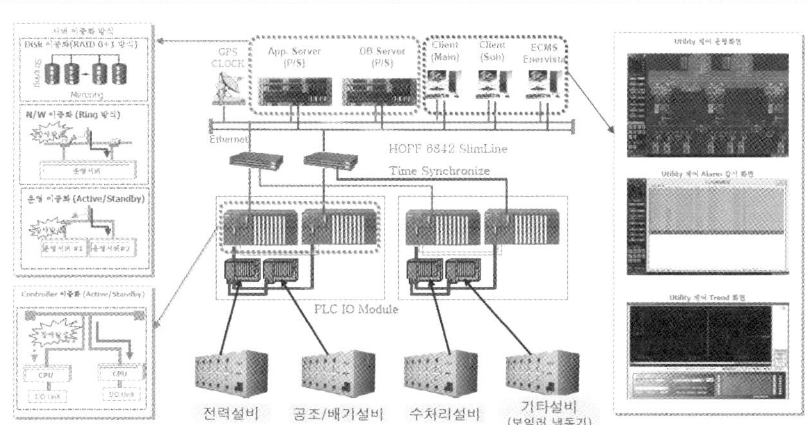

〈표 5.1〉 감시 제어 대상별 필요 기능

NO	감시 제어 대상	감시 제어 대상 기능 및 요소	비고
01	전력	변전소 기기 상태 감시 및 Dual Answer Back 조작 발전기, UPS 상태 감시 역률 관리 변압기 TAP 감시 및 조작 Demand 감시 정전, 복전 제어(STS/3L) Peak 부하 관리 및 제어 전력 HMI 구현 전력 데이터 분석 관리 리포트(EDMS) 전력 표준 운영 프로그램(ERTS)	전력 제어
02	공조(급기/배기)	공조기 제어 및 HMI(온도, 습도, 압력, 유량, 수위 등) 배기 제어 및 HMI 구현 Damper 제어 및 HMI 구현 각종 HEX 제어 및 HMI 구현	HVAC
03	수처리	용수, 폐수 제어 및 HMI 구현 PCW 제어 및 HMI 구현 폐수 Tank/Pit 제어 및 HMI 구현	P&ID
04	UPW(초순수)	UPW(Ultra Pure Water) 설비와의 통신 및 HMI 구현	벤더설비통신
05	보일러	보일러 설비와의 통신 HMI 제어/감시 구현	벤더설비통신
06	냉동기	냉동기 설비와의 통신 및 HMI 감시 구현 Chiller 제어 및 HMI 구현 Cooling Tower 제어 및 HMI 구현 (냉수 시뮬레이터 공급 전용 패키지를 활용하여 FlowMaster 및 설비배관 데이터를 입력)	설비통신 냉수 예지
07	Air Compressor Air Dryer	Air Compressor/Air Dryer 설비통신 및 HMI 감시 구현 Air Compressor 항기동 제어 및 HMI 구현	설비통신
08	Gas Purifier	Gas Purifier 설비와의 통신 및 HMI 감시 구현	설비통신
09	VOC	VOC(Volatile Organic Compound) 설비와의 통신 및 HMI 감시 구현	설비통신
10	FMS	FMS(Facility Monitoring System)와의 통신 및 HMI 구현	설비통신
11	PV	Sequence 제어 및 HMI 구현	
12	CV	설정 압력에 의한 순차 ON/OFF 제어 및 HMI 구현	
13	기타	각종 유틸리티 설비 제어 및 HMI 구현	

업의 종합예술로 불리고 있다. 전력 계통 운용은 지속적으로 전력공급 상태와 다수의 전력설비를 동시에 감시해야 하며, 발전 조절 및 수요량에 맞게 설비 운용과 전압 조절 등 적절한 대응이 필요한 분야이다. 종래의 전화 연락만으로는 돌발사고 발생 시 긴급처리 및 사고 발생의 사전예방에 한계가 있어 전력 계통 운용을 대행 및 뒷받침하기 위해 원방감시제어 체계를 활용하고 있다. SCADA 시스템은 전력 계통의 종합관리뿐만 아니라 파이프라인, 상하수도, 가스공급, 도로교통, 통신설비, 빌딩 관리 및 플랜트 관리 등에 응용되고 있기 때문에 특히 보안 관련 이슈가 화두가 되고 있다. 2010년 이란의 핵시설에서 SCADA 시스템이 악성코드에 감염되어(?) 원심분리기 1,000여 기가 순식간에 오작동하면서 핵시설이 파괴된 사건이 발생하기도 했다. 다음은 일반적인 SCADA 시스템을 구축하기 위한 절차이다.

(1) I/O List 및 Map 정리

제어시스템 구축에서 가장 중요한 기준은 감시/제어의 대상이 될 수 있는 I/O Point이다. 감시 및 제어를 하고자 하는 모든 대상을 I/O Point MAP 형태로 관리한다. PLC, DCS에서 기준으로 활용된다.
정리된 I/O List를 기준으로 실제 제어를 위한 Address Map을 구성한다. 정의된 Address Map을 활용하여 실제 제어프로그램을 작성한다 (Map의 구조는 PLC 종류에 따라 다름).

(2) 제어시스템 및 제어 패널 구성

전력감시를 예로 들면 전력공급 단에(154k, 22.9kV, 6.6kV) 따라 CPU를 분리하여 시스템 이상 시 문제 발생을 최소화하고, 여유 CPU(Redundancy)를 사용하여 Hot-Standby 시스템 구성 및 네트워크 이중화를 통해 안정적이고 효율적인 시스템을 구축한다.

PLC 패널 구성은 패널 내부의 냉각 및 방진 구조를 적용하고, 전력선 및 전력공급을 이중화하여 안정성을 높인다.

(3) 서버 & MMI 시스템 구성

현장에서 전달되는 계기들의 데이터를 OPC, DDE, 전용 드라이버 등을 통해 RTDB에 전달하고 이 데이터를 공유하는 형태로 시스템을 구현한다. 일관된 화면 레이아웃을 위해 심벌 및 브랜치를 사용하는 미믹(Mimic)[3]으로 구성하여 작업의 용이성 및 화면 표시의 일관성을 추구하고 오조작을 방지하기 위해 듀얼 제어를 채용하며 무정지 운전을 위해 N/W, App.서버를 이중화 구성한다.

(4) 중앙통제실(CCR: Central Control Room) 구축

제어는 분산하고 정보는 집중한다는 차원에서 효율적인 운전 감시를 위해 중앙통제실을 구축한다. 보다 효율적이고 안정적인 감시 및 제어를 할 수 있도록 운영의 편리성을 고려한 시스템 확장성도 고려한다.

(5) 시스템 시험 및 시운전

현장 설치와 동시에 시운전이 가능하도록 시스템의 전반적인 부분, 즉 서버, 패널, Network, PLC 등의 H/W 및 S/W 부분에 체계적인 테스트 방법을 수립하여 개발 전 부분에 걸쳐 사용자와 함께 FAT (Factory Acceptance Test)를 진행한다.

시운전 시 무엇보다 중요한 것은 사전에 철저한 계획을 수립하여 시나리오(SOP)를 상세하게 수립하고 또한 체계적인 진행을 통하여 기존 운영라인에 영향이 없도록 한다.

3) 미믹(mimic) 복잡한 시스템을 심볼을 이용해 애니메이션으로 도식화하여 나타내는 표시판.

5.2 물류제어 아키텍처

5.2.1 자동반송(AMHS)

반도체 공장의 Fab 자동화에 대한 개념은 대용량 300mm 제조공정이 도입되면서부터 구체화되었다. 성공적인 자동화 공정은 팹 설계, 자동반송(AMHS), 설비 규격, S/W 애플리케이션, 이송 장비와 개별 장비 간의 호환성, 소프트웨어 견고성, 하드웨어 신뢰성 등과 관련된 문제도 동시에 해결되어야 한다. 300mm 팹 환경에서 웨이퍼는 밀폐된 단일 캐리어인 FOUP[4]으로 저장 및 운반되어야 하는데, 로딩된 FOUP의 중량

4) FOUP(Front Opening Unified Pod)
200mm 개념으로 cassette와 같은 말임. 25매가 1 lot. '푭[fu:p]'이라고 읽음.

[그림 5.7] 300mm Fab 자동화 구성요소

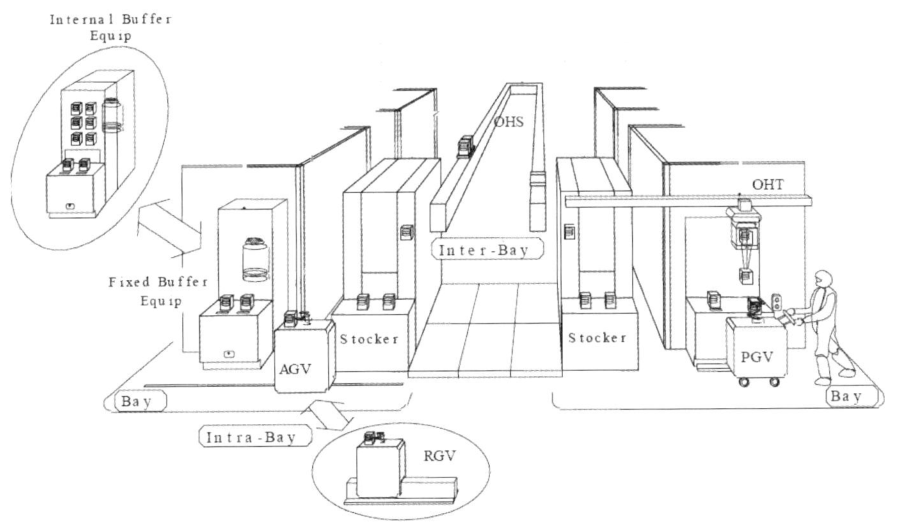

자료: ISMI(http://ismi.sematech.org).

5) SEMI(Semiconductor Equipment and Materials International, 국제반도체장비재료협회)
1970년에 미국 마운틴 뷰에서 설립되었고, 세계 반도체 장비, 재료 산업 및 평판디스플레이(FPD) 산업을 대표하는 세계 유일의 국제 협회.

6) I300I(International 300mm Initiative)
반도체 기판의 대형화로 인해 연구 비용이 너무 커서 Sematech은 1995년 300mm 개발 공동 연구를 추진하게 되고 6개의 미국 회사와 7개의 타국 회사가 공동 연구를 시작. 2000년 International Sematech이라는 이름으로 미국 공동 연구기관에서 국제 공동 연구기관으로 탈바꿈.

7) Selete[SEmiconductor Leading Edge Technology(Japan)]
일본 주요 반도체업체들이 공동 출자한 반도체 R&D 업체.

8) AMHS(Automated Material Handling System, 자동반송)
자동화에 필요한 Vehicle, Transport 등의 총칭.

은 거의 10Kg으로 수동 운반이 버거울 정도로 무겁다. 따라서 수동으로 반도체 재료를 운반하기보다는 자동반송(AMHS)에 기반을 둔 팹(Fab) 설계가 요구되었다. 팹에서 작동되는 자동화의 기능들은 SEMI[5], I300I[6], Selete[7] 등의 산업 그룹이 제정한 표준을 준수하게 된다.

AMHS[8], 자동반송은 작업자에 의해 매뉴얼로 운반되던 Lot(Carrier, Box, Foup 등)을 사람의 손을 거치지 않고 이송장치에 의해 자동으로 목적지까지 운반하는 것을 말한다. 팹 내의 고 청정도에 대응하고 웨이퍼의 크기가 커짐에 따라 수작업을 하는 데 어려움이 있어 자동반송의 필요성은 점점 커지고 있다. 〈표 5.2〉는 자동반송의 종류인데 각각의 반송 능력 및 투자 효율에 따라 최적의 기기가 사용되고 있다.

〈표 5.2〉 자동반송의 종류

	AGV	• Floor상에 무궤도 및 매설된 궤도 레일을 따라 주행하는 무인 반송차로서(200mm), 공정 간 혹은 공정 내에서 설비와 Stocker 사이의 MIC를 통해 반송에 사용된다. 300mm에서는 사용되지 않음(AGV: Automated Guided Vehicle).
	RGV	• 무인 운반차, 무인 견인차, 무인 지게차 등이 있으며 기계조립라인, 가공라인, 물품이송라인, 자동창고, 유연생산시스템 등에서 공정 간 물류 이송이나 자동창고 내의 물품 운반을 위해 사용됨. • 일반적으로 전자 유도 제어방식이 사용되나 전자 테이프 반사방식, 레이저 빔 유도방식, 영구자석 방식 등 다양한 유도방식이 사용되고 있음(RGV: Rail Guided Vehicle).
	OHT	• HID(무접촉 유도 전원) 방식이며 클린룸의 공정 간 및 공정 내에 설치된 레일 위에서 카세트를 들고 나르는 천정반송 시스템. • Segregate 방식에서 Unified OHT로 구성되면서 Slide와 Hoist를 모두 가지고 있으며 반도체에서만 사용.

	OHS	• OHT와 같은 역할을 하지만 자기부상 방식이며 선형 전동기로 추진시키는 방식으로 제작되었으며, 고청정 클린룸 내에서 고속 반송을 구현할 수 있다. Slide 방식이며 LCD에서 주로 사용.
	Stocker	• Clean Stocker는 클린룸 내의 FOUP을 임시 저장하기 위한 장치로서 제어 구성물은 카세트용 로봇, 여러 개의 입/출고 포트들로 구성되어 있음.

물류설비의 종류에는 다음과 같은 유형이 있다.

- 저장 설비: Stocker, STB(AZFS, UTS)[9)]
- 대차(Vehicle)를 이용한 이동설비: AGV/RGV/OHS/OHT
- 대차가 없는 이동설비: Conveyor/OHCV
- 층간 이동설비: Lifter
- 기타: Crane(Rack Master)/Shelf/Port/Zone

물류반송의 무인자동화 추세와 함께 Stocker나 OHS, Clean Conveyor, Lifter 등과 같은 개별적인 AMHS 장비들에 대한 제어프로그램이 현장에 적용되고 있다.

장비제어프로그램(TSC[10)], SC)은 사용자와 일반적으로 호스트라고 지칭되는 MCS(Material Control System)에 실시간으로 장비의 상태와 정보를 제공하고, 사용자나 MCS의 반송지시에 따라 로봇이나 Stocker Crane, Vehicle 등과 같은 Active Unit들의 작업을 제어하여 안정적으로 AMHS 장비를 관리한다. 또한 장비 내에서 Material의 효율적인 이동과 입출고를 보장하는 기능을 수행한다. 필요에 따라 MCS와는 별

9) STB
Side Track Buffer

10) TSC(Transport System Controller):
FAB 내 천정에 설치된 레일을 기반으로 장비 간 물류 반송에 필요한 Carrier/Cassette/Foup을 들고 나르는 차량(Vehicle)들을 관제 및 제어하는 컨트롤러.

[그림 5.8] Fab 내의 AMHS 아키텍처

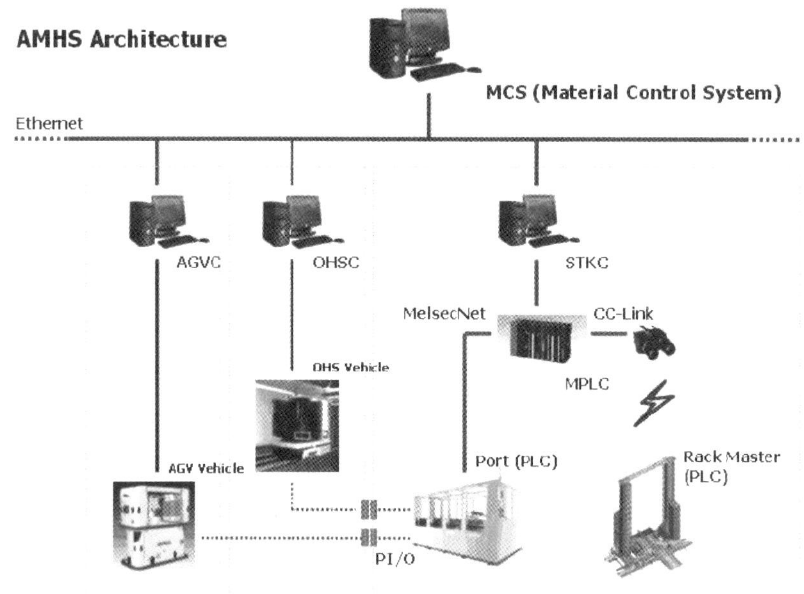

자료: 신성ENG(2006).

도로 TSC(Transport System Controller), SC(Stocker Controller)를 활용하여 다음과 같은 기능들도 제공할 수 있다.

- AMHS 장비의 Status, 각 장비 Unit의 Status Information 수집·제공
- AMHS 장비 내의 재고 정보를 수집·제공
- AMHS 장비의 Material 반송에 관련된 이벤트와 로그를 수집·분석
- AMHS 장비의 특정 정보에 대한 FDC(사전예측감지) 기능 제공
- 수집된 정보에 대한 통계적 분석, 리포트 기능 제공
- 사용자의 요구사항과 비즈니스 로직을 쉽게 구현할 수 있는 확장성 제공

5.2.2 SEMI 소프트웨어 표준(MCS View)

MCS(Material Control System)란 물류자동화의 필수 요소인 이송장치 및 이송 대상인 자재를 제어하며, 최적 반송에 필요한 라우터 및 스케줄링, 그리고 물리적 이송 과정에서 발생하는 예외 상황을 총체적으로 실시간 제어하는 시스템이라고 할 수 있다.

[그림 5.9] SEMI 300mm Software 표준

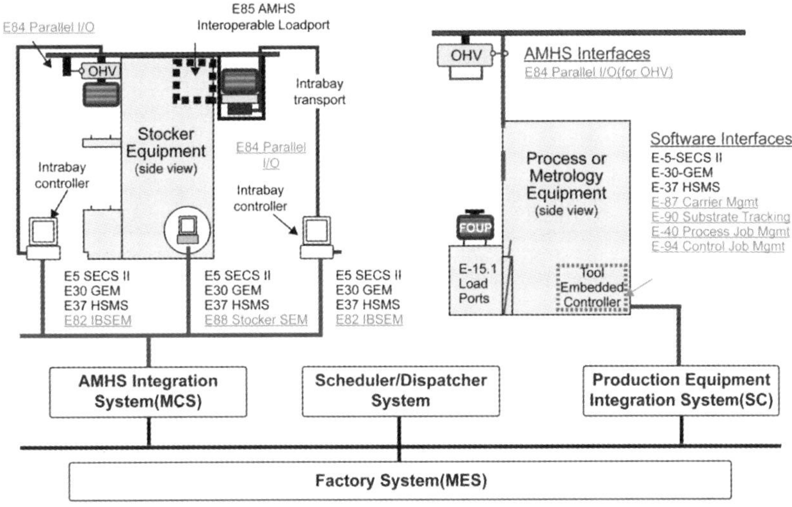

자료: International SEMATECH(2000).

〈표 5.3〉 SEMI 표준(http://www.semi.org)

ID	간략한 명세	동의어	설명
E5	SEMI Equipment Communications Standard 2	SECS-II	장비와 호스트 간의 메시지 전송 규약에 따라 교환되는 메시지가 해석될 수 있도록 그 구조 및 의미를 규정
E30	Generic Equipment Model	GEM	실제 운영 시 장비대응 시나리오에 대한 정의

E37.1	High Speed Messaging Service-Single Session	HSMS-SS	GS와 비교하여 하나의 연결을 통해 대상 장비 하나와 데이터를 주고받는 규약 SECS-I의 대체를 위해 간략화된 HSMS 사양
E39	Object Services Standard	OSS	오브젝트에 대한 정의나 활용에 대한 표준
E40	Processing Management	PM	웨이퍼를 가지고 작업하는 데 필요한 방법 및 절차
E82	Intra/Inter Bay Specific Equipment Module	IBSEM	반송장비(Intra/Inter Bay)와의 통신을 위해 사용되는 메시지 정의와 시나리오 제공
E84	Enhanced PI/O	EPIO	보다 강화된 캐리어 핸드오프 병렬 I/O 인터페이스로서 자동반송 장치와 설비와의 이송까지 통신을 규정하여 캐리어의 안전한 이송을 보장
E87	Carrier Management Standard	CMS	생산장비와 반송장비 내의 캐리어를 관리하는 데 필요한 표준
E88	Stocker Specific Equipment Model	STKSEM	Stocker 운영에 필요한 상태 모델과 주요 기능에 관한 정의
E90	Substrate Tracking Standard	STS	실제 장비 안에 있는 웨이퍼의 모든 상태(가공, 이송)를 추적하기 위한 메커니즘
E94	Control Job Management	CJM	Process Job의 스케줄링 요구사항을 정의

[그림 5.10]의 Flowcharts에서는 설비를 중심으로 호스트(MCS)와 자동반송(AHMS) 장치가 작업하는 절차를 보여준다. 호스트의 명령에 의해 캐리어가 이송되고 Process Job에 정의된 절차에 따라 작업이 수행되는 예를 보여준다. 시나리오 부분에서는 MCS에서 Stocker Controller에 S2F49를 이용하여 Carrier ID와 Carrier Location이 포함된 메시지를 전송하는 예제를 데이터 Format과 함께 보여준다.

[그림 5.10] 300mm Operational Flowcharts and Scenarios(Production Equipment)

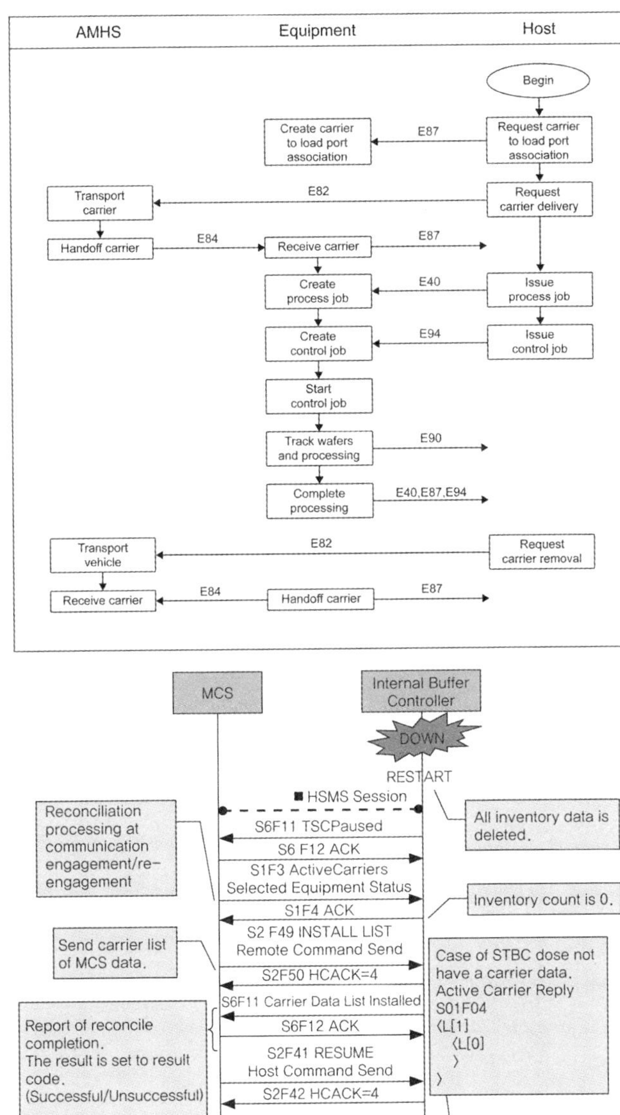

자료: International SEMATECH(2000).

■ Format

■ Message: Carrier Data List

```
S2F49 W
<L [4]
  <U2 0 >  /* DATAID */
  <A ">  /* OBJSPEC */
  <A 'INSTALLLIST'>  /* RCMD */
  <L [1]
    <L [2]
      <A 'CARRIERDATALIST'>  /* CPNAME */
      <L [N]
        <L [2]
          <A 'CARRIERDATA'>  /* CPNAME */
          <L [2]
            <L [2]
              <A 'CARRIERID'>  /* CPNAME */
              <A CarrierID>  /* CEPVAL */
            >
            <L [2]
              <A 'CARRIERLOC'>  /* CPNAME */
              <A CarrierLoc>  /* CEPVAL */
            >
          >
        >
      >
    >
  >
>.
```

```
S2F50 W
<L [2]
  <B HCACK>  /* HCACK */
  <L [2]
>.
```

■ Message: Carrier Data Installed

```
CEID : 153 CarrierDataListInstalled
Wbit(1) S06F11 SysBytes(112)
 〈L[3]
   〈U4 0〉    /* data id */
   〈U2 153〉 /* ceid */
   〈L[1]
        〈L[2]
          〈U2 19〉 /* Report Id */
          〈L[1]
             〈U2 0〉 /* Result Code */
          〉
        〉
   〉
 〉
```

```
S06F12
〈B ACK〉
```

■ Report ID

Report ID	Variable	Report Format
19	ResultCode	〈L[1] 〈U2 0〉 /* Result Code */〉

5.2.3 MCS의 역할 및 주요 기능

MCS는 작업자에 의한 오염이나 캐리어(Carrier)의 반송 오류를 줄이고 다음 목적지까지 캐리어(Carrier)를 적절히 반송하는 역할을 수행한다.

- MES로부터 받은 반송 명령에 대해 반송 Route 설정 및 장비 관리
- FAB 내 상황 변화에 효과적으로 대처하여 라인 상황에 따른 효율적인 동적 라우팅 설정

- AMHS 장비 및 캐리어(Carrier)에 대한 실시간 모니터링 제공
- 최적의 반송 경로 탐색(Shortest Path) 알고리즘 적용
- MES & AMHS와의 편리한 인터페이스 제공

MCS의 기능으로는 제어 서비스, 모니터링 서비스, 인터페이스 서비스, 로그 관리와 시스템 관리 서비스 등을 들 수 있다.

- 제어 서비스
  - 기준정보 등록 및 관리
  - 반송명령 제어 및 반송명령 Queue 관리
  - 최적의 반송 및 경로 제어
  - Vehicle/Stocker 제어
  - Load balancing 및 예외 처리
- 모니터링 서비스
  - Carrier/Port/Stocker/Vehicle/Lifter/AGV 모니터링
  - 실시간 FAB Wide 모니터링
  - Alarm/Trouble 모니터링
- 인터페이스 서비스
  - MES 인터페이스
  - AMHS(Stocker, Vehicle, Port 등) 인터페이스
  - 사용자 인터페이스
- History와 시스템 관리 서비스
  - 로그 관리 및 시스템 관리

MCS의 주요 솔루션에는 Applied Materials의 ClassMCS, 다이후쿠(daifuku) xMCS, 무라텍(muratec) MurataMCS 등이 있으며 이들 업체들은 모두 물류장비도 같이 생산하고 있다. 국내에서는 삼성SDS의 nanoTrans를 들 수 있다. MCS 솔루션의 가장 기본적인 기능은 최적의 반송 및 경로제어라고 할 수 있다. 가능한 모든 경로에 대한 FIFO (First In First Out) 혹은 우선순위에 따라 최적의 경로를 찾게 되는데

[그림 5.11] 투입 대기 Lot을 설비에 할당하는 다양한 Rule

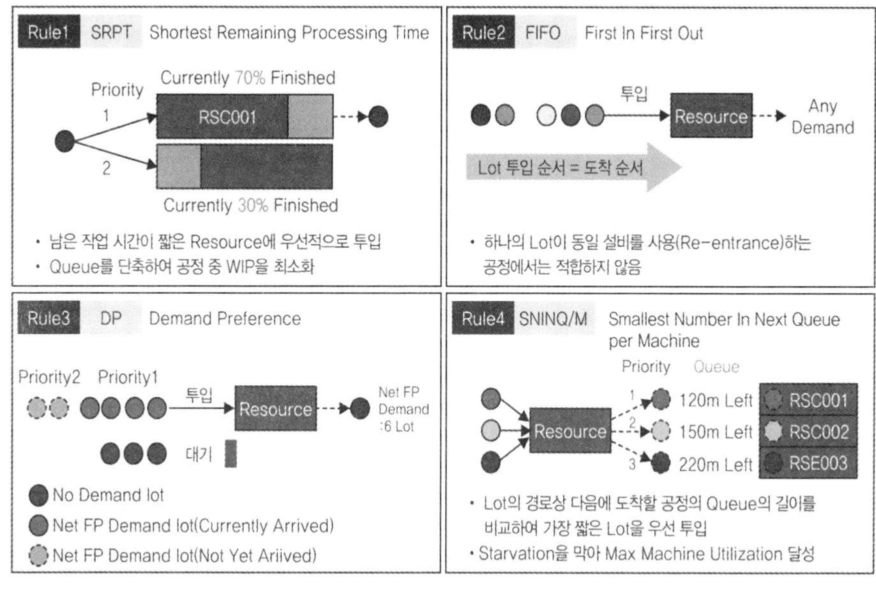

자료: ThiRA Scheduler(http://www.thirasnc.com).

FAB 내의 다양한 상황에 따라 전송 옵션이 달라진다. 참고로 MCS는 Scheduler나 RTD(Real Time Dispatcher)와 밀접한 관계를 가지고 있는데, [그림 5.11]은 RTD에 적용되고 있는 디스패칭 룰이다.

VI
설비 엔지니어링

운동장에서 경기를 하고 있는 선수들을 지휘·감독하는 것이 MES의 역할이라면 코치나 팀닥터, 병원 의사의 역할을 하는 것이 EES(설비엔지니어링, Equipment Engineering System)라고 할 수 있다. MES에서 요구하는 데이터보다는 좀 더 상세한 데이터를 분석하여 설비고장의 원인을 제거하고 OEE(설비종합효율)을 향상 시키는 데 목적을 두고 있다. 설비엔지니어링과 관련 있는 애플리케이션에는 FDC, R2R을 필두로 RMM, EPT, PPM, CIMS, ALM, ECM 등이 있다.

6.1 EES 개요, 종류, 특징

6.1.1 APC와 EES, PCS

2000년 초반부터 SEMI(Semiconductor Equipment and Materials International, 국제반도체장비재료협회)의 주도하에 관련 기관들(ISMI, JEITA & Selete[1], SEAJ[2]) 사이에서 설비의 엔지니어링 데이터 활용에 대한 논의가 활발히 진행되고 있다. 세계 반도체 제조업체 컨소시엄인 ISMI와 일본의 JEITA/Selete에서는 미래 FAB에서 엔지니어링 데이터를 활용한 EEC(Equipment Engineering Capabilities)의 중요성을 ITRS[3]에 포함했다. [그림 6.1]에서 보면 경기를 하고 있는 풋볼 선수들을 감독하는 것이 MES의 역할이라면 코치나 팀 닥터, 병원 의사의 역할을 하는 것이 EES(Equipment Engineering System)라고 볼 수 있다. MES에서 요구되는 데이터보다는 좀 더 상세한 데이터를 분석하여 설비 고장의 원인을 제거하고 OEE(설비종합효율)를 향상시키는 데 목적을 두고 있다. MES가 설비와의 연동에 SECS/GEM의 프로토콜을 사용하는 데 비해, EES는 별도의 EDA(Interface A) 포트를 권장하고 있다. 연계하는 데이터의 양이 많기 때문에 라인 운영과 관계되는 MES에 미치는 영향을 최소화하기 위해서이다. 보안 문제를 필두로 칩 메이커와 장비 벤더 사이에 해결해야 할 비즈니스 이슈는 많지만, 라인 내에서 운영되고 있는 장비의 엔지니어링 데이터를 공유하고자 논의는 꾸준히 제기되고 있다. Interface C도 그 연장선상의 프로토콜이다. FAB 내에서 장비의 고장이 발생했을 때 라인까지 직접 들어가지 않더라도 지역적으로 멀리 떨어져 있는 장비 벤더에서 조치해야 하는 필요성 때문이다. 설비 가용성 향상과 최적의 성능 유지를 위한 지원 시스템은 반도체 산업에 도입되기 전에 이미 화학장치 산업에서 APC(Advanced Process Control)라는 이름으로 활용되고 있었다. APC에는 MPC(Model

1) **JEITA & Selete**
JEITA(Japan Electronics and Information Technology Industries Association, 일본 전자정보기술산업협회), Selete(Semiconductor Leading Edge Technologies Inc. 반도체첨단테크놀러지). 일본 주요 반도체 업체들이 공동 출자한 반도체 R&D 업체.

2) **SEAJ**
Semiconductor Equipment Association of Japan, 일본 반도체장비협회.

3) **ITRS**
International Technology Roadmap for Semiconductors.

[그림 6.1] 풋볼 경기와 EES 애플리케이션 비교

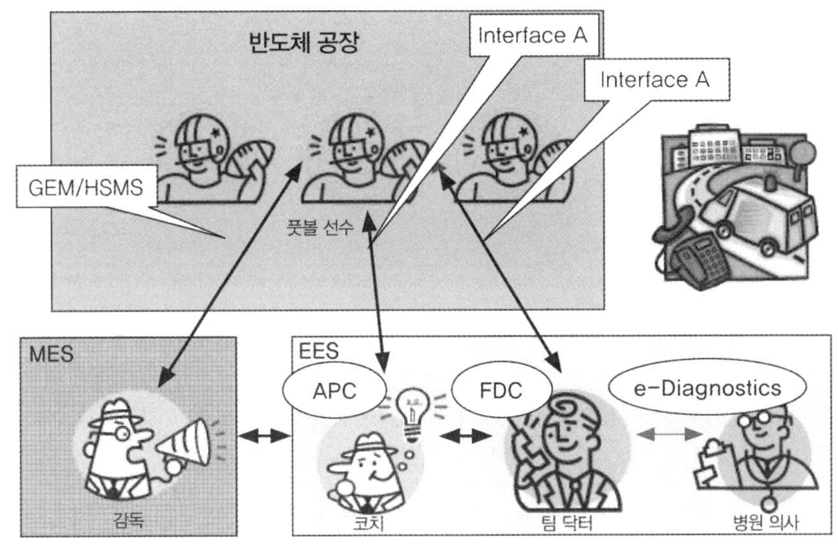

Predictive Control), SPC, R2R, FDC, Sensor Control 등의 여러 애플리케이션이 있지만 공정모델 기반의 다변수제어(feedback/ feedforward)만을 지칭하기도 한다.

EES와 관련 있는 애플리케이션에는 FDC(Fault Detection & Classification)와 R2R(Run to Run)을 필두로 여러 가지가 있다. 설비의 공정제어 변수를 모니터링하고 관리하는 RMM(Recipe management Module), 설비의 실시간 상태관리 및 효율분석과 각종 설비지표를 산출하는 EPT(Equipment Performance Tracking), 설비 PM/BM 등 보전작업에 대한 작업지시, 작업수행, 작업결과 보고 및 설비자재(Spare parts)에 대한 보전작업 일괄관리를 담당하는 PPM(Preventative Predictive Maintenance), 각 애플리케이션에서 발생하는 다양한 인터락에 대한 모델링,

[그림 6.2] EES와 유사한 개념

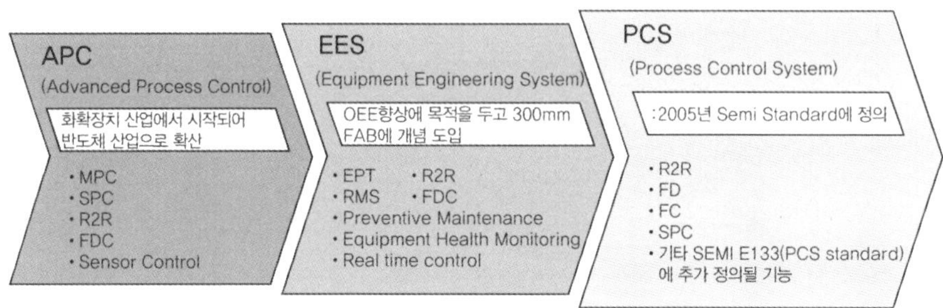

분석, 실행, 모니터링 작업을 통합시스템으로 관리하는 CIMS(Central Interdiction Management System), 설비에서 발생하는 설비 에러를 모니터링하고 관리하는 ALM (Alarm Management Module), 설비에 설정되어 있는 초기값을 관리하기 위한 ECM(Equipment Constant Module) 등이 있다.

6.1.2 FDC(Fault Detection & Classification)

생산설비의 파라미터들을 실시간으로 모니터링하여 설비/공정의 이상 변동을 감지, 예측, 분석, 통제하는 기능을 수행하는 시스템이다. 솔루션에서 제공하는 모델링 기능을 사용하여 FDC가 설정된 설비의 파라미터(온도, 압력, 전류, 유량 등)를 실시간으로 수집하여 이상 발생을 감지하고 설비에 인터락을 내릴지 판단하여 생산라인을 통제하게 된다. 실시간 장비 이상 감지, 이상 감지된 문제점에 대해 이상 현상 분류, 이상 분류를 통한 이상 예측의 과정을 거치게 된다.

FDC를 활용하는 목적은 크게 3가지가 있다. 첫째는 품질사고를 사전에 예방하는 체제를 구축할 수 있다. 설비별로 핵심 입력 파라미터를 실시간으로 감지하여 이상 발견 시 조기에 대응할 수 있다. 둘째는 보

[그림 6.3] FDC 개념도

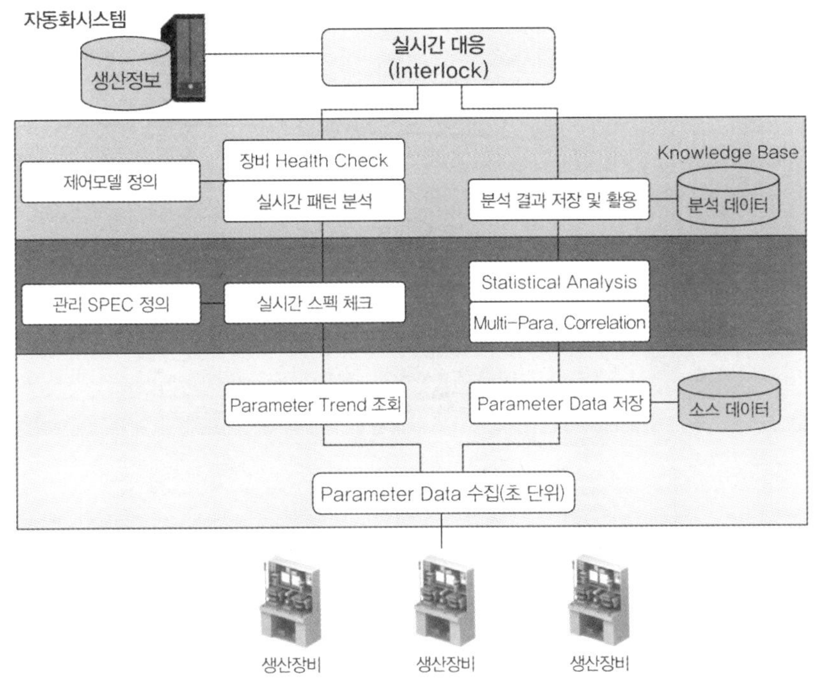

전작업 전후의 설비 동일성을 검증할 수 있다. 장기 트렌드를 분석하고 동종 설비 간 변동을 분석한다. 셋째는 불량 원인 분석에 활용한다. 변경점 분석 등 다양한 설비 정보를 분석하여 업무 속도 및 정확도를 확보하고 설비 문제의 원인 분석 및 성능 개선점 도출에 사용한다.

품질에 영향을 미치는 설비유형별 입력 파라미터를 선정하는 것이 가장 먼저 해야 할 일이다. 생산설비(온도, 압력, 전류, 유량), 측정설비(두께, 폭), 검사설비(이미지, 좌표값) 등의 입력 파라미터와 제품 간의 인과관계 모델링을 통해서 파라미터별 SPEC 기준을 설정하고 인터락 기능의 적용 여부를 결정하게 된다.

[그림 6.4] FDC 화면

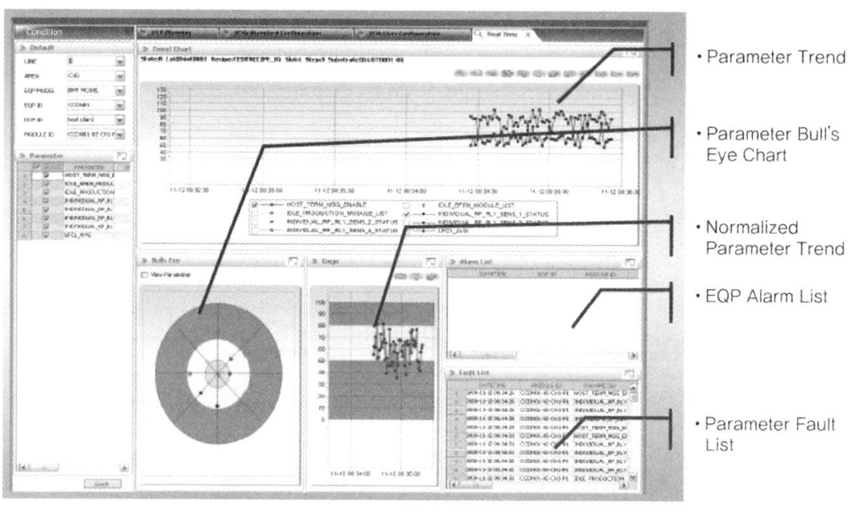

자료: BISTel(http://www.bistel-inc.com).

6.1.3 R2R(Run to Run)

매 Run(wafer/glass, Lot, Batch 등)에 대한 공정 능력을 향상시키기 위해 Recipe 파라미터를 선택하거나 그 값을 보정하기 위한 기술이다. 5.1장 공정설비제어(Level 2)에 소개된 프로세스 제어로서 제어 파라미터에 대한 모형(프로세스 모델)을 기반으로 하여 다양한 통계적 기법을 활용한다. 각 런(RUN) 간 진행되는 변동폭을 줄이는 것이 목표이며 이러한 Recipe 파라미터 제어식으로 각 런마다 수행한다고 하여 Run-to-Run Control이라고 불리기도 한다. R2R의 목적은 다음과 같은 것이 있다.

- 공정 변동에 대한 예측 가능한 대응
- 가공 전에 계측 데이터 예측

- 재작업 감소
- 런/공정/설비 등에 대한 다양한 변동폭 제어
- 공정 수행능력(Cp, Cpk)의 최적화
- 공정 변화 감지를 통한 외부 요인의 최소화
- 공정 산포의 감소
- Sampling/Rework/Scrap 감소

R2R의 3가지 주요 요소로는 공정 지식과 데이터에 기반을 둔 시뮬레이션 모델, 현재 진행형의 공정 및 계측 데이터, 제어 및 최적화 알고리즘이 있다.

프로세스 제어에는 [그림 6.5]에서와 같이 피드백 제어와 피드포워드 제어가 있다. 피드백 제어는 공정을 진행한 결과 변동이나 이동에 대한 보상제어이고 피드포워드 제어는 공정 진행 전의 장비 및 제품 상태에 대한 보상제어이다.

SPC(statistical process control, 통계적 공정 관리)와의 차이점은 SPC는 관리 한계를 기반으로 RUN의 진행에 대해서 공정 변화나 이상을 감지하는 통계적 품질관리 시스템이다. 이를 통해 RUN이 진행하는 경향과 관리 한계를 벗어났는지 알 수 있다. 이에 비해 R2R은 이전에 진행했던

[그림 6.5] 피드백 제어와 피드포워드 제어

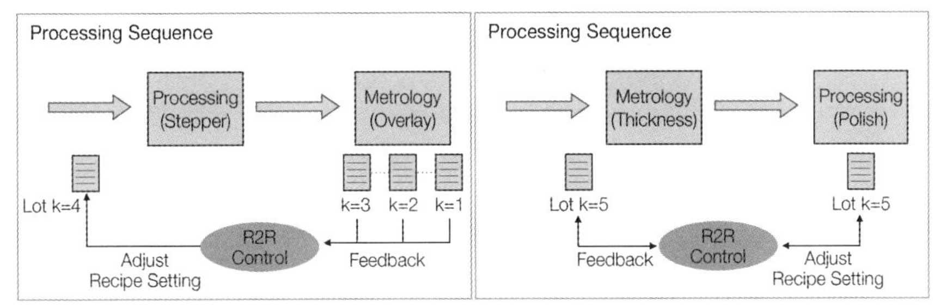

RUN의 정보와 현재 장비나 공정 상태 정보를 활용하여 다음에 진행할 RUN이 가져와야 할 최적의 Recipe 값을 예측하는 기능을 수행한다.

6.1.4 기타 관련 애플리케이션

EPT(Equipment Performance Tracking): 설비 상태 관리, 설비 효율 분석 및 각종 설비 지표 산출

- 각종 설비 지표 관리
- 설비 Down/Run Rule을 이용한 설비 State 관리(Run/ Idle/ PM/ BM/…)
- 설비 효율, 성능 및 유실률 관리
- Unit 단위의 실시간 설비 모니터링 및 분석
- Standard Time, Tact Time 관리

PPM(Preventative Predictive Maintenance): 설비 PM/BM 등 보전작업에 대한 작업지시 생성, 작업수행, 작업결과에 대한 보전작업 일괄 관리 시스템

- Time Based Maintenance
- Condition Based Maintenance
- 설비의 보전 작업들을 관리·기록
- Job Plan Template를 이용한 Job Plan을 작성
- CBM에 사용된 설비 Parameter를 사용하여 특정 설비 및 Chamber에 대한 PM 일정 계획 기능 제공
- 설비와 설비자재(Spare Parts) 현황을 지속적으로 관리하여 설비가 최상의 성능을 유지할 수 있도록 지원

대부분의 제조현장에서 산출되는 MTBF나 MTTR은 현장에서 설비를 유지·보수하는 설비 엔지니어의 정지 LOSS를 반영하지 못하는 경우가 많다. 특히 자동화 라인이 대부분인 반도체나 디스플레이 산업에

서 설비에서 자동으로 집계되는 설비 상태만으로 MTBF를 집계하는 것은 많은 오류를 범할 수 있다. 엔지니어들이 PM 작업을 진행하는 도중에도 테스트 작업 등을 위해 설비 상태는 RUN으로 올라오기 때문이다. 청소, 필터 교체, 치구 교체, 용액 보충, 품질 문제, 물량 부족, Glass 파손 등의 LOSS를 반영하기 위해서는 설비의 touch panel에 정지 Loss 항목을 작화하고 PLC에도 반영하여 정확한 원인 및 설비 상태 동기화가 MES와 PPM(Preventative Predictive Maintenance) 모듈 사이에 이루어져야 한다. PPM과 MES의 설비 상태가 정확히 동기화되면 BM이나 PM 작업에 따른 물류설비의 인터락 구현이 가능하다. PPM 연동 인터락의 유형은 다음의 경우가 있다.

- 설비 상태에 따른(작업오더 진행) 인터락: MES RTD 모듈
- PM 예정 시작/종료 시간에 따른 인터락: MES RTD, FS 모듈

즉, 설비 엔지니어에 의해서 작업완료 확인이 끝난 경우에만 인터락이 해제되고 PM 작업 오더가 발생되었지만, 일정 기간 작업이 이루어지지 않으면 자동으로 물류설비에 인터락을 수행하여 PM 작업을 강제화시킨다. 특히 생산계획 모듈과의 연동을 통하여 인터락을 구현하는데, 대기시간이 일정 한도를 넘었을 때 불량이 발생하는 특이 공정의 경우 MES의 RTD 모듈과 연동한다. 또한 PM 작업 진행에 따라 연간 PM Schedule을 실시간 생성/수정하는 것이 가능하다. FDC, DCOL data를 활용하여 CBM을 생성/관리하고, 향후 realtime SPC와 연계된 CBM 작업도 가능하다. 더불어 PPM의 COMP 상태와 MES의 IDLE 상태를 시스템적으로 연동하여 설비종합효율을 위한 분석 정보의 정확도를 확보할 수 있다.

RMM(Recipe Management Module): 설비 Recipe를 모니터링하고 관리하는 시스템

- 개별 설비에서 관리되는 모든 Recipe Body를 통합 관리
- 각 설비별, Recipe Parameter별 Spec값 통합 관리 및 변경 이력 관리
- 잘못된 Recipe Parameter Setting으로 인한 공정사고 및 작업자 부주의로 인한 공정사고 예방
- Recipe Parameter Editor
- Recipe Parameter Value Download

CIMS(Central Interdiction Management System): 각 애플리케이션에서 발생하는 다양한 인터락에 대한 Modeling, Analysis, Action, 모니터링을 단일화하여 통합시스템으로 관리

- 통합 Interlock Modeling & Management
- Interlock 간 상관관계를 이용한 Interlock Control
- Integrated Rule Based Interlock Control
- Knowledge Based Interlock Classification

ALM(Alarm Management Module): 설비에서 발생하는 설비 에러를 모니터링하고 관리

- Alarm Configuration
- Alarm 중요도 설정
- Alarm 중요도에 따른 Interlock Control
- Alarm 이용 설비 State 변경

ECM(Equipment Constant Module): 설비에 설정되어 있는 초기값을 관리하기 위한 시스템

- Equipment Constant Value Validation
- Equipment Constant Revision 관리
- 동일 설비 내 ECID에 대해 Revision별 비교
- 동종 설비 간 ECID 비교
- Equipment Constant Value에 대한 Interlock

6.2 품질분석시스템

6.2.1 제조업에서의 품질

품질관리는 원래 제조공정에서 제품의 불량을 제거하기 위한 검사(Inspection)의 의미로 사용되었다. 그러나 검사는 재공품(WIP)이나 제품의 품질을 확인하는 것으로 이미 완성된 제품의 품질 개선이나 불량 예방에는 도움이 되지 못했다. 그 후 예방관점에서 관리도를 비롯한 통계적 방법을 적용한 통계적 품질관리(SQC: Statistical Quality Control)로 발전했다. 그러나 통계적 품질관리도 검사 부서나 품질관리 부서 중심으로 통계적 방법만이 강조되어 그 한계성을 드러내게 됨에 따라, 품질에 영향을 주는 사내 모든 기능이 종합적으로 참여하여 품질관리를 추진해야 한다는 필요성이 강조되어 종합적 품질관리(TQC: Total Quality Control)가 등장하게 되고, 일본에서는 이를 CWQC (Company-Wide Quality Control)로 변형하여 부르고 있다. 제조업에서의 품질은 설계품질(설계인자 분석, Simulation/Pilot), 제조품질(SPC 및 수율 분석/예측), 서비스품질(Claim 분석 및 CRM)로 구분될 수 있다. [그림 6.6]은 제조업에 적용될 수 있는 단계별 품질관리 기능이다.

최근에는 제조공정의 효율적인 관리를 위해 다양한 데이터 분석 도구와 통계적 모형이 활용되고 있다. 제조품질 향상과 관련해서는 다양하고 방대한 데이터의 양, 복잡한 연관 관계 및 기존 분석 방법으로는 해결할 수 없는 문제, 분석 및 추적하는 데 장시간이 소요되는 어려움이 있다. 데이터마이닝은 대용량의 데이터에서 일정한 규칙(Pattern)을 찾을 수 있고 지능적 분석 기법을 제공하여 다양한 문제 해결력을 제시한다. 아울러 빠른 시간 내에 분석이 가능하다는 장점이 있다. 이

[그림 6.6] 단계별 품질관리 기능

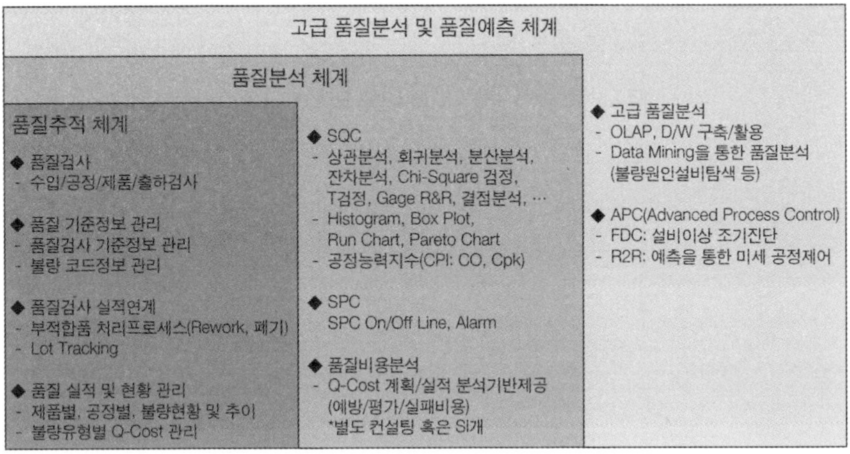

고급 품질분석 및 품질예측 체계

품질분석 체계

품질추적 체계

◆ 품질검사
- 수입/공정/제품/출하검사

◆ 품질 기준정보 관리
- 품질검사 기준정보 관리
- 불량 코드정보 관리

◆ 품질검사 실적연계
- 부적합품 처리프로세스(Rework, 폐기)
- Lot Tracking

◆ 품질 실적 및 현황 관리
- 제품별, 공정별, 불량현황 및 추이
- 불량유형별 Q-Cost 관리

◆ SQC
- 상관분석, 회귀분석, 분산분석, 잔차분석, Chi-Square 검정, T검정, Gage R&R, 결점분석, …
- Histogram, Box Plot, Run Chart, Pareto Chart
- 공정능력지수(CPI: CO, Cpk)

◆ SPC
SPC On/Off Line, Alarm

◆ 품질비용분석
- Q-Cost 계획/실적 분석기반제공 (예방/평가/실패비용)
*별도 컨설팅 혹은 SI개

◆ 고급 품질분석
- OLAP, D/W 구축/활용
- Data Mining을 통한 품질분석 (불량원인설비탐색 등)

◆ APC(Advanced Process Control)
- FDC: 설비이상 조기진단
- R2R: 예측을 통한 미세 공정제어

렇듯 제조 품질 향상에 마이닝을 적용하면 고장이나 각종 결점에 대한 데이터를 통계 분석하고, 분석 결과를 이용해서 결점의 원인을 찾아내고, 이러한 결점이 다시는 일어나지 않도록 예방보전을 할 수 있다. 데이터마이닝의 주요 내용을 살펴보면 다음과 같다.

- 주요변수 추출: 반응변수(불량, 결점 등)에 영향을 미칠 수 있는 수많은 변수들 가운데 크게 영향을 미칠 수 있는 설명변수들을 선택해 내는 프로세스로서 반응변수의 종류에 따라 다양한 통계적 방법을 이용하게 된다.
- 유의차 분석: 반응변수에 영향을 미칠 수 있는 요소들의 복수 level에서 반응변수들의 값들이 통계적으로 의미 있는 차이를 나타내는가를 분석하고, 이에 기초하여 설비, 작업자 및 소재 등에 대해 적절한 조치를 취하게 하며, 이를 통하여 대량의 부적합을 예방하는 효과를 기대할 수 있다.

- 주요 공정 파악: 반응변수에 영향을 크게 미치는 주요 공정을 통계적으로 분석하여 해당 공정의 중요도(기여도)를 평가한다. 이를 통하여 공정별 관리의 엄격도에 대한 계획을 수립/운영할 수 있다.
- 최적 경로 탐색: 주요 공정변수들의 어떠한 조건에서 결점이 최소화되고, 수율이 극대화되는지를 탐색하는 기능으로서 recipe optimization을 주목적으로 이용한다.
- 예측 및 추정: 여러 가지 환경 내지 조건들을 변화시켰을 때 수율 및 결점 수 등의 반응변수가 어떻게 변화하게 되었는지를 추정 또는 예측하는 내용으로 통계적 모델링을 통하여 반응변수의 추정/예측 값을 제공한다.
- 고장이나 결점 발생의 패턴 인식: 결점에 영향을 미치는 변수가 어떤 것이고 어떤 레벨 혹은 어떤 조건에서 발생된다는 것도 중요하지만, 여러 가지 변수들이 조합적으로 어떤 환경에서 고장이나 결점을 일으킨다는 경향성을 파악할 수 있다면 더욱 중요한 정보가 될 것이다. 이는 결국 전자의 경우가 OLAP 차원의 분석이라면 후자의 경우는 데이터마이닝을 통한 분석이라고 할 수 있을 것이다.

6.2.2 데이터마이닝

마이닝 시스템의 구성은 데이터를 수집해서 마이닝을 할 수 있는 데이터를 제공해주는 DB 부분, 각종 간단한 통계와 도표 및 그래프 등을 볼 수 있는 SPC 부분, 여러 가지 주제별로 마이닝 기법들을 이용하여 마이닝 분석을 할 수 있는 마이닝 부분으로 구성된다(박태영, 2008).

■ DB 부분

품질분석 시스템에서 가장 기본이 되고 중요한 부분이다. 필요한 데이터를 수집하고 마이닝에 필요한 데이터로 수정·정제·변환을 하는 작업이 이루어지며, 분석 결과 각 주제별로 유용한 정보들이 빠짐없이 분석에 포함될 수 있도록 설계되어야 한다. 또한 분석 결과에 집중하지 않고 너무 많은 변수들을 DB에 포함시킬 경우, 불필요한 변수들이 너무 많아 분석 시 요구되는 시간이 길어져서 효율적이지 못한 경우가 자주 있다. 따라서 반응변수에 영향을 많이 미치는 변수들로 효율적인 DB 구축작업을 하는 것이 중요하다고 할 수 있다.

■ SPC 부분

별도의 SPC 시스템이 구축되어 있으면 이를 연동해야 하고, 그렇지 않을 경우 전체 공정의 운영을 간략히 파악하기 위해서 SPC 시스템을 새로이 구축할 필요가 있다. SPC 시스템은 대부분 통계 패키지를 이용하여 구축이 되고, 여러 가지 통계량을 활용하는 경우도 있지만 대부분 각종 그래프를 이용한 분석이 많은 부분을 차지하기 때문에 그래픽에 탁월한 기능을 갖고 있는 통계 패키지의 선택이 중요하다.

■ 마이닝 부분

주제별로 필요한 변수들이 달라질 수 있고, 여러 가지 상황별로 선택되는 옵션이 변화될 가능성이 많다. 따라서 분석 Tool 부분의 구축 시 통계학적 관점에서의 분석 혹은 컨설팅 작업의 선행이 요구된다. 해당 변수들을 연결해서 마이닝 결과를 도출하는 것이 중요한 게 아니라 어떤 주제에 어떤 옵션을 사용하여 최적의 조건을 찾고 공정 효율을 극대화하는 것이 가장 큰 목적이 될 것이다. 따라서 분석 Tool에 필요한 모든 조건들을 검토해서 시스템에 반영해야 하며, 필요 시 각

[그림 6.7] 품질분석 시스템

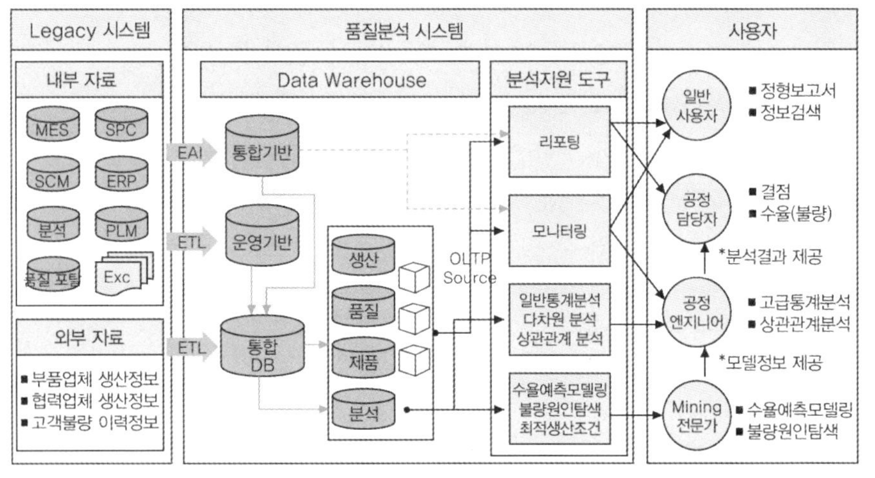

주제별로 선행 분석을 통해서 절차별로 시스템에 반영하는 것도 하나의 방법이 될 수 있다.

■ 통계 패키지

품질분석을 위해서는 단순히 시스템의 구축이 아니라 분석활동이 중요하다. 이를 위해서는 좀 더 신뢰성 있고 사용하기 편한 통계 패키지가 필수불가결하다. 현재 이런 시스템을 구축하기 위해 가장 많이 사용되고 있는 통계 패키지로는 SPSS, STATA, R, SAS, STATISTICA, S-Plus 등이 있다. 모든 패키지들이 장단점을 가지고 있지만, 단순한 통계량을 보여주는 기능보다는 데이터들을 보다 효율적으로 이해하기 위해서 GUI 측면에서 강점이 있고 초보자도 쉽게 마이닝 분석을 활용할 수 있는 툴이 좋다.

데이터마이닝 툴로는 SPSS Clementine, SAS E-Miner(Enterprise Miner), WEKA 등이 있고 국내 제품으로는 ECMiner가 있는데 데이터마이닝 방법론을 활용하여 실시간 공정 모니터링 및 이상 조기 감지, 실시간 품질 예측 및 품질 인자 규명, 이상 원인에 대한 Report를 제공하고 있다.

6.3 보전에서 전략적 자산관리(SAM)로

6.3.1 설비관리 전략의 진화

중요한 생산수단으로서의 설비에 관한 전반적인 관리는 크게 다음의 3가지를 의미한다. (1) 사용 중인 설비의 보전도 유지를 포함한 생산 보전활동, (2) 기존 설비의 개조·개선 및 신규 개발 또는 구매되는 설비의 설계와 연계되는 보전도 향상(MP활동), (3) 설비자산의 효율적 관리. 설비관리는 정비기술의 진화와 생산공정 및 기업환경의 변화에 따라 그 개념이 변화되어왔으며 활동범위도 변화·확대되고 있다.

1930년대까지의 기업의 보전형태는 주로 사후보전이다. 보전비용이 저렴하거나 설비자재(Spare Parts)의 이용이 용이할 때 이용할 수 있는 보전 방법인데 고장 난 후 수리가 주 업무이다. 재미있는 것은 지금도 기업 보전형태의 50% 이상이 사후보전이다. 제2차 세계대전을 전후로 한 산업현장은 자동화의 본격적인 도입과 전장에서의 무기체계의 효율적인 이용을 위해 고장이 발생되기 전에 미리 예방을 하는 예방보전을 빠르게 도입했다. 고장에 의한 비용이 높거나 설비자재 이용이 쉽지 않을 때 이용하며 통계적인 방법이나 엔지니어의 경험치에 의해 확보된 설비의 점검 주기에 의해 보전이 이루어진다. 설비관리를 학문으로 처음 체계화한 것은 1950년대 미국 GE사의 생산보전(Productive Maintenance) 개념이다. 생산보전은 설비에 대한 합리적인 경영활동을 통하여 설비를 고장 없이 잘 운전하기 위한 체계적인 유지·보수 활동을 의미한다. 1930년대의 사후보전 시대를 거쳐 제2차 세계대전 전후에 획득한 예방보전에 대한 여러 가지 노하우를 기초로 하여 기업의 전반적인 생산활동에 연계한 체계적이고 합리적인 관리활동의 시작이다. 1970년대 들어오면서 설비의 전체 생애비용에서 차

[그림 6.8] 설비관리 전략의 진화

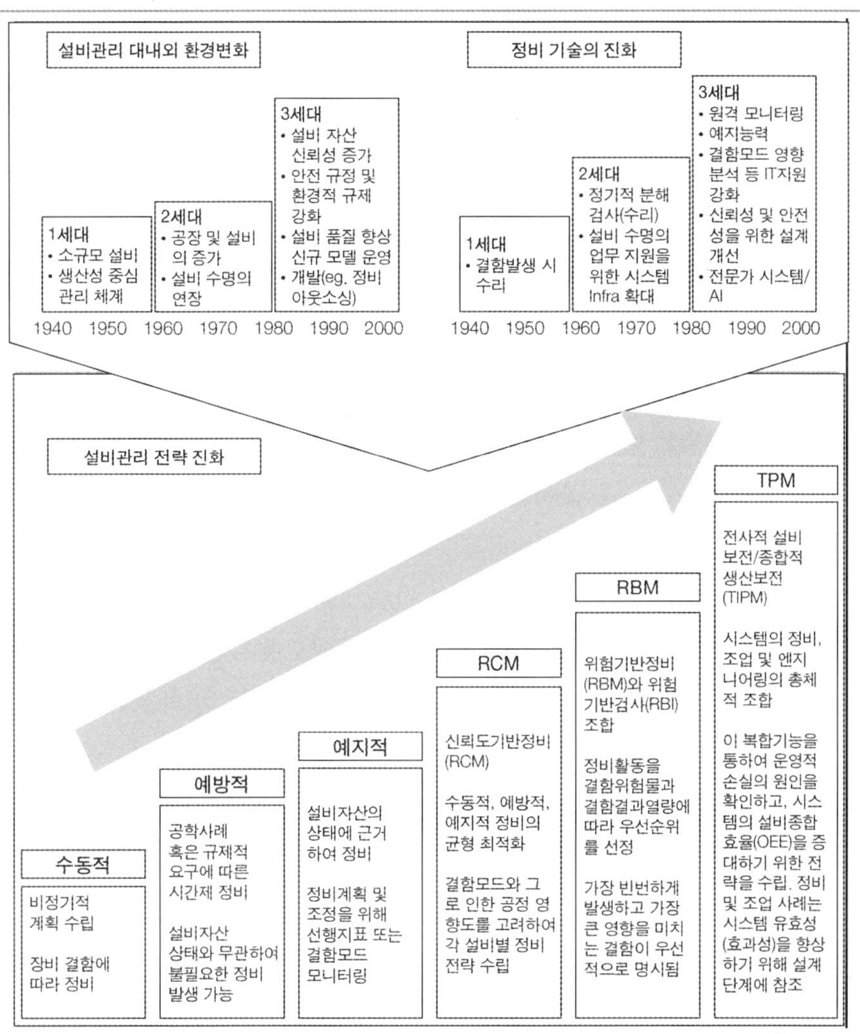

지하는 보전비용이 점점 증가하고 현장 작업자나 설비 엔지니어의 설비에 대한 중요성이 증대됨에 따라 새로운 개념의 보전활동이 싹트게 된다. 이것은 현장의 제일선 작업자들과 보전요원뿐만 아니라 최고 책임자를 비롯한 회사의 모두가 보전활동에 적극적으로 참여하면 현

장의 모든 손실이나 낭비를 극소화할 수 있다는 것으로서, 이와 같은 활동을 종합생산보전(TPM)이라고 한다. TPM 활동을 통해 자주보전, 계획보전 활동 및 개별 개선활동과 MP(Maintenance Prevention) 정보 활동 등이 지속적으로 발전되어 1980년대까지 이른다(함효준, 2008). MP(Maintenance Prevention, 보전예방) 설계란 1960년 미국의 ≪팩토리(factory)≫지가 제창한 것으로 신설비의 도입 단계에서 고장이 나지 않고 불량이 발생되지 않는 설비를 설계하기 위한 활동이다. 즉, 설비의 약점을 연구하고 그것을 설계에 피드백시켜 설비의 신뢰도를 높이는 활동이며, 최종적으로 보전이 필요 없는 설비를 설계하는 데 목적이 있다. 1990년부터 모든 설비의 설계활동에서부터 보전도(Maintainability)를 고려한 설계가 이루어졌다. 여기서 보전도란 설비나 시스템이 정지되었을 경우 얼마나 빠르고 경제적으로 정상 회복시키는가를 의미한다. 다른 말로 바꾸어서 선행보전 활동이라고도 하며, 이에 대한 가장 중요한 정보가 바로 MP 정보이다. 이렇듯 설비관리에 있어서 설비의 가동정보뿐만이 아니라 설비의 보전도 향상을 위한 MP정보 등, 보전활동과 관련된 모든 정보가 하나의 가치정보로 중요성을 인정받게 됨에 따라 정보의 효율적인 관리를 위한 관리도구가 필요하게 되었고, 이에 따라 등장하게 된 것이 바로 CMMS이다. CMMS(Computerized Maintenance Management System)는 1990년대의 디지털 혁명과 정보통신 기술의 혁신적인 발달로 인해 산업현장에 급속도로 전파되기 시작했다. 1997년 미첼(Mitchell)은 그의 논문에서 설비자산관리(equipment asset management)는 생산수단으로부터 최대의 가치를 얻기 위한 하나의 통합적이고 포괄적인 전략, 과정 및 의식적 행동이라고 정의한다. 설비나 장치의 생산성을 생산현장 차원에서 자산관리라는 기업 차원으로 그 활동영역을 확대시킨 것이다. 1998년 가트너 그룹은 수익성 중심의 설비관리를 의미하는 EAM(Enterprise

[그림 6.9] 자산관리의 기본 구조

Asset Management) 개념을 도입했다. 기업의 비즈니스 환경이 정보의 통합화, 신속한 의사결정 체계, ERP와 같은 지식 기반 경영체제 구축에 따른 효율적인 자원관리에 초점이 맞춰지면서 기업의 설비 및 자산관리 부분에 있어서도 기존의 CMMS에서 좀 더 발전되고 기업의 요구를 보다 적극적으로 수용할 수 있는 EAM 형태로 진화하고 있다. 설비자산이 효율적으로 관리되기 위해서는 기획, 구매, 입고, 설치, 가동, 정비, 폐기에 이르기까지 설비의 전 생애주기의 모든 단계에 대한 통합적인 관리가 필요하다.

각 단계별로 요구되는 기능은 아래와 같다.

▶ 기획: Capa. 시뮬레이션, 경제성 분석 및 투자진척/분석 관리

- 투자계획: 투자발의, 투자규모 산정, 투자순위 결정, 경제성 분석 및 투자조정
- 투자품의: 투자 진척관리
- 투자 KPI: 투자실적관리, KPI분석, Audit, 사후분석

▶ 구매: 구매의뢰, 견적, 계약, 발주

▶ 입고: 선적, 통관

▶ 설치: 설치 및 작업관리 상세

- 실행계획: 일정계획
- 사전작업: 기반공사
- Set-up : H/W 설치 및 Hook-up, 각종 Qual 작업
- 가동인증: 환경안전, 비용정산 등
- 양산이관: 평가, 완료보고서

▶ 가동: 설비운영 및 성능개선/재배치

- 운전제어: 공정조건 지정/검증, 설비 파라미터 검증, 이상감지 등
- 품질관제: 가동율 분석, 모니터링, 부대설비 이력분석 등
- 운영관리: 설비수명관리, 설치관리, 무정지관리, FDC 관리, 성능관리 등

▶ 정비: 설비정비 및 설비부품 조달

- 작업계획 및 PM계획
- Work Order 관리
- 설비부품(구매, 재고, 사용)
- 수리 및 세정, 검교정, 개조개선 등(정산포함)
- 부품품질

▶ 처분: 폐기 및 매각

- 유휴처리, 반납신청, 반납, 반출/폐기

자산관리는 이들 각 단계의 구체적 결과인 생산능력, 가용도를 포함한 설비종합효율 그리고 생산 및 보전비를 포함한 총비용과 기업 상태와 경영목표 달성과의 연결고리 역할을 수행한다. EAM은 생애주기를 통한 최고의 효율성과 수익성 추구가 그 목적이다. EAM은 설비관리시스템을 개발·운영하는 데 기본적인 사상으로 자리 잡게 되었

고 기존의 CMMS를 한 단계 발전시킨 형태의 관리시스템으로 정착하게 된다. 최근에는 자산관리 관점의 전체 라이프사이클 측면에서 설비관리의 성숙도를 평가하는 데 비용 절감보다는 가치 창출에 더 큰 비중을 두고 있는 추세이다. 더 나아가 자산성능관리(Asset Performance Management) 또는 전략적 자산관리(SAM: Strategic Asset Management) 개념으로 발전하고 있다.

6.3.2 보전활동과 RCM

설비는 투자부터 폐기까지 생애주기 동안의 대부분을 가동 및 정비 단계에 머문다. 가동률과 보전도를 향상시키기 위해 설비자재(Spare Parts)를 구매/조달하고 보전작업을 수행하기 위해 작업 절차, 작업 수행 시간, 필요 예비품, 소요 인력을 미리 정하여 표준으로 정립하고

[그림 6.10] 보전활동의 유형

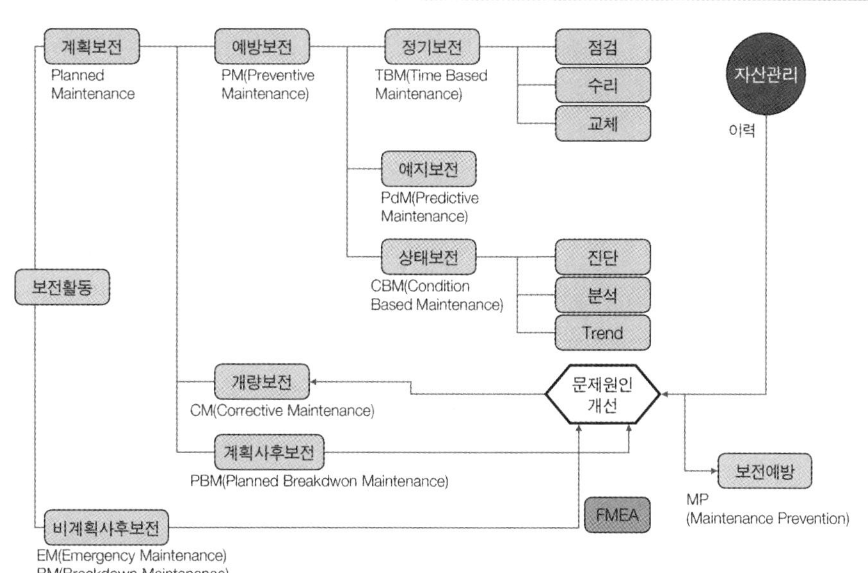

예방작업과 연계하여 작업 수행 표준에 의한 작업 수행률을 향상시킬 수 있도록 하고 있다. [그림 6.10]에서처럼 보전활동의 유형에는 크게 계획보전과 비계획 사후보전이 있으며 경제성을 바탕으로 계획보전의 비중을 증가시켜야 한다.

예방보전의 한 유형인 TBM(Time Based Maintenance)은 사후보전(BM)보다 비용이 40%까지 효과적이며 계획에 의한 작업을 할 수 있다. 반면 부품의 정확한 수명 예측이 요구되고 예지보전(PdM)보다는 경제성 측면에서 비효과적이다. 설비는 대체적으로 양호하게 '평균수명'으로 운전되지 않아 과다한 정비활동이 수행될 수 있다. CBM(상태정비)도 상·하한 기준을 설정하고 이를 벗어날 경우 작업오더를 생성하거나 문자 기준값에 의해서 작업을 생성하는 데 장점과 한계를 가지고 있다. 가장 적절한 시점에 정비를 할 수 있어 불필요한 PM 작업이 감소되고 대형 고장을 예방함으로써 일반적으로 가장 낮은 정비 비용이 들지만 모든 고장에 대해서 경고가 있는 것이 아니고 복잡한 검사기술에 대한 높은 비용이 요구된다. 운전과 정비 부문 간의 원활한 의사소통과 합의가 필요하고 P-F 곡선(고장리드타임, 고장진행기간) 및 고장모드에 대한 메커니즘 이해가 필요하다. 외부에서 이상을 확인할 수 있는 '잠재적 고장(P)'에서 필요한 조치가 취해지지 않아 열화가 급속도로 진행되는 '기능적 고장(F)' 단계에서는 대부분 진동, 소음, 열/화재 등의 과정을 거친다. 고장 유형에 따라 P-F 기간이 몇 초에서 수십 년까지 다양할 수 있지만 상태정비(CBM)의 점검주기는 특별한 예외상황이 있지 않는 한 고장진행기간(고장리드타임)의 1/2을 잡는 것이 일반적이다. P-F 간격이 너무 짧아 잠재적 고장 발생 여부의 확인 빈도가 비현실적으로 설정되거나, 순 P-F 간격이 너무 짧아 잠재적 고장 발생을 발견하고도 조치를 취할 여유가 없는 경우에는 상태정비

[그림 6.11] 설비보전 작업관리 프로세스

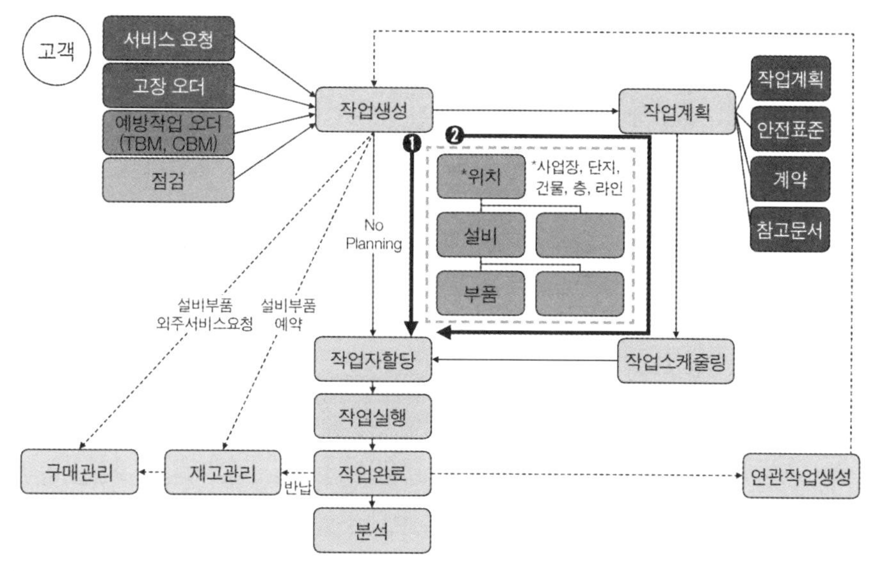

(CBM)를 적용하는 것이 부적합하다. TBM을 적용하는 설비도 점검주기에 따라 작업해야 될 내용이 다른 경우가 있다. 이럴 경우 하나의 예방정비 기준정보에 여러 개의 작업 표준을 등록하여 특정 주기에 각기 다른 작업 표준을 적용해 작업오더가 생성되도록 하여 점검 주기에 맞는 작업 표준을 적용할 수 있다.

이렇듯 설비에 적용되는 보전활동의 유형은 다양하기 때문에 고장으로 초래되는 비용과 예방정비 비용 간의 균형점을 찾아서 점검주기를 찾는 것이 필요하다. 보전작업은 관리 단위를 작업오더(Work Order)로 정의하여 작업오더를 통하여 모든 이력이 추적 가능하도록 하고 있다. [그림 6.11]은 작업소요 발생 - 플래닝 - 스케줄링 - 작업할당 - 작업실시 - 분석 등의 6단계로 구분하여 작업이력을 관리한다.

최근 들어 많은 기업에서 고장 제로화에 대한 관심이 증대되고 있다. 설비고장에 따른 수리/교체 비용보다는 생산휴지, 납기지연, 품질불량, 에너지 낭비에 의한 영향이 훨씬 크다. 고장을 줄이고 최소화하기 위한 예방정비의 방법론에는 FMEA, FTA, ETA, RBI, RCM 등 여러 가지 방법론이 있지만 설비를 운영하고 관리하는 측면에서는 RBI, RCM 방법론이 생산현장에서 많이 활용되고 있다. FMEA(Failure Mode Effect Analysis)는 품질불량 분석, 프로세스 낭비 분석, 제품결함 분석, 고장원인 분석 등에서 널리 활용되고 있으나, 설비 수백 개의 각 부품별 고장모드를 분석하기에는 많은 리소스가 투입될 뿐 아니라 부품단위의 고장이 시스템에 어떤 영향을 미치는지 분석하기가 쉽지 않기 때문에 널리 활용되지는 못하고 있다. FTA(Fault Tree Analysis) 및 ETA (Event Tree Analysis)는 각각의 고장 모드별로 고장확률을 분석하고 심각도를 분석하는데, 제품 불량 및 제품설계 불량을 분석하기에는 좋으나 실제 설비관리 현장에서는 통계 분석할 설비의 고장 데이터도 부족할 뿐 아니라 예방정비 전술을 도출해내기가 쉽지 않다. 상태감시와 진단기법은 [그림 6.12]처럼 진단 대상, 고장 모드 및 목적에 따라 다양한 방법들이 있는데 이중에 가장 적절한 것을 적용한다(서정학, 2010).

RBI(Risk Based Inspection)는 설비 각각의 위험성 분석을 통해 위험 수준별로 진단검사를 어떻게 해나갈 것인가를 결정하는 방법론이다. RBI는 정형화된 통계 분석 자료를 활용하여 각 설비요소별 위험수준, 진단검사 항목 및 진단주기를 표준화시킨 데이터가 많아 대부분 유사한 설비계통 체계를 가지고 있는 발전설비 및 석유화학 공장에 적용하기는 유리하다. 그러나 대부분의 산업군에서는 설비 자체가 복잡한 구조를 가지고 있고 고장에 대한 축적된 데이터가 많지 않아 예방

[그림 6.12] 설비진단 관련 기술

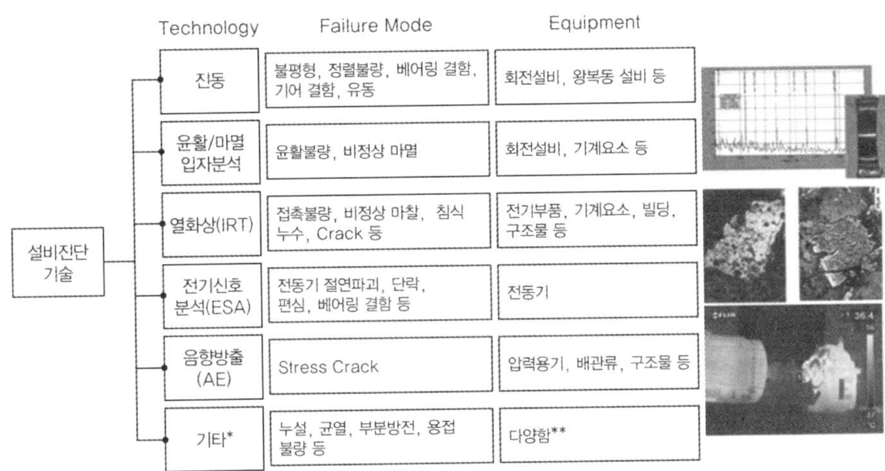

Technology
Failure Mode
Equipment
설비진단 기술
진동
불평형, 정렬불량, 베어링 결함, 기어 결함, 유동
회전설비, 왕복동 설비 등
윤활/마멸 입자분석
윤활불량, 비정상 마멸
회전설비, 기계요소 등
열화상(IRT)
접촉불량, 비정상 마찰, 침식 누수, Crack 등
전기부품, 기계요소, 빌딩, 구조물 등
전기신호 분석(ESA)
전동기 절연파괴, 단락, 편심, 베어링 결함 등
전동기
음향방출 (AE)
Stress Crack
압력용기, 배관류, 구조물 등
기타*
누설, 균열, 부분방전, 용접 불량 등
다양함**

*Power Quality Analysis, Partial Discharge, Corona Detection, Gas Detection, …
**Hydraulic pump, Air/steam/vacuum system, Power distribution, Electrical switchgear and Overhead transmission, Bearing

자료: Intelligent Mechanics Lab, 부경대.

정비 방법론 선정에 어려움이 있다. 아직도 많은 현장에서는 건수 위주의 예방정비 기준을 관리하고 벤더에서 제시한 데이터나 혹은 설비 담당자의 주관적인 판단에 의해 예방정비 기준을 수립한다.

이력에 바탕을 둔 PM(예방정비) 방식도 과거의 고장 실적이 없는 경우 대형 사고를 방지하기 위한 예방정비 활동이 어려운 점이 있다. 과거에는 고장 유형도 대부분의 부품이 같은 기간 동안 일정하게 마모되어 주기적으로 수리나 교체를 하면 되었다. 그러나 실제로는 내용연수가 높을수록 고장확률이 높다는 개념 자체도 [그림 6.13]과 같이 변화하고 있다. 설비가 자동화·전자화·컴퓨터화됨으로써 고장의 요인도 복잡화되어 경험하지 못한 부분에 대한 논리적이고 체계적인 보전 방식의 선정이 필요하게 된다(유기성, 2011).

[그림 6.13] 고장의 개념 변화(6가지 고장 유형)

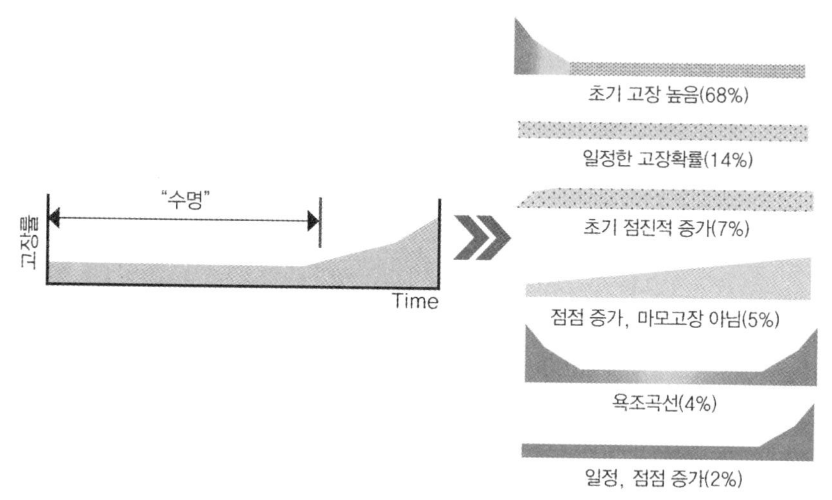

자료: 민간항공사 데이터.

RCM은 적절하고 효과적인 PM 작업을 결정하기 위해서 시스템 기능, 고장 유형, 안전과 경제성 등을 바탕으로 한 체계적인 분석 활동으로 정의된다. 또한 신뢰성에 바탕을 둔 어떤 물리적 자산에 대한 설비관리 계획을 결정하기 위해 사용되는 하나의 PM 프로세스 Tool로도 정의되고 있다(Moubray, 1997).

항공기(1970년)나 원자력 플랜트(1985년) 산업에서는 이미 오래전부터 RCM 기법이 도입되었고 RCM을 추진하기 위한 단계로는 다음의 7스텝이 추천되고 있다.

▶ 제1스텝: RCM을 이해하기 위한 기초 교육

▶ 제2스텝: 기초 자료의 작성

① Block Flow Sheet 작성: 기능 블록별로 원료부터 제품이 될 때까지의 Flow에 단위기기를 넣어서 표시

② 기능블록도의 작성

③ 시스템구성요소전개도(SWBS: System Work Breakdown Structure)의 작성

④ SWBS에 표시된 단위기기(컴포넌트)의 고장 실적표 작성

⑤ 기능상·구조상 중요한 컴포넌트에 대해서 구조, 기능을 설명하는 구조도의 작성

위의 기초 자료는 사내에서 작성하지만, 신설 플랜트의 경우는 플랜트 제조회사의 협력을 받을 필요도 있다.

▶ 제3스텝: 기능고장의 해석

① 기능상 중요한 컴포넌트의 고장에 대해서 경험상 또는 추측에 의해 재발이 예측되는 것을 정리한다.

② 기능고장 해석표(FTA)를 작성한다. 기재항목은 정보원, 기능의 설명, 기능과 계외(系外)와의 접점, 계내(系內)의 공통점, 기능고장의 내용 등이다.

▶ 제4스텝: FTA(또는 FMECA)에 의한 고장의 해석과 평가

제3스텝에서 기능상 중요하다고 판정된 고장 중에 FMECA(고장 유형 영향 및 치명도 분석)에 의한 치명도 또는 FTA에 의한 고장발생의 경로, 원인, 확률 등을 고려하여 논리나무해석(LTA)에 의해 보전방식 선정을 필요로 하는 고장을 정한다.

▶ 제5스텝: LTA에 의한 최적 보전방식 선정

▶ 제6스텝: RCM Sheet의 작성

▶ 제7스텝: RCM에 의한 효과 확인과 RCM의 정착

상기에 보듯이 RCM은 Top Down 방식의 설비 고장분석 방법론이다. 물론 RCM 방법론의 제3스텝 및 제4스텝은 FMEA라고 볼 수 있다. 설비의 부품별 모든 고장을 정의하기보다는 중요 고장 중심으로 분석함으로써 고장분석 업무를 보다 쉽고 효율적으로 할 수 있도록 구성했다. 고장 모드의 영향 해석으로 중요 부품을 선정(FMECA)한 다음 고장나무해석으로 구성 아이템의 고장을 평가하고(FTA) 논리나무해석(LTA)으로 최적 보전방식을 선정하는 과정이다.

6.3.3 자산관리의 표준화 동향

이미 1980년대 미국 연방정부에서 공공인프라 자산관리 전략이 개발되었고 1990년대 미국과 뉴질랜드 등의 선진국에서 시행된 실물 자산에 대한 정부 차원의 규제 강화 이후 자산관리(Asset Management) 부문에서 국제 표준화 논의가 한창이다. 뉴질랜드의 국립자산관리운영위원회(NAMS)[4]에서는 IIMM(International Infrastructure Management Manual, 국제인프라관리매뉴얼) 확산에 주력하고 있고 2000년대 들어와서는 일반 산업설비 자산관리 분야로 영역을 확산하는 추세이다. 영국의 표준협회(BSI)와 자산관리협회에서는 업무적으로 중요한 자산에 대한 위험을 감소시키기 위해 PAS 55[5] 표준을 제정하고 국제규격

4) NAMS
Nationall Asset Management Steering Group. 1995년부터 뉴질랜드 내에서 자산관리 관련 최신 교육을 제공하고 있는 독립기관(http://www.nams.org.nz).

5) PAS
Publicly Available Specification.

[그림 6.14] PAS 55 적용 대상

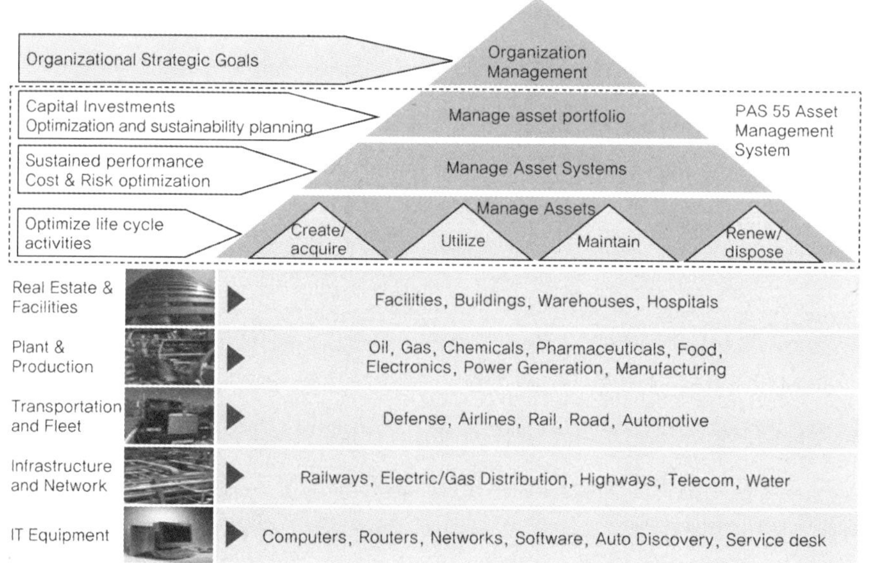

자료: IAM(http://www.theiam.org).

화(ISO)시키기 위해 관련 국가 및 산업계와 활발한 논의를 하고 있다. PAS 55는 유형 자산의 최적 관리를 위한 설명서(PAS 55-1: 2008)와 PAS 55-1의 적용을 위한 가이드라인(PAS 55-2: 2008)으로 구성되는데 [그림 6.14]와 같이 다양한 산업군에 걸친 여러 자산 유형과 관련이 있다.

ISO에서 제정한 품질경영시스템에 관한 국제규격(ISO 9001)과 PAS 55를 비교하면 〈표 6.1〉과 같다.

〈표 6.1〉 ISO 9001과 PASS 55의 비교

ISO 9001: 2000	PAS 55: 2008
4 품질경영 시스템	4 자산관리시스템 요구사항
4.1 일반 요구사항	4.1 일반 요구사항
4.2.1 문서화 요구사항[일반사항/품질매뉴얼/문서관리/기록관리]	4.4.5 자산관리 시스템 문서화
4.2.3 문서 통제	4.4.6 정보관리 4.4.5 자산관리 시스템 문서화
4.2.4 기록 통제	4.6.6 기록
5.1 경영자의 커미트먼트(경영 의지)	4.7 경영 검토 4.2 자산관리 정책 4.4.1 구조, 권한, 책임
5.2 고객 중시(중심)	4.4.8 법률 및 다른 요구사항 4.4.9 변화관리
5.3 품질방침	4.2 자산관리 정책
5.3.3 내부 커뮤니케이션	4.4.4 커뮤니케이션, 참여 및 협의
5.4 계획(기획)[품질목표/품질경영시스템 계획]	4.3 자산관리 전략/목표/계획
5.4.1 품질목표	4.3.2 자산관리 목표
5.4.2 품질경영시스템 계획	4.3.3 자산관리 계획
5.6 경영검토[일반사항/리뷰입력/리뷰출력]	4.7 경영 검토
6.1 자원 제공(확보)	4.4.1 구조, 권한, 책임
6.2 인적자원[일반사항/적격성, 인식 및 교육훈련]	4.4.3 교육, 인식도 및 능력
6.3 인프라스트럭처(기반구조)	4.4.1 구조, 권한, 책임

7 제품실현	4.5 자산관리 계획의 시행
7.1 제품실현의 계획(기획)	4.5.1 생애주기 활동 4.3.3 자산관리 계획
7.2 고객관련 프로세스[제품에 관련된 요구사항 결정/요구사항 리뷰/고객과의 커뮤니케이션]	4.5.1 생애주기 활동 4.4.8 법률 및 다른 요구사항 4.4.9 변화관리 4.4.4 커뮤니케이션, 참여 및 협의
7.3 설계 및 개발[기획/입력/출력/리뷰/검증/타당성 확인/변경관리]	4.5.1 생애주기 활동
7.4 구매[구매 프로세스/구매정보/구매한 제품의 검증]	4.5.1 생애주기 활동
7.5 생산 및 서비스 제공[제공의 관리/제공에 대한 프로세스의 타당성 확인/식별 및 추적성/고객 재산/제품의 보존]	4.5.1 생애주기 활동
7.6 모니터링 장치 및 측정장치의 관리	4.5.2 툴, 설비 및 장비
8 측정, 분석 및 개선	4.6 성과 평가 및 개선
8.1 일반사항	4.6.1 성과 및 상태 모니터링
8.2.2 내부 심사	4.6.4 감사
8.2.3 프로세스의 모니터링 및 측정 8.2.4 제품의 모니터링 및 측정	4.6.1 성과 및 상태 모니터링 4.6.3 컴플라이언스 평가
8.3 부적합 제품의 관리	4.6.2 자산관련 고장, 사건 및 부적합사항 조사 4.6.5 개선 조치 4.6.5.2 지속적인 향상
8.4 데이터의 분석	4.6.1 성과 및 상태 모니터링 4.6.5.1 시정 및 예방조치
8.5.1 지속적 개선	4.4.9 변화관리 4.7 경영검토
8.5.2 시정조치 8.5.3 예방조치	4.6.5.1 시정 및 예방조치 4.6.5.2 지속적인 향상

우리나라의 경우 부분적인 「시설물의 안전관리에 관한 특별법」이나 「산업안전보건법」이 존재하나 체계적인 자산관리에 대한 매뉴얼은 없는 상태이다. 자산 규모는 지속적으로 증가 및 노후화되고 있으나 국가, 산업, 사회적으로 정비 비용의 규모와 효과 평가가 부재하다.

직면하고 있는 자산관리의 문제점을 극복하기 위해 자산관리 기법의 확산과 더불어 체계적인 교육 프로그램 실시 등 다양한 노력이 필요한 시점이다.

부록 1 MES 패키지 살짝 뒤집어 보기

— (삼성SDS nanoTrack^{TM} (v2.7) 사용자 가이드를 중심으로)

1. 패키지 개발 방법론

최근 들어서는 프로젝트의 규모가 커지고 업무의 복잡도가 증가함에 따라 대부분의 경우 패키지를 활용하여 프로젝트를 수행하게 된다. 물론 도입된 패키지를 그대로 이용하는 경우는 거의 없고 대부분 커스터마이징이나 기능 추가를 거치게 된다. 이러한 모든 과정은 프로젝트 관리방법론에 의해 착수부터 종료 단계에 이르기까지 각 단계별 수행 Phase - Activity - Task에 따라서 진행되게 된다. 그러면 패키지(솔루션)를 개발하는 과정은 어떤 절차에 의해서 이루어질까?

[패키지 개발 프로세스]

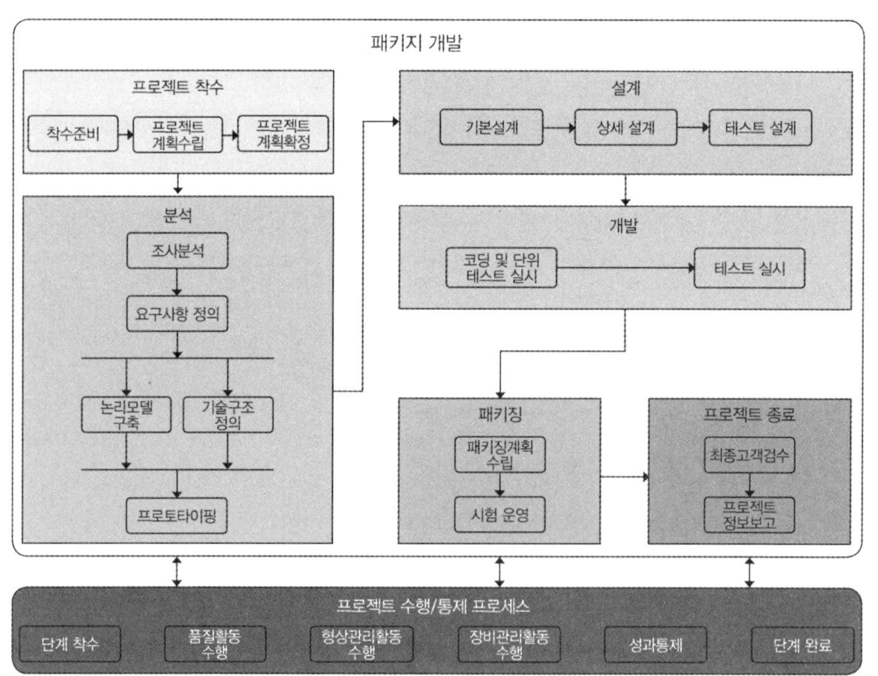

패키지 개발 과정으로 프로젝트 착수→분석→설계→개발→패키징→프로젝트 종료 단계를 거쳐 솔루션이나 패키지가 완성된다. 분석 단계에서는 조사분석 및 요구사항 정의 과정을 거쳐 논리모델과 기술구조가 정의된다. 시장기술이나 유사제품에 대한 조사분석 과정을 거친 후 기능이나 기술적인 측면의 패키지 요구사항이 정의되게 된다. 즉, 패키지화 범위나 우선순위가 결정되게 된다. 논리모델 구축 단계에서는 유즈케이스 시나리오와 유즈케이스 다이어그램이 완성되고 시퀀스 다이어그램과 클래스 다이어그램 등 객체 간 동적·정적 모델이 작성된다. 시스템 청사진을 통하여 최적의 아키텍처가 정의되면 설계 단계에서 기본설계, 상세설계, 테스트설계 공정을 수행한다. 가장 중요한 시스템구조 설계와 데이터베이스 기본설계가 이루어진다. 화면을 포함한 사용자 인터페이스 설계 및 테이블정의서가 기본설계 단계에서 이루어지고 상세설계 단계에서는 상세 테이블정의서와 물리적 패키징 설계인 디플로이먼트 다이어그램과 컴포넌트 다이어그램이 완성된다. 테스트계획서와 통합테스트시나리오 및 시스템테스트시나리오가 작성되면 이제 패키지의 코딩 및 단위 테스트 실시가 이루어지게 된다.

MES의 참조 모델에는 MESA, ISA-95, SEMI CIM Framework 등 여러 가지가 있으나, 필자가 개발에 참여했던 sMES 패키지는 1.3장에 소개된 ANSI/ISA-95에서 제시하는 8개의 Generic Model 및 9개의 Reference Model을 상속 및 참고하여 개발되었다.

sMES 패키지는 S/W 아키텍처 기본 방향을 다음과 같이 정의했다.

① 작업자의 표준 설계 패턴인 J2EE 아키텍처 패턴 채용을 통해 간단한 Layered

[Component View]

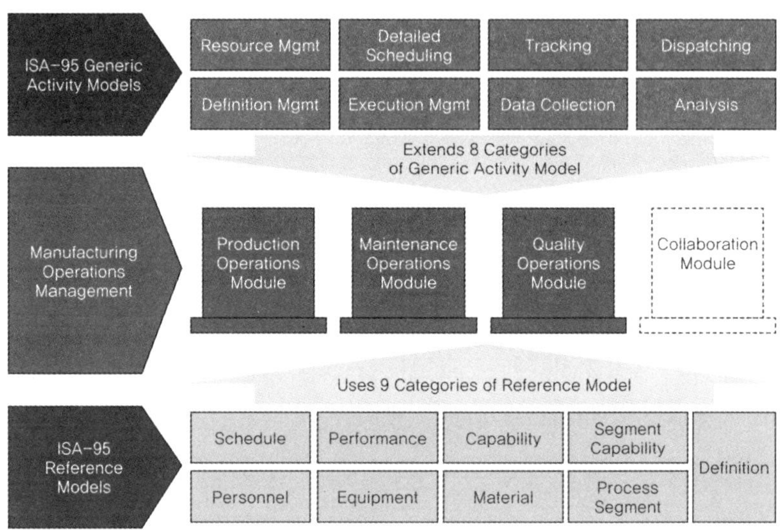

Application Architecture 설계 및 구축을 통해 개발 생산성 및 유지보수 효율화 지향

② MVC 패턴 구현을 위한 표준 프레임워크인 "SDS Anyframe"을 통해 Java 기반 개발환경을 위한 Best practice, Technique, Tool 및 소프트웨어 컴포넌트 제공

③ 특별한 비즈니스 룰을 범용적인 MES Core API와 분리하여, 향후 요구사항과 환경 변화에 신속하게 대응할 수 있도록 유연성을 확보

④ 응용 프로그램 개발자와 유지 보수자의 개발 생산성을 고려한 구조 유지

[API 동적 설계 Activity diagram]

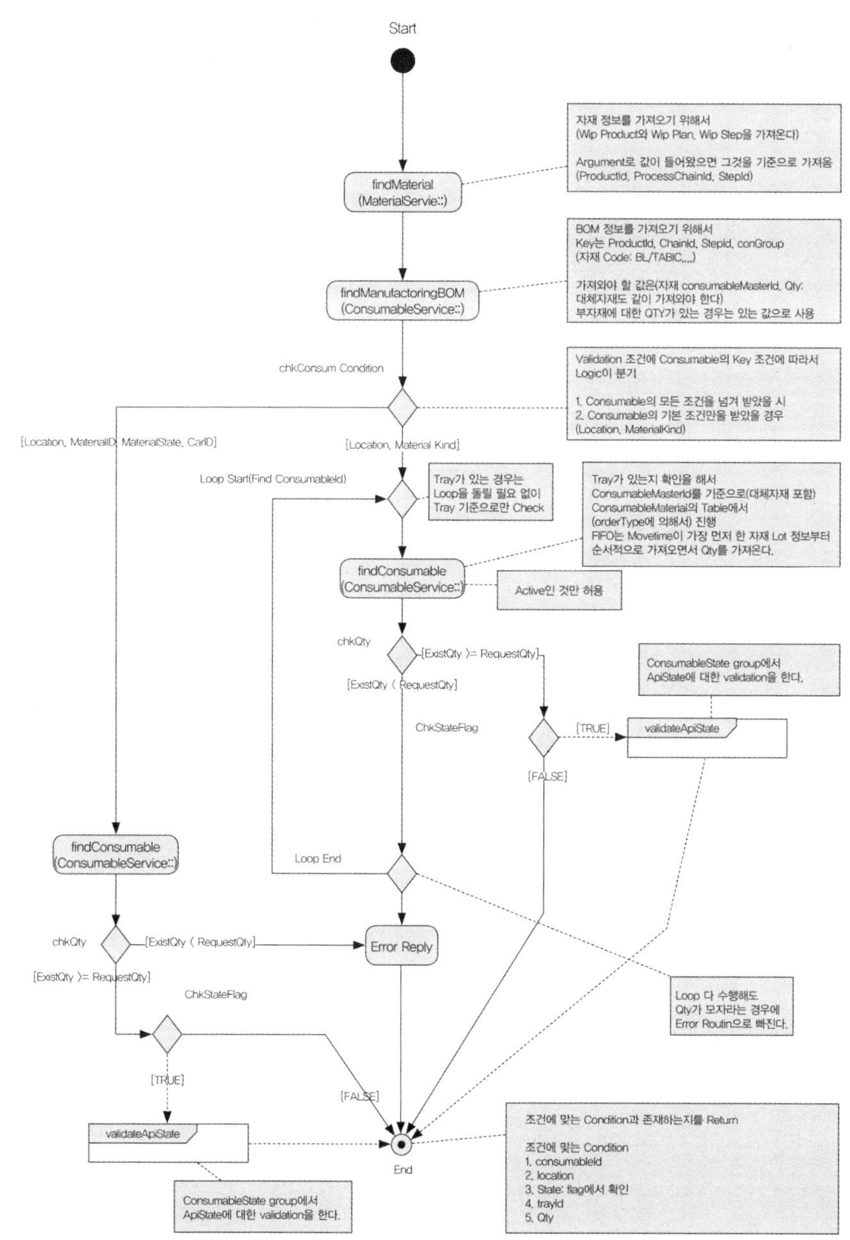

2. MES 패키지 적용 가이드(nanoTrack)

삼성SDS의 또 다른 MES솔루션인 nanoTrack™(v2.7)은 SEMI의 CIM Framework와 OMG(Object Management Group)의 차세대 Object Oriented 시스템에 대한 표준 권고 사양을 준수함으로써 시스템 확장을 비롯해 타 시스템과의 유연한 통합을 가져올 수 있다(현재는 SOA 기반의 v3.0 출시).

nanoTrack™(v2.7)은 ORB 통신 및 DB 처리를 담당하는 System Framework, MES 기능을 구현한 Application Framework, 그리고 구동 가능한 Application Executable로 이루어진다.

주요 특징

CORBA 2.6 기반의 분산 객체 애플리케이션

다양한 플랫폼에서 실행 가능(HPUX, Solaris, Linux, …)

모든 프로그래밍 랭귀지 사용 가능(C++, Java, VB, .NET)

최상의 퍼포먼스 제공

[nanoTrack Layered Architecture]

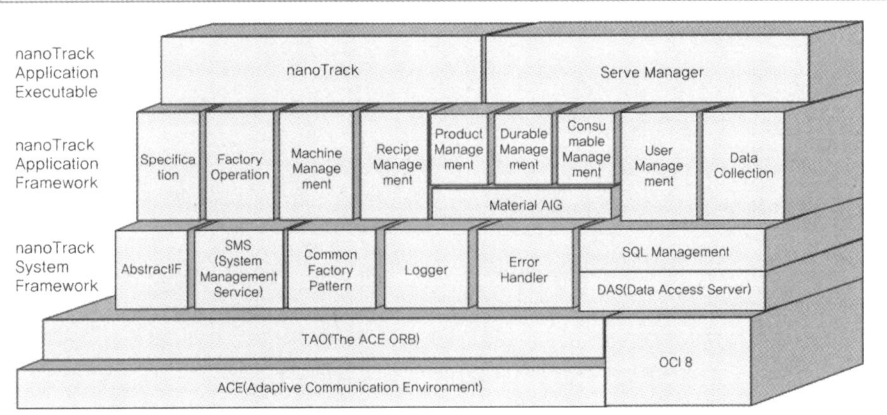

- 초당 250 트랜잭션 처리 가능(HP Itanium 16 CPU)

많은 Factory에서 안정성 검증

- 반도체 200mm, 300mm
- LCD Array, CF, Cell, Module

컴포넌트 아키텍처에 기반

반도체/디스플레이 MES 표준인 SEMI CIM Framework에 기반

반도체/디스플레이 공장 운영에 적합

■ 주요 기능

nanoTrack™의 기능은 Factory 운영을 준비하는 단계로서의 Spec Time Activity와 실제 Factory 운영을 하게 되는 Run Time Activity로 나누어진다.

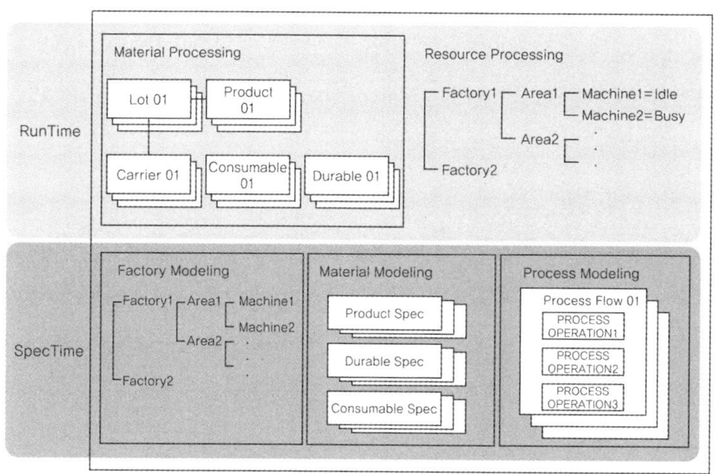

■ Spec Time Activity

Spec Time Activity는 Factory 구성을 정의하는 Factory Modeling, 생산할 제품을 정의하는 Material Modeling, 생산하는 방법을 정의하는

Process Modeling으로 나누어진다.

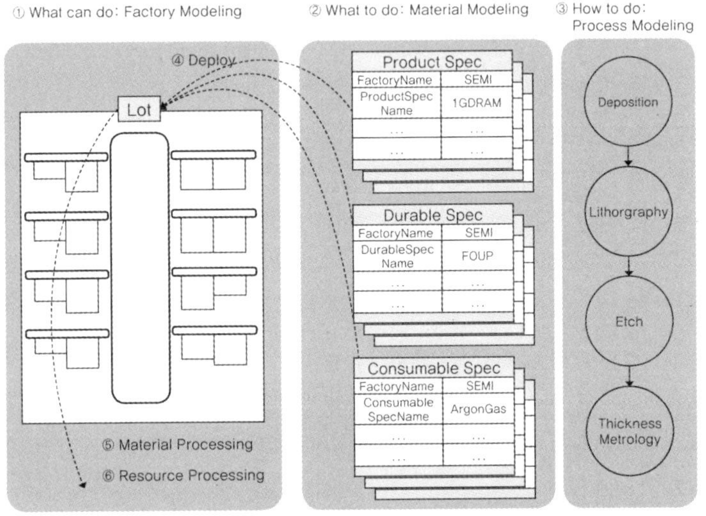

기타 Spec Time Activity로는 수집할 데이터를 정의하는 Data Collection, 사용할 유저를 관리하는 User Management 및 다양한 Customization 기능이 있다.

Factory Modeler는 Spec Time Activity의 모든 기능을 제공하는 User Interface로서 그 기능은 다음과 같다.

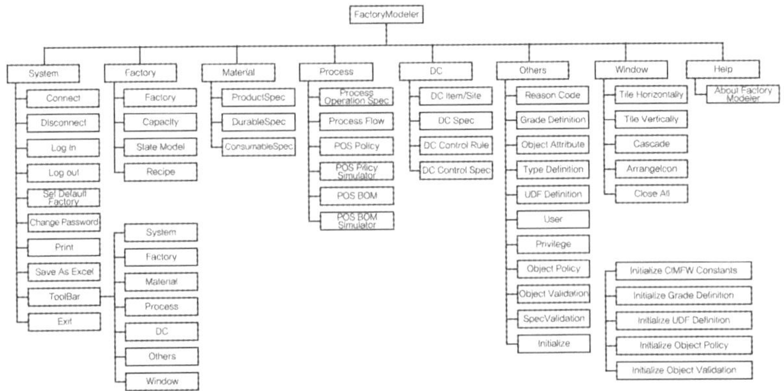

이 모든 기능은 nanoTrack API를 통해서도 호출 가능하다.

■ Factory Modeling

Factory, Area, Machine, Port 등 Factory 내 모든 자원 및 자원 간의 관계를 실제 Factory와 일치하게 설정할 수 있는 기능을 제공한다.

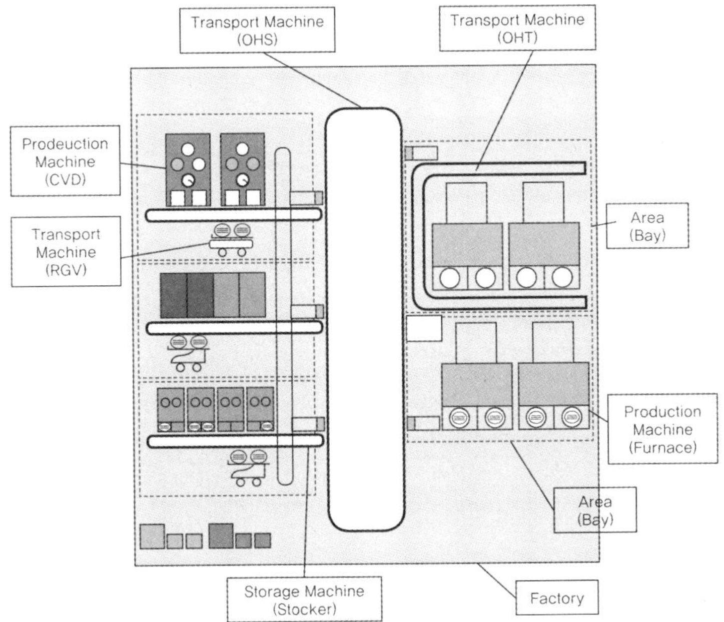

▷ Factory Layout 정의

Factory 및 Area를 정의한다.

▷ Machine 및 Machine 구조를 정의

장비 및 장비 내부의 Port, Chamber, Unit 등을 정의한다.

▷ State Model 정의

공장 내 장비, 장비의 Port 등 Resource에 대한 상태를 정의하고, 장비 상태를 사용자 환경에 맞추어 모델링할 수 있다.

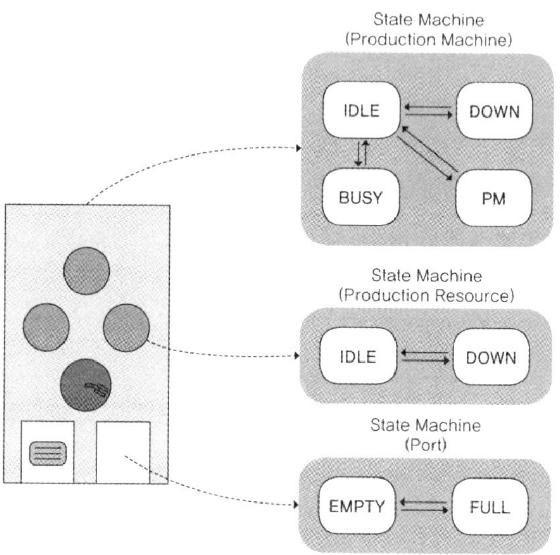

▷ Recipe 등록 및 관리

SEMI E42 RMS 표준을 근간으로 Factory 레벨의 통합적인 Recipe 관리가 가능하다.

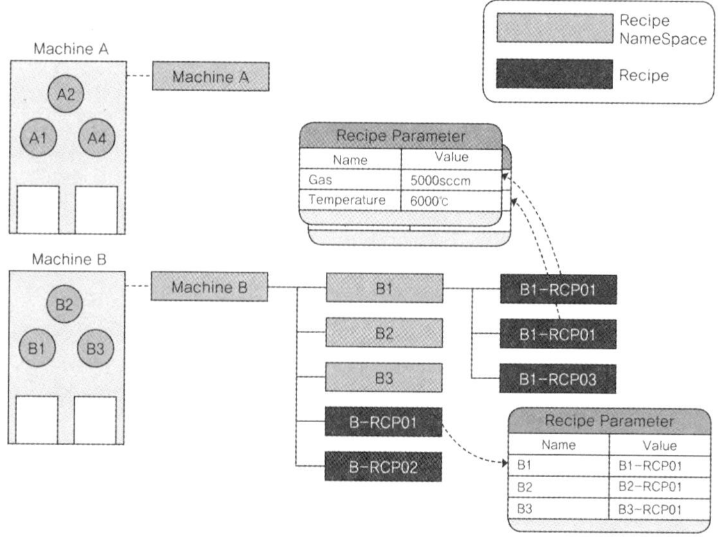

■ Material Modeling

Material Modeling을 통해서 제품(Product) 및 제품을 생산하는 데 필요한 자재(Consumable, Durable)의 규격을 정의한다.

▷ 제품 규격(Product Spec)

제품 코드별 특성을 관리할 수 있는 제품 규격(Product Spec)을 등록하고 관리할 수 있는 기능을 제공한다.

▷ 내구성 자재 규격(Durable Spec)

Cassette, Reticle, Mask 등 재사용이 가능한 자재의 규격(Durable Spec)을 등록하고 관리할 수 있는 기능을 제공한다.

▷ 소모성 자재 규격(Consumable Spec)

PR, POL 등 소모성 자재의 규격(Consumable Spec)을 등록하고 관리할 수 있는 기능을 제공한다.

■ Process Modeling

생산 공정의 각 단위 공정(Process Operation)과 공정 흐름(Process Flow)을 정의하고 기타 공정 운영과 관련된 기준정보를 관리한다.

▷ Process Operation Spec

Process Flow에서 사용될 단위 공정을 등록하고 관리한다.

▷ Process Flow

Process Flow는 Process Operation의 Sequence로서 순서도 형식으로 Flow 구성을 지원한다.

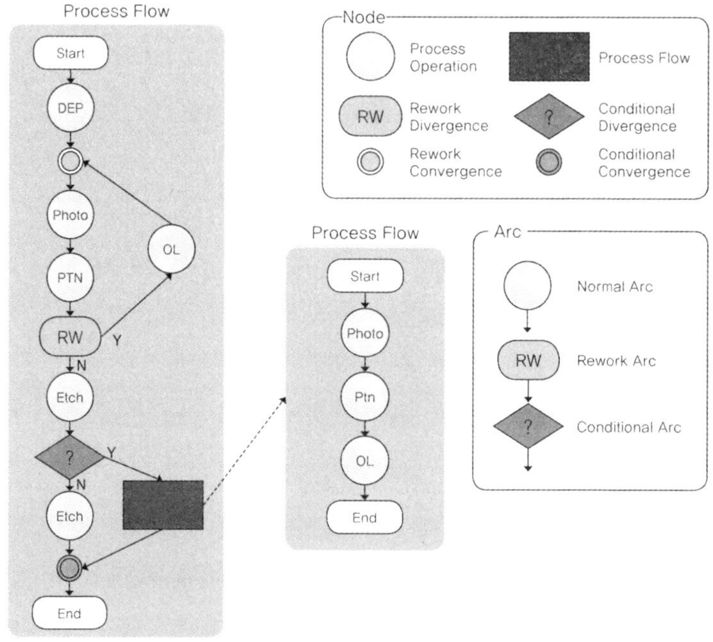

▷ POS Policy

Product Spec, Process Flow, Process Operation에 따라 사용할 장비, 실행할 Recipe, 수집할 데이터 등 설정되어야 할 정책(Policy)을 정의하며 관리한다.

▷ POS BOM

Product Spec, Process Flow, Process Operation에 따라 소요될 자재를 정의하며 관리한다.

■ Data Collection

공정 조건 및 계측 결과를 수집하기 위해서는 먼저 DC Spec이 정의되고, 그 DC Spec에 따라 DC Data가 수집된다.

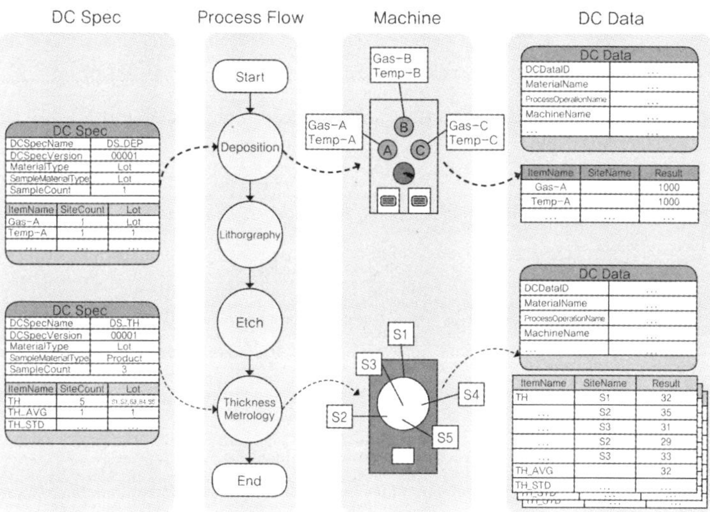

■ Real Time SPC

DC Control Spec은 같은 조건의 DC Data를 순차적으로 수집하여, 이상 발생 시 실시간으로 Action을 취할 수 있는 Real Time SPC 기능을 제공한다.

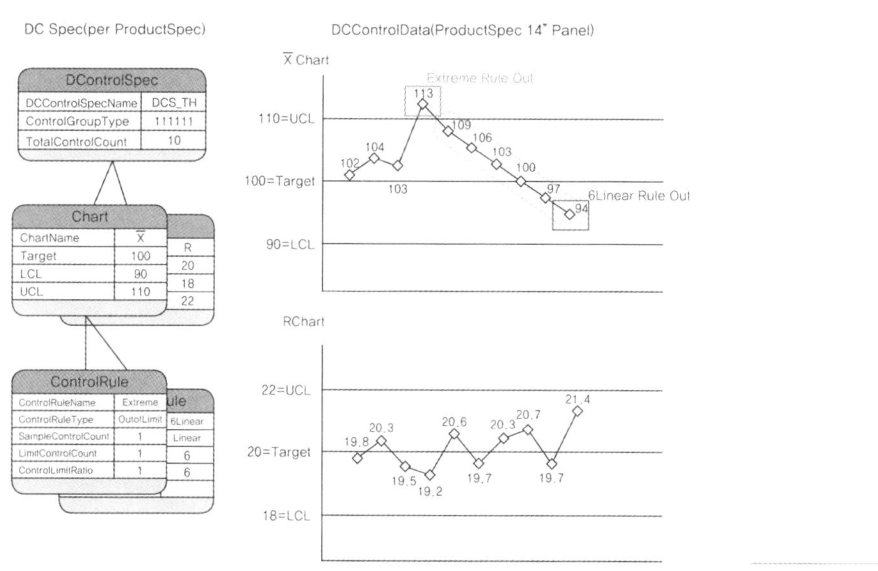

■ User Management

User는 특정 기능을 사용할 수 있는 권한을 갖는 User Group 내에 정의된다. User, User Group, 권한을 통하여 특정 기능에 대한 접근 여부를 관리할 수 있다.

■ Customization

다음과 같은 Customizing 기능을 제공한다.

▷ Reason Code

Scrap, Rework, Hold 등에 대한 Reason Code를 Tree 구조로 정의할 수 있다.

▷ Grade Definition

Lot, Product 등의 Grade 관리를 위해 Grade를 정의한다.

▷ Type Definition

Lot State, Product State 등 nanoTrack™에서 사용하는 Constant 값을 Customize할 수 있는 기능을 지원한다.

▷ UDF Definition

Lot, Machine 등 nanoTrack™에서 제공하는 Object(또는 Table)에 제한 없이 UDF(User Defined Field)를 추가할 수 있다. UDF를 사용하기 위해서는 DB Table 변경이 선행되어야 한다.

▷ Object Attribute

UDF와 마찬가지로 Object에 Attribute를 추가하기 위한 것으로서 독립적인 Attribute Table을 사용하므로 DB Table 변경이 필요하지 않다.

▷ Object Policy

Material, Resource의 기능을 Customizing하는 방법을 제공한다.

▷ Object Validation

Material, Resource의 기능에서 Validation을 Enable/Disable하는 기능을 제공한다.

■ Run Time Activity

Material(Lot, Product, Durable, Consumable)은 Material Spec(Product Spec, Durable Spec, Consumable Spec)에 기준으로 생성되어 Factory 내에서 Processing된다. 때때로 Material은 Process 또는 Transport를 함께 진행할 목적으로 Process Group 또는 Transport Group으로 Groping이 된다. 한편 Factory Modeling에 의해 정의된 Machine, Port는 State Model에 따라 상태가 관리된다. Run Time Activity의 모든 기능은 Operator Interface에 의해 실행 가능하며 그 기능은 다음과 같다.

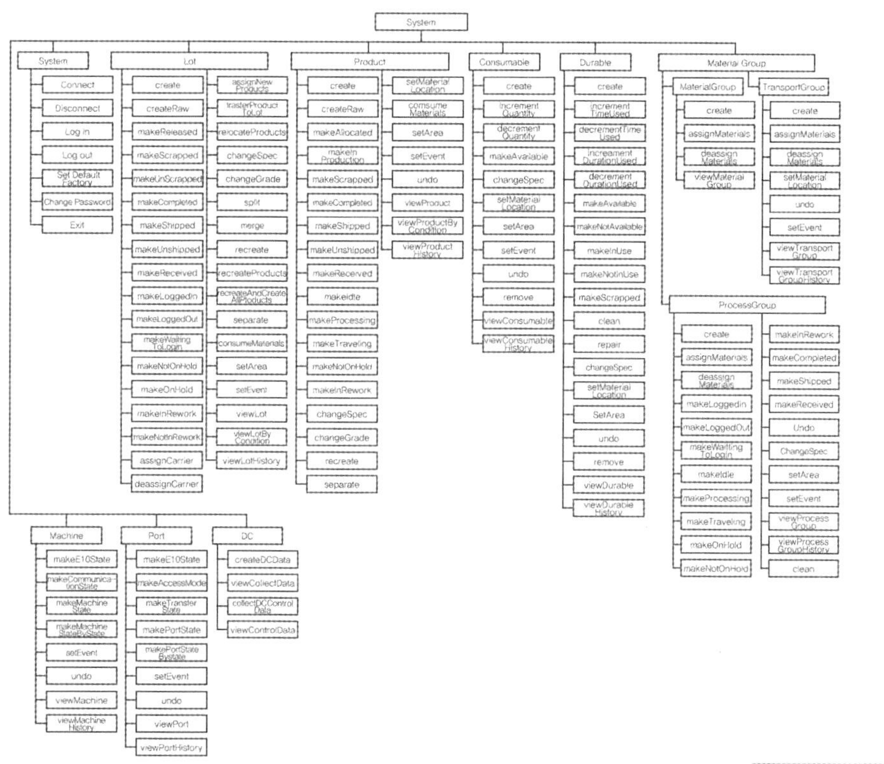

이 모든 기능은 nanoTrack API를 통해서도 호출 가능하다.

■ Material Processing

Factory 내의 모든 Material 간의 관계는 다음과 같이 표현된다. 각 Material은 고유의 상태 정보 및 기능을 갖고, 고유의 이력을 남긴다.

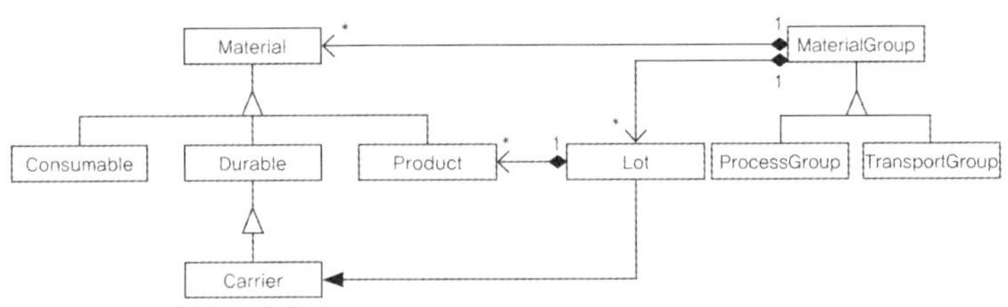

▷ Lot

Lot은 생산을 위해 구성된 Product의 논리적인 집합으로서 다음 기능을 제공한다.

- 생성 등 생명 주기 관리
  Create, CreateRaw
- Factory 입/출고
  MakeReleased, MakeCompleted,
  MakeShipped, MakeUnShipped, MakeReceived
- Tracking 및 일반적인 공정 관리
  MakeLoggedIn, MakeLoggedOut, MakeWaitingToLogIn,
  MakeOnHold, MakeNotOnHold, MakeInRework, MakeNotInRework,
  MakeScrapped, MakeUnScrapped, ChangeGrade, ChangeSpec
- 특별한 공정 관리
  Separate, ConsumableMaterials
- 다른 Material과의 관계
  AssignCarrier, DeassignCarrier,
  AssignNewProducts, TransferProductsToLot, RelocateProducts,
  Split, Merge, Recreate, RecreateAndCreateAllProducts
- Lot History

▷ Product

Product는 가공할 또는 가공되고 있는 Material로서 Lot과 같이 공정 관리 기능을 갖는다. Product는 Lot과 별개로 독자적인 공정 진행이 가능하기도 하고, Lot에 속해 있을 경우에는 Lot과 함께 공정 진행이 가능하기도 한다.

- 생성 등 생명 주기 관리
  Create, CreateRaw
- Factory 입/출고
  MakeInProduction, MakeCompleted,
  MakeShipped, MakeUnShipped, MakeReceived
- Tracking 및 일반적인 공정 관리
  MakeIdle, MakeProcessing, MakeTraveling,
  MakeOnHold, MakeNotOnHold, MakeInRework, MakeNotInRework,
  MakeScrapped, MakeUnScrapped, ChangeGrade, ChangeSpec
- 특별한 공정 관리
  Separate, ConsumableMaterials
- Product History

▷ Durable

Durable은 여러 번 사용될 수 있는 영속성 자재로서 사용 횟수 및 기간을 포함한 다음 기능을 제공한다.

- 생성 등 생명 주기 관리
  Create
- 사용 횟수 및 기간 관리
  incrementTimeUsed, decrementTimeUsed,
  incrementDurationUsed, decrementDurationUsed
- 상태 관리
  MakeAvailable, MakeNotAvailable, MakeInUse, MakeNotInUse,
  MakeScrapped
- Maintenance
  Clean, Repair, ChangeSpec
- Durable History

▷ Consumable

Consumable은 소모성 자재로서 수량 관리를 포함한 다음 기능을 제공한다.

- 생성 등 생명 주기 관리
  Create
- 수량 관리
  incrementQuantity, decrementQuantity
- 상태 관리
  MakeAvailable, MakeNotAvailable
- Maintenance
  ChangeSpec
- Consumable History

▷ Process Group

Process Group은 공정 진행을 함께 할 목적으로 만들어진 Lot 또는 Product의 Group으로서 Lot, Product와 마찬가지로 공정 관리 기능을 갖는다.

- 생성 등 생명 주기 관리
  Create
- 다른 Material과의 관계
  AssignMaterials, DeassignMaterials
- Factory 입/출고
  MakeCompleted, MakeShipped, MakeReceived
- Tracking 및 일반적인 공정 관리
  MakeLoggedIn, MakeLoggedOut, MakeWaitingToLogIn, (Lot Only)
  MakeIdle, MakeProcessing, MakeTraveling, (Product Only)
  MakeOnHold, MakeNotOnHold, MakeInRework, MakeNotInRework,
  ChangeSpec
- Process Group History

▷ Transport Group

Transport Group은 반송을 함께 할 목적으로 만들어진 Material의 Group으로서 다음 기능을 제공한다.

- 생성 등 생명 주기 관리
  Create
- 다른 Material과의 관계
  AssignMaterials, DeassignMaterials
- 위치 관리
  SetMaterialLocation
- Transport Group History

■ Resource Processing

Resource Processing을 통해 Factory 내의 Machine 및 Port의 상태 및 이력을 관리한다.

▷ Machine State 관리

Machine에서 관리되는 상태는 다음과 같고, 상태 변경 시 Machine History가 기록된다.

- Resource State
  Machine의 Availability를 관리한다.
- E10 State
  SEMI E10에 정의된 표준 상태이다.
- Communication State
  Machine의 Host 간의 Communication 상태이다.
- Machine State
  Factory Modeling에서 정의된 State Model에 의해 상태를 관리한다.

▷ Port State 관리

Port에서 관리되는 상태는 다음과 같고, 상태 변경 시 Port History가 기록된다.

- Resource State
  Port의 Availability를 관리한다.
- E10 State
  SEMI E10에 정의된 표준 상태이다.

▷ Access Mode

SEMI E87에 정의된 Port Access Mode는 Port로의 Carrier 반송이 자동으로 진행되는지 수동으로 진행되는지를 표현한다.

▷ Transfer State

Port의 반송 상태를 표현한다.

▷ Port State

Factory Modeling에서 정의된 State Model에 의해 상태를 관리한다.

■ Product Request

Product Request는 생산 계획관리 기능을 제공한다. ERP에서 생성된 Work Order는 Product Request로 생성되어 상태 및 생산 수량이 관리될 수 있다.

▷ 생성 등 생명 주기 관리

Create

▷ 상태 관리

makeOnHold, makeNotOnHold, makeCompleted

▷ 생산 수량 관리

incrementReleasedQuantity, incrementFinishedQuantity

3. MES와 ERP 연계 시 고려사항

MES를 포함한 기존 Legacy 시스템과 ERP 시스템의 연계 작업을 위해서는 송수신 인터페이스 유형이 정리되어야 하고 개발 절차에 대한 가이드가 정의되어야 한다. 인터페이스 개발 가이드에는 데이터를 송신하는 측과 수신하는 측 사이에 다음과 같은 내용이 담긴다.

- 데이터를 보내고 싶은데 어떻게 보낼까?
- 데이터 송신 방식은 어떤 것을 선택할까?
- 데이터 송신 시 제약사항은?
- 데이터를 어떤 방식으로 수신 할까?
- 000 한 경우는 어떤 방식으로 I/F 하지?
- 맵핑 정의서에는 어떠한 항목들을 포함하나?

MES를 포함한 Legacy 시스템은 다양한 방식으로 ERP와 연계될 수 있다. 기존 Legacy 시스템들은 다음 그림의 2, 3, 4처럼 EAI(웹메소드)를 사용해 SAP와 연계되어 있다고 가정해보자.

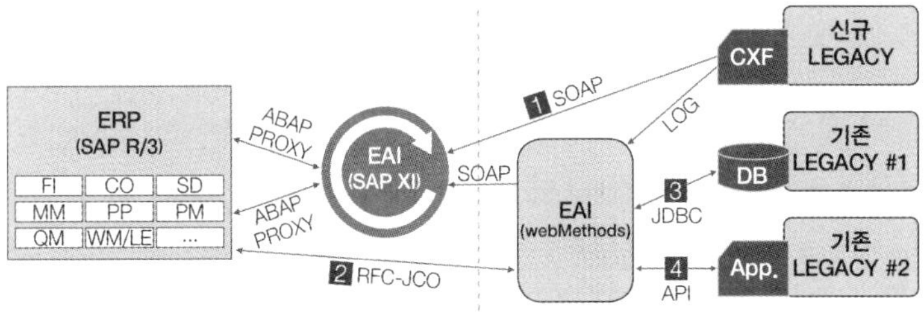

① 신규 Legacy의 경우 CXF 라이브러리를 활용해 EAI(SAP XI)와 직접 연계하고 로그 데이터만 기존의 EAI(웹메소드)로 보냄.

② 기존 Legacy와 ERP 연결은 EAI를 통한 RFC-JCO 방식으로 연동하고 있음.

③ EAI(Legacy 영역)와 Legacy DB 간 연계는 JDBC 사용. 오류 발생 시 원인파악이

어려우며 유지 보수상 문제가 있기에 인터페이스를 위한 DB Trigger 방식은 사용하지 않음.

④ EAI(Legacy 영역)와 Legacy 애플리케이션 간 연계는 API 사용

동기식은 데이터 처리 결과를 확인하거나 데이터를 조회하는 경우에 사용하고 비동기식은 단방향 데이터 전송에 사용한다. 동기식 전송의 경우 ERP의 타임아웃(Timeout) 설정에 따라 3분 안에 처리될 수 있어야 하므로 경우에 따라서는 대용량 데이터를 분할 전송해야 한다[대용량 데이터 처리기준은 건수 기준으로 2,000건, SOAP 메시지 사이즈 기준으로 5MB(Data 2MB)를 제안한다]. 실시간 데이터 연계는 앞의 그림처럼 EAI를 사용하나 대용량이거나 실시간이 필요 없는 batch 방식에서는 ETL을 사용하게 된다.

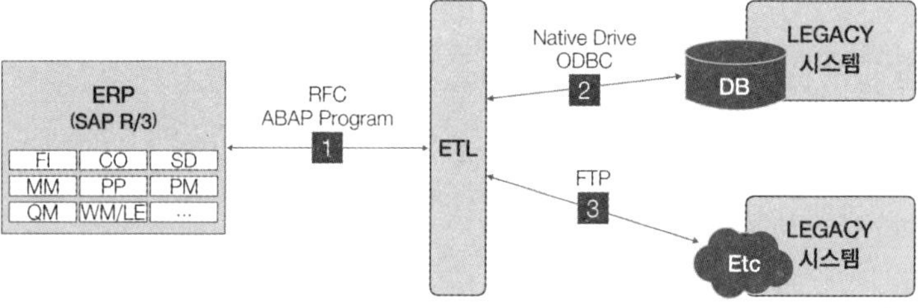

① ERP와 Legacy DB 간 연계는 RFC 또는 ABAP 프로그램 사용.

② Legacy와 Legacy 간 연계는 DB의 Native Driver 또는 ODBC 사용

③ FTP를 통한 파일 연계 방식

프로젝트를 하다 보면 두 시스템 간 연계 관련 개발 범위와 관련해서 ERP와 MES 간 I/F Owner가 이슈가 될 수 있는데, 다음처럼 Result/parameter값을 받는 대상이 아닌 Main data를 받는 대상이 오너가 되면 된다.

■ 동기식-조회성 I/F: 조회 데이터 수신처가 Owner

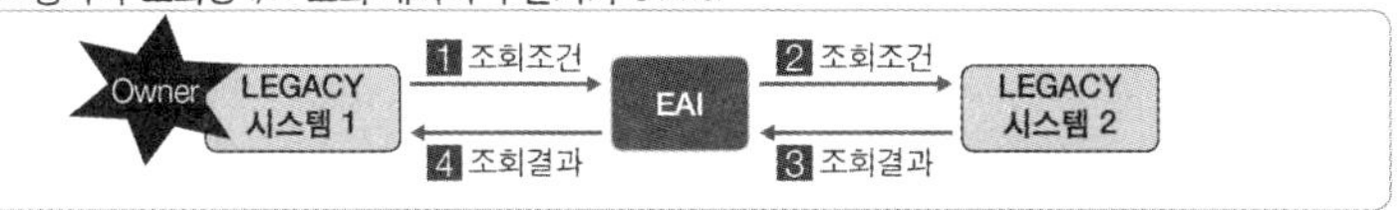

■ 동기식-입력성 I/F: 입력 데이터 수신처가 Owner

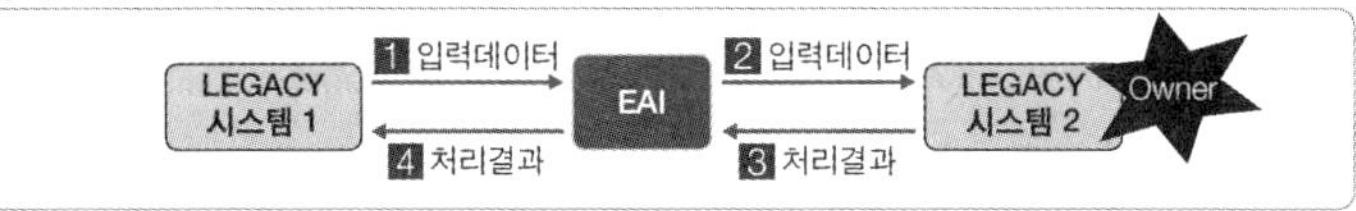

■ 비동기식 I/F: 수신 시스템이 Owner

ERP(SAP R/3)와 연계할 때 고려 사항으로는 다음과 같은 것들이 있다.

- DB Character set 사전 확인 필요(Unicode 지원 여부)
  - Legacy 시스템의 DB가 Unicode로 설정되지 않은 경우 character set를 확인해야 함.
  - 한글 입력 시 필드 자릿수 초과로 데이터 잘림이나 깨어짐 현상을 방지하기 위해서 한글 입력 필드 길이는 3배로 늘림.
- SAP Leading zero 처리 방안 협의 필요
  - SAP에서 Legacy로 문자필드가 전송될 경우 문제 여부 확인 필요
  - Legacy에서 SAP으로 Leading zero 없이 데이터가 전송되었을 때 문제 여부 확인 필요
- SAP와 Legacy 시스템에서 사용하는 데이터 타입 또는 저장 형식의 차이로 발생할 수 있는 문제 파악
  - Legacy에서는 Date 타입으로 되어 있는 데이터가 ERP에는 Char 필드로 되어 있는 경우
  - Legacy에서는 숫자 타입으로 되어 있는 데이터가 ERP에는 문자형 필드로 되어있는 경우 (예) 콤마가 포함된 숫자형 문자("32,050")
  - 날짜 및 시간 표시 유형이 상이한 경우(yyyyMMdd, MMddyyyy, HHMiSS, H24MiSS, ……)
  - 음수의 마이너스(-) 부호가 숫자 뒤에 붙어서 문자 타입으로 인식되는 경우 등
- 각 필드의 필수 값 여부, 상호 간 Primary key 차이, 널 허용(Nullable) 여부 확인.
  - 불일치 시 수신 시스템의 DB에서 데이터 중복 에러, 입력 불가 에러 등을 유발할 수 있음.

Legacy 시스템 간에도 다음과 같은 사항들을 고려해야 한다.

- 상호 간 DB Character set 사전 확인 필요
  - Legacy 시스템 상호 간 Character Set이 맞지 않는 경우 한글, 한자 등의 데이터가 깨어질 수 있음
  - 필드 자릿수 초과로 데이터 잘림, 깨어짐 현상을 방지하기 위해 필드 길이를 통상 3배로 늘린다.
- 대용량 데이터 분할 처리
  - 2MB 이상의 데이터를 WAS를 사용해 전송해야 하는 경우 2MB 미만으로 분할 전송한다.
  - 비동기식 전송에서 대용량 데이터를 처리할 경우 ETL을 검토한다.
  - 동기식 전송에서 데이터 단순 분할 시 문제가 될 수 있는 경우 데이터 추출 조건을 조정하거나 전송 주기를 조정한다.
- 각 필드의 필수(Mandatory/Conditional) 여부, 상호 간 Primary Key 차이, Nullable(Nillable) 여부 확인
  - 불일치 시 수신 시스템의 DB에서 데이터 중복 에러, 입력 불가 에러 등을 야기할 수 있음
- 수정 요건 발생으로 맵핑 정의서가 변경되는 경우 이를 순차적으로 기재해 이력으로 관리한다.
- 테스트 데이터의 준비
  - 의도적으로 에러를 유발하기 위한 목적이 아닌 경우 가급적 실제 데이터의 형태와 유사한 데이터를 사용한다.

부록 2 최신 IT 트렌드

최신 IT 트렌드

IT의 환경이 온-프레미스에서 클라우드로 급격히 전환됨에 따라 개발자의 소스코드가 개발자의 컴퓨터에서 상용서버까지 자동화된 배포 프로세스에 의해 수행되는 것이 중요해졌다. 클라우드 환경에 맞는 새로운 개발방식과 운영방식을 클라우드 네이티브라 하는데, 클라우드 환경의 장점을 최대한 활용하기 위한 목적이다. 단절된 개발과 운영 사이의 프로세스를 끊김 없이 연결하고 자동화 방법을 통해 효율성을 극대화하는 DevOps, 독립적으로 애플리케이션을 배포 가능하게 해주는 MSA와 어디서든 애플리케이션을 빠르고 쉽게 배포·운영할 수 있게 해주는 컨테이너기술, DevOps의 철학을 구현하기 위한 일련의 프로세스인 CI/CD가 클라우드 네이티브의 핵심 요소이다. 또한 최소한의 코드 수정만으로 전문가 수준의 앱 개발이 가능한 로우코드 플랫폼(shopify,wix, wordpress, asana 등)이 점차 확대되고 있으며, 클라우드 환경의 데이터 보안을 위해 데브섹옵스(DevSecOps)를 통해 S/W개발의 모든 단계에서 보안적용을 자동화하고 있는 추세이다. 다음 쪽의 그림은 개발방법론, 애플리케이션 아키텍처, 패키지 및 배포, 애플리케이션 인프라스트럭처 측면에서 최근 IT 트렌드를 보여준다.

1) 개발방법론

개발방법론은 폭포수(Waterfall)에서 애자일(Agile), DevOPS로 발전하고 있다. 고객 요구사항이 명확하고 경험이 축적되어 익숙한 업무에 적합한 폭포수 방법론에 비해 애자일 방법론은 개발환경에 따라 유연한 대처가 가능한 방식이다. 개발 주기를 작은 단위인 '스프린트'로 나눠서 반복하고, 고객과 소통하며 민첩하게 대응하는 방식이다. 일정한 주기로 끊임없이 프로토타입을 만들어내면서 수시로 사용자의 요구를 포함하고 수정해, 상황에 따른 변화를 추구하는 개발방식이다. DevOps는 고객 요구사항을 반영하기 위해 잦은 소스코드 변경을 수행하는 'SW 개발자'와 안정성을 중시하는 '운영자'간의 소통, 협업 및 통합을 강조하는 개발 방식이다. 잦은 배포를 위해 애자일 프랙티스(Agile practice)를 근간으로 하며, 사용자 피드백 기반의 반복 개발을 수행한다. 릴리즈 간격이 긴 폭포수(waterfall)에 비해 잦은 배포의 효과로 릴리즈의 위험을 감소시키며 사용자의 피드백을 빨리 반영할 수 있다.

엔터프라이즈 개발환경에서 DevOps가 중요한 이유는 일관되고 유연한 소스코드 배포가 가능하고 이러한 과정들이 자동으로 처리되어 IT 운영을 효율적으로 수행할 수 있다는 것이다. 아마존은 2014년 기준 연간 6000만 번의 배포를 하고 있다. 97개국에서 44만 명 이상이

[IT 서비스 체계 Trend]

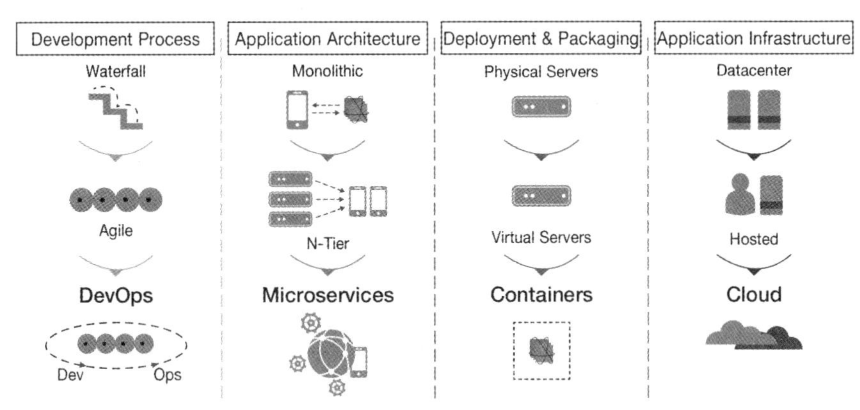

동시에 사용하고 있는 S사 그룹웨어 서비스인 녹스포탈(Knox Portal)도 DevOps 체계를 적용하기 전에는 오류 수정이나 신규 기능을 추가할 때 수작업 진행을 위해서 일정시간 서버를 중단해야 했다. 2016년 DevOps를 적용하고 나서부터는 시스템 중단 없이 배포 시간은 4시간에서 20초로 단축시키고, 반영 주기도 반으로 줄여서 모든 과정을 자동으로 처리하고 있다.

2) 애플리케이션 아키텍처

기존의 애플리케이션 아키텍처가 가진 문제점은 배포시간의 증가, 부분적 스케일 아웃의 어려움, 안정성의 감소 등 여러 가지가 있다. 그중에서도 특히 애플리케이션을 구성하는 프로그래밍 언어 또는 프레임워크 변경은 거의 불가능에 가깝다. 기존의 분산기술은 스프링(spring)과 같은 경량 컨테이너 기반의 프레임워크를 이용해 애플리케이션을 구성한 후 WAS에 배포해 서비스했다. 서비스 증가로 부하 분산이 필요할 경우 로드 밸런서(Load Balancer)를 이용해 분산모델을 구성했다. 그러나 분산모델의 배포단위는 전체 모듈을 스케일 아웃(scale out)하는 방식이어서 부하가 집중되는 서비스만을 위한 확산은 불가능한 구조이다. 이는 WAS를 증설해 전체 모듈을 스케일 아웃 하는 방식으로 처리되어 높은 비용을 유발시킨다. 최근의 마이크로서비스아키텍처(MSA)는 기존 방식(Monolithic)의 단점(복잡도 高, 재활용률 低)을 극복하는, 클라우드 환경의 대규모 분산 웹시스템 아키텍처 스타일 및 SW 개발 방식이다. REST API의 일반화, 도커(Docker)와 같은 컨테이너 기술, 클라우드 컴퓨팅 환경의 발전 등에 기인하고 있다. 그 이름에서도 유추할 수 있듯이 마이크로서비스아키텍서(MSA)는 모놀리틱 아키텍처로 구성된 하나의 큰 서비스를 독립적인 역할을 수행하는 작은 단위의 서비스로 분리해 설계하는 패턴을 말한다. 서비스에 대한 확장성이 좋고, 개발 및 배포 사이클 관리가 용이하다. 각 서비스는 개별 서비스로 동작하기 때문에 서로 다른 독립적인 언어로 개발이 가능하다(Polyglot Programming). 그리고 작은 서비스로 구성되기 때문에 서비스에 대한 민첩성이 확보되고 다른 컴포넌트와의 종속성이 배제되어 서비스 변경이 쉽다.

하지만 마이크로서비스 간에는 HTTP기반 API 등을 통해서 통신을 하기 때문에 모놀리틱 아키텍처에 비해 서비스 간 통신에 대한 처리가 추가로 필요하다. 이것은 단순히 개발해야 하는 코드의 양이 늘어난다는 점뿐만 아니라, 사용자의 요청을 처리하기 위한 응답속도의 증가에도 영향을 미친다. 그 뿐만 아니라, 분산된 데이터베이스는 트랜잭션 관리가 용이하기 않기 때문에 데이터의 정합성을 맞추기 위한 노력이 추가적으로 필요하다. 서비스가 복잡한 경우에는 서비스 간의 연결을 직접 구성하게 될 경우에 복잡도가 증가하므로, 중간에

[모놀리틱 vs 마이크로서비스]

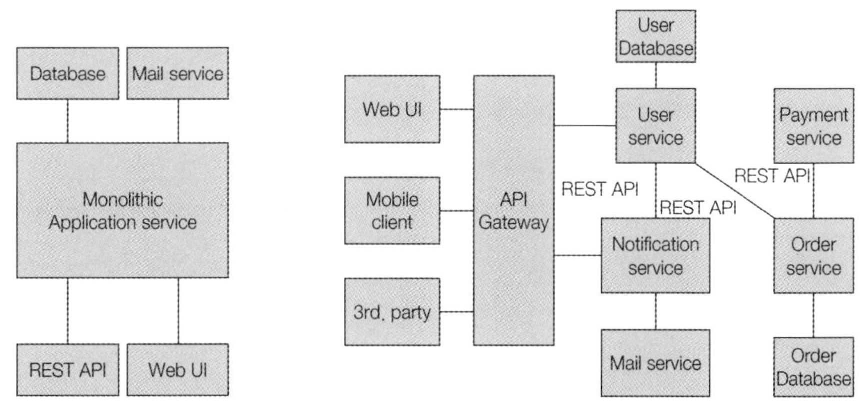

API를 관리하는 서비스 오케스트레이션 계층으로서 API Gateway를 구성하는 것이 가능하다. API Gateway는 클라이언트의 요청을 일괄적으로 처리하는 역할뿐만 아니라, 전체 시스템의 부하를 분산시키는 로드 밸런서의 역할, 동일한 요청에 대한 불필요한 반복작업을 줄일 수 있는 캐싱, 시스템상을 오고 가는 요청과 응답에 대한 모니터링 역할도 수행할 수 있다. MSA 도입은 아키텍처, 개발/운영 체계, 개발문화의 변화를 수반함으로 제품이나 서비스 특성을 고려해 신중히 결정해야 한다. On-premise의 백오피스나 ERP아 같은 안정적인 시스템보다는 변경 요건이 빈번한 Cloud Native, SaaS 형태 서비스, 고객접점 업무 등이 MSA화에 더 적합한 시스템으로 볼 수 있다. 한 번에 전체 시스템을 MSA로 바꾸는 Big Bang 방식과 일부 서비스만 MSA로 개발해가면서 점진적으로 MSA 체계를 갖춰나가는 Strangler Pattern 방식 등 다양한 수행 전략이 있다.

3) 패키지 및 배포

컨테이너(containers)는 서버 가상화의 기술의 한 종류로서 리눅스(Linux OS)에 이미 포함되어 있는 성숙된 기술이라고 볼 수 있다. 도커는 컨테이너를 생성시키는 엔진 및 관리 도구이며, 미들웨어 또는 애플리케이션 S/W를 배포 및 실행하기 위한 목적으로 도커를 이용해 패키징한 결과물을 도커 이미지라고 한다. 컨테이너를 사용하면 VM 대비 Hypervisor 엔진 및 Guest OS 제거로 자원 효율화(자원 사용량 감소)가 가능하다. 또한 애플리케이션을 이미지화해 저장하기 때문에 Linux+Docker 환경이면 어디든 빠른 배포가 가능하다.

컨테이너 관련 대표적인 오픈소스 기술로는 컨테이너 구동기술인 Docker와 컨테이너 오케스트레이션 기술인 Kubernetes(K8S)가 있다. Docker는 컨테이너 표준화 리더이며 표준화 단체인 OCI를 통해 생태계 활성화를 주도하고 있다. 개방형 인터페이스, API 및 플러그인 제공으로 손쉬운 시스템 통합 및 확장 제공에 노력하고 있다. 오케스트레이션 기술은 다수의 컨테이너를 효율적으로 관리하기 위한 기술로 현재 가장 많이 사용 중인 오픈소스는 Kubernetes이다. 구글의 자체 기술 Borg를 기반으로 15 v1.0이 출시되었으며 리눅스 재단 산하 CNCF 설립 후, Seed 기술로 이관되었다. 컨테이너 관리도구는 Kubernetes 외에도 Built our own, Open Shift, Docker Swarm, Cloud Foundry, Apache Mesos 등이 있다.

4) 인프라스트럭처

클라우드 기반의 디지털 전환은 기업의 핵심 경쟁력이 되고 있다. 2006년에 아마존 AWS에서 시작된 클라우드 서비스는 인터넷을 통해 IT리소스와 애플리케이션을 원할 때 언제든지 사용한 만큼만 요금을

[VM vs Container]

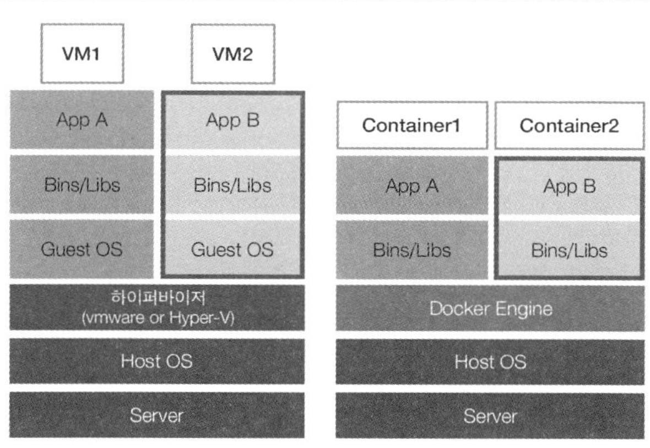

내는 구독 서비스로 정의할 수 있다. 사용자 폭증에도 안정적인 트래픽을 유지하고 있는 넷플릭스는 2016년 클라우드 기반 데이터 센터로 데이터 이전 작업을 완료했다.

클라우드 컴퓨팅은 크게 IaaS, PaaS, SaaS로 나눌 수 있다. IaaS는 시스템 인프라를 서비스로 제공하는 것으로, 서버, 스토리지, 데이터베이스, 네트워크 등 컴퓨팅 환경의 인프라를 사용할 수 있는 클라우드 서비스이다. 서버 구축 등 초기 비용과 유지비용이 들지 않고 사용한 만큼만 지불하면 되기 때문에 비용과 편리성 측면에서의 장점을 누릴 수 있다. PaaS는 소프트웨어 개발 환경을 제공하는 것으로 개발자들이 주로 이용하며, 개발을 위한 플랫폼과 서버환경을 제공해준다. 컨테이너 이미지에 S/W를 미리 설치하고 구성자동화를 통해 VM 대비 4일 이상 걸리던 작업을 곧바로 처리할 수 있다. 그리고 자원 증설 시 업무 무중단(auto-scaling)과 초단위 장애대응(self-healing) 효과를 얻을 수 있다. SaaS는 완성된 하나의 소프트웨어를 제공하는 것으로 일반 사용자들이 가장 많이 접하는 형태의 클라우드 서비스이다. 소프트웨어를 따로 설치하지 않아도 웹상에서 언제 어디서나 사용할 수 있도록 제공해준다. 애플리케이션 형태가 주를 이룬다.

[서비스 모델 비교 및 국내 퍼블릭클라우드 시장]

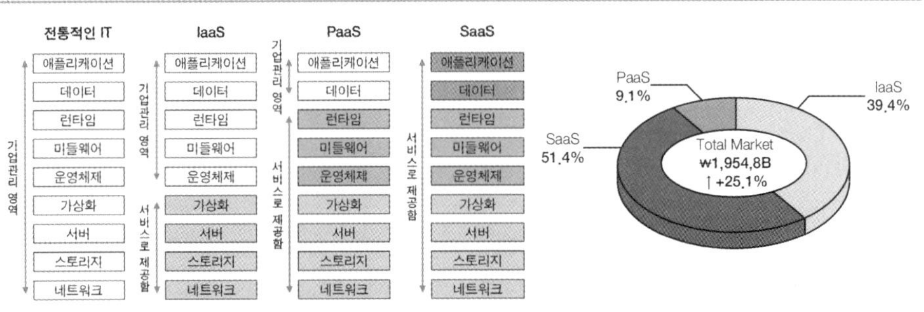

자료: IDC Semiannual Public Cloud Services Tracker, 2021

[쉬어가기] 자바스크립트 피로(JavaScript fatigue)

웹 개발자들에게는 '자바스크립트 피로'라는 말이 있듯이 라이브러리나 프레임워크를 고를 때 다양한 선택지로 많은 혼란을 느낀다. 웹 개발에 필요한 무수히 많은 프로그래밍 언어와 기술은 크게 기본 영역, 프런트엔드 영역, 백엔드 영역으로 나누어 볼 수 있다.

기본영역

기본 영역은 웹 브라우저에 정보를 표현하는 방법으로 HTML, CSS, 자바스크립트가 있다. 또한 엔터프라이즈 개발 환경을 위해 데브옵스(DevOps) 문화를 효과적으로 적용하기 위한 데브옵스 툴체인이 있다. 최근에는 기업 비즈니스 문제에 머신러닝을 적용하는 경우가 많아 ML모델 자동화 프로세스를 관리하는 MLOps의 중요성도 증대되고 있다. MLOps는 ML의 산업화와 확장을 위한 개발 및 전달 과정에 데브옵스의 도구 및 접근 방식을 적용하는 것으로 데브옵스와 유사한 형태로 발전 중이다(Amazon SageMaker, Azure Machine Learning, Vertex.ai 등).

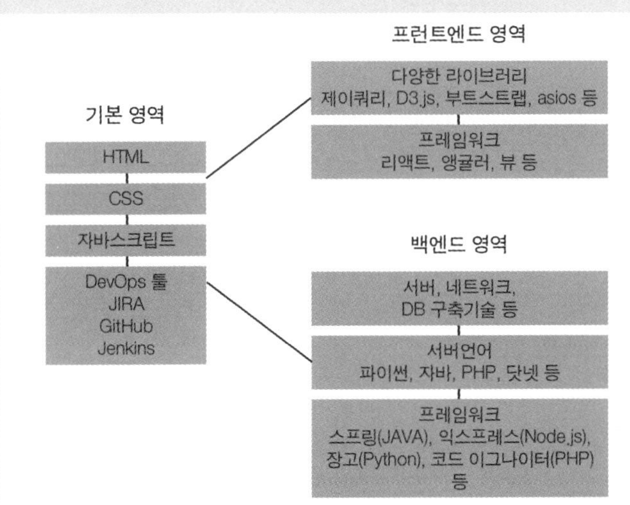

① HTML: 웹 브라우저 창에 웹 문서의 내용을 보여 주는 데 필요한 약속
② CSS: HTML로 만든 내용을 사용자가 알아보기 쉽게 꾸미거나 편리하게 사용하도록 배치할 때 활용함
③ 자바스크립트: 웹의 모든 부분을 다룰 수 있는 핵심 언어로써 사용자 동작에 반응하는 프로그램을 만듦

④ 데브옵스 툴체인: JIRA, GitHub, Jenkins, ReDil, SonarQube, Draw.io등 다양한 협업 도구
- JARA: 이슈 추적, 테스트 할당, 스프린트 관리 및 간반보드, 번다운 차트 등을 제공하여 애자일 프로젝트 관리에 효과적
- GitHub: 개발 산출물 형상관리 및 버전관리, 협업 도구
- Jenkins: 빌드 및 배포 자동화, CI/CD를 지원하는 오픈소스 도구
- 인프라 배포: Ansible, Terraform
- 모니터링: Nagios, Spluk
- 로그관리: Elastic Search

프런트엔드 영역

다양한 라이브러리와 프레임워크가 있다. 코딩할 때 유틸리티, 날짜 조작, 데이터 시각화, 애니메이션, HTTP 요청 등 자신에게 필요한 기능을 라이브러리 중에서 선택하여 사용할 수 있다(제이쿼리, D3.js, 부트스트랩, axios 등). 프레임워크는 웹 개발을 시작하는 방법부터 기능을 구현하는 모든 것을 정해 놓은 것으로, 그대로 따라야 하며 리액트, 앵귤러, 뷰 등이 대표적이다.

① 제이쿼리(JQuery): html의 클라이언트 사이드 조작을 단순화 하도록 설계된 크로스 플랫폼의 자바스크립트 라이브러리
② D3.js: 정보 시각화 라이브러리
③ 부트스트랩: 부라우저의 종류 및 크기에 따라 디자인 요소가 자동으로 정렬되는 그리드 레이아웃을 표준 설계로 사용하며, 동일한 하나의 웹 페이지를 수정 없이 데스크탑, 테블릿, 스마트 폰에서 모두 볼 수 있도록 지원
④ 리액트(React): 페이스북에서 개발, 빠른 시간에 엔터프라이즈 수준의 경량, 크로스 플랫폼 애플리케이션이나 SPA를 개발할 때 기존 앱 기능성을 확장할 때 많이 사용
⑤ 앵귤러(Angular): 구글이 개발한 타입스크립트 기반 프레임워크, 기능이 풍부하고 규모가 큰 네이티브 앱이나 하이브리드 앱, 또는 웹 앱을 개발할 때 유용
⑥ 뷰(Vue): 작고 가벼운 애플리케이션을 개발할 때, 엔터프라이즈 용도보다는 사용자 커뮤니티 지원을 받은 프레임워크를 원할 때 활용가능

백엔드 영역

① 스프링(JAVA): JAVA는 가장 범용적인 프로그램언어, 엔터프라이즈급 시스템 개발에 용이하고 경량의 웹사이트에도 적용 가능
② 익스프레스(Node.js): Node.js는 자바스크립트 기반의 서버로직 개발이 가능하여 비교적 간단한 웹서비스에 적합
③ 장고(Python): Python은 데이터를 많이 다뤄야 하는 웹 크롤링, 파싱, 스크래

핑 등의 개발에 용이하여 인공지능/딥러닝에 많이 활용. 인터프린터 언어라 컴파일 언어에 비해 수행속도 느림, 사용하기는 쉬우나 자바와 PHP에 비해 개발자 적음

④ 코드이그나이터(PHP): PHP는 대표적인 서버 사이드 스크립트 언어로 쇼핑몰이나 소규모 웹사이트, 홈페이지 등의 구축 용이함. ASP, JSP와 비슷한 언어이며 복잡한 시스템 구성시 트랜잭션과 소스관리가 어려움

⑤ 루비 온 레일즈(Ruby): Ruby는 1995년 마쓰모토 유키히로가 개발한 '동적 객체지향 스크립트 프로그래밍 언어'로 쇼핑몰 등 소형 프로젝트에 유리함. 협업이 필요한 대형프로젝트에는 부적합

⑥ Revel(Go): Go 언어는 개발자와 현장의 필요에 의해서 구글에서 만듬. C와 비슷하지만 키워드가 25개로 C(37개), C++11(84개)에 비해 간경하고 배우기가 쉬움

【참고문헌】

[제1장]

송화섭 외. 2007. 「MES 구축 방안 검토 및 대표 사례 연구」. ≪컨설팅 리뷰≫, NO. 1.

차석근. 2009.1. 「2009년 MES 기술동향과 전망」. ≪C & I≫.

APSmate. http://www.scheduler.co.kr.

Arnold, J. R. Tony and Stephen N. Chapman. 2002. 『Introduction to Materials Management 공급망 관리 기초』, pp. 19~24. 삼성SDS CPIM회 옮김.

Groover, Mikell P. 2009. 『현대 생산자동화와 CIM』, pp. 4~5. 한영근 외 옮김. 시그마프레스.

ISA. http://www.isa.org.

____. 2005. *Purdue Reference Model for CIM*. pp. 18~20.

ISMI(International SEMATECH Manufacturing Initiative). http://ismi.sematech.org.

JDA Software Group. http://www.jda.com.

KMAC SCM센터. 2010.5. S&OP Best Practice 세미나 자료.

MESA International. http://www.mesa.org.

____. 1997. *White Paper*.

[제2장]

김노현. 2007.9. 「PAC의 기술동향 및 향후전망」. ≪C & I≫.

서희석. 2011. 『PLC 제어 및 응용』, p. 12. 태영문화사.

프로디바이스. 2011.11. 「실시간 EtherNet/IP와 PROFINET 기술」. ≪FA저널≫.

Groover, Mikell P. 2009. 『현대 생산자동화와 CIM』, pp. 84~95. 한영근 외 옮김. 시그마프레스.

IMS Research. http://www.imsresearch.com.

LG산전연수원. 2004. GIOFA/MASTER-K PLC 교육자료.

NI. 2012. "산업용 컨트롤을 위한 PAC, 컨트롤의 미래". http://zone.ni.com.

[제3장]

김유활. 2012.3. "RFID/USN, 올해 날개 달까?". ≪월간 자동인식보안≫.

남상엽 외. 2008. 『RFID 구현 및 응용』, pp. 21~48.

류기한. 2011. 『데이터 통신』, pp. 99~103.

이덕권. 2011. 『SFC MES IMS의 비법』, pp. 97~110.

이상기. 2005. 「OPC Server 선택기준에 대한 고찰」. (주)제어와정보.

정진욱·안성진·김현철·한정수. 2010. 『*Data Communications Principles*』, pp. 30~35.

주민영. 2010.2.23. "스마트폰, 바코드를 찍어라!". 블로터넷.

퀴너, 젠스. 2009. 『*Expert .net Micro Framework*』, pp. 253~260. 디오이즈 옮김.

표철식 외. 2008. 『훤히 보이는 RFID/USN, ETRI easy IT 시리즈』, pp. 21~25.

황남희. 2002.7. 「프로세스 제어 분야에서의 opc 등장」. ≪월간 자동 제어계측≫.

Axelson, Jan. 2010. 『*Serial Port Complete*』(2nd), pp. 24~25, 73~75. 박상진 옮김.

barbecue. http://barbecue.sourceforge.net.

Cimetrix. http://www.cimetrix.com/interfacea.

Gartner. http://www.gartner.com.

Groover, Mikell P. 2009. 『현대 생산자동화와 CIM』, pp. 287~300. 한영근 외 옮김. 시그마프레스.

IBM SiView standard. http://www.ibm.com.

ISMI(International SEMATECH Manufacturing Initiative). http://ismi.sematech.org.

Nelson, B. 1997. *Punched Cards to Bar Codes*. Helmers Publishing, Inc., NH.

OPChub.com. http://www.opchub.com.

Palmer, R. C. 1995. *The Bar Code Book*(3rd). Helmers Publishing, Inc., NH.

SEMI. http://www.semi.org/en/standards.

Snader, Jon C. 2003. 『*Effective TCP/IP Programming*』, pp. 11~17. 김인우·선영범 옮김. 이오커뮤니케이션.

[제4장]

김기창. 2010.『관계형 데이터 모델링』. 오픈메이드.

이화식. 1996.『대용량 데이터베이스 솔루션』. 대청.

[제5장]

신성ENG. 2006. 기술사보, 2006년 가을호.

한국 하니웰. http://www.honeywell.co.kr.

International SEMATECH. 2000. "300mm Automation Software Compliance Testing."

ISMI(International SEMATECH Manufacturing Initiative). http://ismi.sematech.org.

ThiRA Scheduler. http://www.thirasnc.com.

[제6장]

박태영. 2008.「제조업의 품질향상을 위한 분석시스템에 대한 이해와 고찰」.

서정학. 2010.「설비고장 제로화를 위한 설비신뢰성(RCM) 분석 방법론에 대한 고찰」.

유기성. 2011.「RCM을 통한 최적의 설비전략 수립」. IBM Software Group.

함효준. 2008.『수익성 중심의 설비관리』, pp. 15~17.

BISTel. http://www.bistel-inc.com.

IAM. http://www.theiam.org.

Intelligent Mechanics Lab, 부경대.

Moubray, John. 1997. *Reliability Centered Maintenance, RCM II*. Industrial Press, Inc.

[부록]

구(舊) KIPA. 2008.12. "S/W산업 발전을 위해 가장 시급히 해결해야 할 사안". 세미나 자료.

삼성SDS. nanoTrack(V2.7) 솔루션 소개 자료 및 사용설명서.

* 원저자를 찾지 못하여 수록 허락을 받지 못한 부분에 대해서는 저작권자가 확인되는 대로 정식 동의 절차를 밟겠습니다.

찾아보기

Z

기타

지은이

정동곤

스마트팩토리 컨설턴트/PM, 기술사

저자는 반도체, 디스플레이, 전기·전자, 오일&가스, 석유화학, 조선, 신발 등 다양한 업종의 현장 경험을 보유한 디지털 트랜스포메이션 전문가이다. 지금도 첨단 기술 경험을 쌓으며 제조업 디지털혁신을 위해 일하고 있다. 삼성전자 통합설비관리시스템구축 PM, 반도체 소재트래킹시스템구축 PM, 삼성디스플레이 모듈통합MES구축 PM 등 많은 기업의 스마트공장 프로젝트를 담당하고 있다. 작업표준 발행과 설비부품 사용량 예측 관련 특허를 출원하였고, 다수의 프로젝트를 성공적으로 이끌면서 '삼성SDS인상'을 두 차례 수상했다.

지은 책으로는 『스마트팩토리』와 『스마트팩토리 2.0』이 있다.

이메일 duncan.chung@kakao.com

한울아카데미 2370
스마트매뉴팩처링을 위한 MES 요소기술(제3판)

지은이 | 정동곤
펴낸이 | 김종수
펴낸곳 | 한울엠플러스(주)

편집 | 임혜정

1판 1쇄 발행 | 2013년 7월 22일
2판 1쇄 발행 | 2018년 10월 5일
3판 1쇄 인쇄 | 2022년 4월 8일
3판 1쇄 발행 | 2022년 5월 10일

주소 | 10881 경기도 파주시 광인사길 153 한울시소빌딩 3층
전화 | 031-955-0655
팩스 | 031-955-0656
홈페이지 | www.hanulmplus.kr
등록 | 제406-2015-000143호

Printed in Korea.
ISBN 978-89-460-7370-8 13560

* 책값은 겉표지에 표시되어 있습니다.